# Vollständiges
# Wörterbuch zu den vier Cursus
der
# Libamenta

von

E. F. August.

Bearbeitet

von

H. J. L. Selckmann,
Oberlehrer am cöllnischen Real-Gymnasium.

Berlin,
bei G. Reimer.

1834.

**A.** d. i. Aulus, ein römischer Vorname.

a, ab, abs, von; ab adulescentia, von Jugend auf; tutus a, sicher vor; defendere a, vertheidigen gegen; probare aliquem a, Jemanden beurtheilen nach; ab eo, nach ihm S. 220. servus a manu, Schreiber.

a. d., d. i. ante diem, s. v. a. die.

Abdalonĭmus wird durch Alexander d. Gr. König von Sidon. S. 171.

abdĭco, 1., sich lossagen, patrem von seinem Vater, magistratum abd. oder magistratu se abd., ein Amt niederlegen.

abdo, dĭdi, dĭtum, 3., verbergen.

abdūco, xi, ctum, 3., abführen, entführen, abwendig machen.

abĕo, ĭi, ĭtum, 4., weggehen, abziehen; retro abire, sich zurückziehen; potestate abire, sein Amt niederlegen.

abhorreo, 2., (eigentlich Abscheu haben), nicht übereinstimmen; verschieden, abgeneigt, entfernt sein.

abĭgo, ēgi, actum, 3., wegtreiben.

abiĭcio, ēci, ectum, 3., weg-, wohinwerfen, von sich werfen; consilium abiic., einen Entschluß aufgeben; abiectus, Adj., muthlos, verzweifelnd; verworfen, niedrig.

ablēgo, 1., entfernen, in Persas abl., nach Persien verbannen.

ablŭo, ŭi, ūtum, 3., abwaschen, baden, reinigen.

abnŭo, ŭi, 3., abschlagen, leugnen.

abŏleo, ēvi, ĭtum, 2., verwischen (eigentl. abschaffen).

abrŏgo, 1., aufheben; plebiscito abr. einen Volksbeschluß aufheben.

abrumpo, rūpi, ruptum, 3., losreißen, trennen; abbrechen, unterbrechen.

abrupte, übereilt.

abscīdo, īdi, īsum, 3., abhauen.

abscindo, ĭdi, issum, 3., zerreißen.

abscīsus, Adj., abschüssig.

abscondo, di, dĭtum, 3., verbergen, verstecken.

absentia, ae, die Abwesenheit.

absolutio, ōnis, die Lossprechung.

absolvo, vi, ūtum, 3. freisprechen, vollenden.

abstergeo und abstergo, si, sum, 2. und 3., abtrocknen.

absterreo, 2., abschrecken.

abstinentia, ae, die Uneigennützigkeit.

abstĭneo, inui, entum, 2., abhalten, (näml. se) sich zurückhalten, sich enthalten; manus abst., seine Hand zurückhalten; curia abst., nicht in die Curie gehen; occasione abst., eine Gelegenheit vorbei gehen lassen.

abstrăho, xi, ctum, 3., fortschleppen; von etwas abbringen.

absum, fui, esse, abwesend, entfernt sein; entfernt bleiben; fehlen, nicht helfen, im Stich lassen.

absūmo, mpsi, mptum, 3., (eigentl. wegnehmen) zu Grunde richten, quatriduum abs., vier Tage zubringen; Passivum: vergehen.

Abulites, ae, Satrap von Susiana S. 220.

abunde, Adv., im Ueberfluß; vollkommen.

abundo, 1., im Ueberfluß vorhanden sein; aliqua re oder copia alicuius rei ab., etwas im Ueberfluß haben.

abūtor, usus sum, 3., mißbrauchen.

Abȳdos, i, eine Stadt in Mysien am Hellespont, Sestos gegenüber.

ac s. v. a. atque und; doch S. 36. Vergl. atque.
Acarnān, is, ein Akarnanier.
accēdo, ssi, ssum, 3., herankommen, -treten, -rücken: dazu kommen; hingehen; beitreten S. 129. acc. ad, sich an etwas machen; accēdit mihi animus, ich bekomme Muth.
accelĕro, 1, nacheilen.
accendo, di, sum, 3., anzünden, versengen; anfeuern, entflammen: ira accensus, von Zorn entbrannt.
accensus, i, ein Gerichtsdiener.
accepto, 1., (eigentl. annehmen) geschehen lassen.
accerso, 3., s. arcesso.
accessio, ōnis, der Zutritt, Zuwachs.
accessus, us, der Zugang, die Anfurth.
accĭdo, ĭdi, 3., fallen; ad genua alicui, vor Jem. auf die Kniee fallen; geschehen, begegnen, treffen, eintreten, herkommen, accidit mihi es ergeht mir.
accĭo, ivi, ĭtum, 4, herbei holen, kommen lassen, einladen.
accĭpio, ēpi, eptum, 3., nehmen, aufnehmen, bekommen; vernehmen; iniuriam, vulnus acc., ein Unrecht, eine Niederlage erleiden; vitam acc., das Leben geschenkt erhalten; pecunias accipere s. pecunia; in fidem acc. s. fides; acceptus, Adj., angenehm, beliebt; acceptum referre, verdanken.
accipĭter, tris, der Habicht.
acclamatio, ōnis, das Zurufen.
acclāmo, 1., (beifällig) zurufen.
accŏla, ae, der Anwohner, Bewohner, Nachbar.
accommŏdo, 1., anpassen; acc. ad, einrichten nach; effigiem acc., eine Gestalt geben; accommodatus, Adj., geeignet.
accŭbo, ui, ĭtum, 1., anliegen.
accumbo, ui, ĭtum, 3., sich zu Tische setzen (legen).
accusatio, ōnis, die Anklage.
accusātor, ōris, der Ankläger.
accūso, 1., anklagen, beschuldigen, Vorwürfe machen.
acer, cris, cre, scharf; muthig, heftig, eifrig; streng; acrĭter, Adv.
acerbĭtas, ātis, die Bitterkeit, Erbitterung.
acerbus, a, um, bitter, hart, streng; acerbe, Adv., hart, mit Bitterkeit.
acervus, i, der Haufe.
Achaei, orum, die Achäer, d. i. Bewohner von Achaja.
acies, ei, die Schärfe, Spitze; ac. oculorum, das Feuer der Augen; die Schlacht, Schlachtreihe, das Heer; media acies, das Centrum.
Acilius, i, (C.) Name eines tapferen röm. Soldaten. S. 297.
acinăces, is, der kleine Perserſäbel.
acquiesco, ēvi, ētum, 3., ruhen, seine Beruhigung finden.
acquīro, sīvi, sītum, 3., erwerben, hinzuthun zu etwas, vermehren; verschaffen, gewinnen, annehmen.
acrĭter s. acer.
actio, ōnis, die Handlung, Verhandlung; Plur. das Verfahren S. 13. actio causae, die Vertheidigung.
actor, ōris, der Schauspieler; actor causarum, der Sachwalter.
Actorius, ein römischer Geschlechtsname; M. Actorius Naso, ein Geschichtschreiber.
actuarius, i, ein Schnellschreiber.
actum, i, die Einrichtung; der Vorfall; acta diurna, Tagebuch über alle Vorfälle im Senat und in der Volksversammlung. S. 274.
acūlĕus, i, der Stachel, die Spitze.
acūmen, ĭnis, die Schärfe, der Scharfsinn.
acŭo, ŭi, ūtum, 3., schärfen, stark machen.
acūtus, a, um, fein, hell, sinnreich (eigentlich scharf).
ad, zu, an, gegen, bei; (bei Zahlen) ungefähr; in Beziehung auf, S. 35. ad equitatum tuum, in Vergleich mit 2c. S. 355. ad hoc, hierzu.
adaequo, 1., gleichkommen.
adămo, 1., lieb gewinnen.
adc. s. acc.
addo, ĭdi, ĭtum, 3., beigeben, hinzufügen, mehren, vermehren.
addūco, xi, ctum, 3., herbei führen, wohin bringen, mitbringen: bewegen, veranlassen, verleiten; amore adductus, angezogen von; in discrimen add., einer Gefahr

aussetzen; in spem adducere, Hoffnung machen.
adĕo, so, dermaßen, in dem Grade; sogar; atque adeo oder vielmehr. S. 55.
adĕo, ĭi, ĭtum, 4., herangehen, hingehen zu Jem., sich wenden an; eingehen, eindringen; adiri posse zugänglich sein; periculum, discrimen adire, in Gefahr gerathen, eine Gefahr bestehen.
adeps, ĭpis, (eigentlich Fett), der Wanst.
adequĭto, 1., heran reiten.
adf., s. aff.
adgr., s. aggr.
adhĭbeo, 2., dazu nehmen, hinzu ziehen, zulassen, vorführen; gebrauchen, anwenden; modum adh., ein Ende machen; solatia adh., Trost zusprechen; consilium adh., einen Kriegsrath halten.
adhortatio, ōnis, die Ermunterung.
adhortor, 1., ermuntern, zureden.
adhuc, bis jetzt; noch.
adĭgo, ēgi, actum, 3., beibringen, durchtreiben; ad iusiurandum ad., schwören lassen; iureiurando ad., durch einen Eid verpflichten.
adiĭcio, ēci, ectum, 3., hinzufügen.
adĭmo, ēmi, emptum, 3., nehmen, abnehmen, fortnehmen, abschaffen.
adipiscor, eptus sum, 3., erlangen.
adĭtus, us, der Zugang, Eingang, Zutritt; adĭtus fit ad aliquem, man kann Jemandem beikommen; aditum alicuius tenere, Eingang bei Jemandem zu finden wissen; aditum praeparare, den Weg bahnen.
adiungo, nxi, nctum, 3., hinzufügen, zugesellen, anschließen, verschaffen; adiunctum mare, das anliegende Meer.
adiūtor, ōris, der Helfer, der Beistand.
adiŭvo, ūvi, ūtum, 1., unterstützen, helfen, fördern.
administer, stri, der Gehülfe.
administratio, ōnis, die Verwaltung, Führung.
administro, 1., besorgen, verwalten, lenken, bewerkstelligen.
admirabĭlis, e, bewundernswürdig.
admiratio, ōnis, die Bewunderung, Verwunderung.
admĭror, 1., sich wundern, bewundern.
admisceo, scui, xtum und stum, 2., (eigentl. beimischen) beifügen.
admitto, si, ssum, 3., zulassen, vorlassen, begehen: bellum adm., sich in einen Krieg einlassen; admisso equo, spornstreichs.
admŏdum, sehr, nur, ungefähr.
admŏneo, 2., erinnern, erwähnen; ermahnen, warnen, Vorstellungen machen; antreiben, bewegen.
admonĭtus, us, die Erinnerung; admonĭtu, auf Antrieb, Anrathen.
admŏveo, ōvi, ōtum, 2., (eigentlich heran bewegen) herbeiführen, heranziehen, anbringen, einflößen. Passivum: sich nähern: admotus, nahe; copias, classem, turres adm., mit Truppen, einer Flotte, Thürmen heranrücken; tormenta adm., auf die Folter legen: manus adm., Hand anlegen; gladium adm., das Schwert ansetzen; capiti adm., auf den Kopf setzen wollen. S. 302.
adolescens, tis, Adj., jung; Subst. der Jüngling.
adolescentia, ae, die Jugend; ab adolesc. von Jugend auf.
adolescentŭlus, i, Adj., jung; Subst. der Jüngling; homines adolescentuli, blutjunge Leute.
adolesco, olēvi, ultum, 3., heranwachsen, aufwachsen, reifen; adultus, erwachsen.
adoptio, ōnis, die Annahme an Kindes Statt.
adopto, 1., annehmen, an Kindes Statt annehmen; aufnehmen.
adŏrior, rtus sum, 4., angreifen, überfallen.
adorno, 1., schmücken.
adōro, 1., verehren, Ehrerbietung beweisen.
adp. s. app.
adr. s. arr.
adsc. s. asc.
adscrībo, psi, ptum, 3., beischreiben, zu etwas rechnen.
adsp. s. asp.
adsto, ĭti, 1., dastehen.
adstringo, nxi, ctum, 3., verkitten S. 217., überziehen, verpflichten; adstrictus oder astrictus, zusammengelegt, gebunden.
adsum, fui, esse, dasein, sich ein-

finden; beiwohnen, beistehen; ad manum ad. bei der Hand sein.
adtingo, ĭgi, actum, 3., berühren.
adulatio, ōnis, die Schmeichelei.
adulesc. s. adolesc.
adūlor, 1., schmeicheln.
adulter, ĕri, der Ehebrecher.
adūno, 1., vereinigen.
adūro, ssi, stum, 3., anbrennen, verbrennen.
advĕho, xi, ctum, 3., herzuführen, heranfahren; advĕhi, näml. navibus, zu Schiffe anlangen.
advĕna, ae, ein Fremder; Abentheurer S. 234.
advĕnio, ēni, entum, 4., herankommen, ankommen, kommen.
advento, 1., heranrücken, sich nähern.
adventus, us, die Ankunft.
adversarius, i, der Feind, Gegner.
adversor, 1, dagegen sein.
adversus, a, um oder advorsus, Adj. 1) gegen einen gekehrt, adversa ora, die zugekehrten Gesichter; vulnus adversum oder adverso corpore acceptum eine (ehrenvolle) Wunde auf der Brust; ventus adversi, widrige Winde; res adversae, Unglück; adversum bellum, ein unglückl. Krieg; ex adverso, gegenüber; in adversum, in entgegengesetzter Richtung; adversis Diis s. v. a. adversantibus Diis, gegen den Willen der Götter. 2) feind, feindselig; Subst. der Feind.
adversus oder adversum, Präp. gegen.
adverto oder advorto, ti, sum, 3, wenden; animum adv. aliquid, etwas bemerken; animum adv. ad aliq., seine Gedanken auf etwas richten.
advesperascit, es wird Abend.
advŏco, 1., herbeirufen, berufen.
advŏlo, 1., herbeifliegen.
advolvo, vi, ūtum, 3., (eigentl. heranwälzen) Pass. sich hinwerfen.
advorsus s. adversus.
Aeacĭdes, ae, eine Aeacide d. i. Abkömmling des Aeacus, Königs von Aegina. Von Achilles, dem Enkel des Aeacus leitete Alexander der Große von mütterlicher Seite seine Herkunft ab; daher seine Verwandtschaft mit den Thessaliern S. 140; denn Aeaciden sind von Peleus, dem Sohn des Aeacus, an Könige von Phthia in Thessalien gewesen. Daß das Geschlecht der Aeaciden vom Herkules stamme, ist ein Irrthum Justins. S. 141.
aedes, is, der Tempel, das Gerüst S. 306.; Plur. das Haus, die Tempel.
aedificium, i, das Gebäude, Haus.
aedifĭco, 1., bauen, Gebäude aufführen.
aedīlis, is, ein Aedil. Bei Einführung des Volkstribunats in Rom im J. 494. wurden auch 2 Aedilen (aed. plebeii) gewählt, welche besonders die Aufsicht über Bau- und Polizei-Sachen hatten. Später (im J. 366.) bei Einführung der Prätur wählte man noch 2 patricische Aedilen (aed. curules) mit der Verpflichtung, die öffentlichen Spiele auf eigene Kosten zu geben. Cäsar endlich ernannte 2 neue Aedilen (aed. cereales) zur Beaufsichtigung des Getreidewesens. S. 287.
aedilĭtas, atis, die Aedilität d. i. das Amt des Aedilen.
Aedŭus, i, ein Aeduer. Die Aeduer waren ein gallisches Volk zwischen der Loire und Saône bis gegen Lyon herunter.
aeger, gra, grum, krank, leidend; aeger animi, bekümmert; aegre, Adv. mit Mühe, kaum, ungern; haud aegre, ohne Mühe, ohne Beschwerde, aegre ferre, verdrießlich sein.
aegritūdo, ĭnis (animi), der Kummer.
Aegyptius, a, um, Adj. ägyptisch; Aeg. bellum, S. 123. Krieg gegen Aegypten. Subst. ein Aegypter.
Aegyptus, i, Aegypten, das älteste Königreich Afrikas, (wurde auch zu Asien gerechnet), vom Nil durchströmt, wird unter August im J. 30. römische Provinz.
Aemilius, ein röm. Geschlechtsname. L. Aemilius, ein Decurio in Cäsars Heer; S. 323. s. Mamercus, Paullus, Lepidus, Scaurus.
aemulatio, ōnis, der Wetteifer, die Eifersucht.
aemulātor, ōris, der Nebenbuhler.

aemŭlor, 1., nacheifern, zu erreichen suchen.
aemŭlus, i, der Nebenbuhler, Mitbuhler.
aeneātor, ōris, ein Trompeter.
aenĕus, a, um, ehern, von Erz.
Aeŏlis, ĭdis, eine Landschaft an der Küste von Mysien und Lydien am ägäischen Meere, von griechischen Kolonien bewohnt.
aequalĭter, gleichmäßig.
aeque, eben so; aeque-ac, eben so — wie, so sehr — als.
aequĭtas, ātis, die Billigkeit, Gerechtigkeit, Mäßigung.
aequo, 1., ebnen, gleich machen; gleich kommen, erreichen, reichen bis an.
aequor, ŏris, das Meer (eigentl. die Fläche).
aequus, a, um, eben, gleich, billig: aequo, (bei Comparativen) als billig; günstig S. 283. aequo animo, mit ruhigem, gelassenem, freudigem S. 283. Herzen; aequo Marte s. Mars.
aerarium, i, die Staatskasse, Schatzkammer, welche in Rom zugleich das Archiv war für Gesetztafeln, Volks- und Senatsbeschlüsse rc. tribuni aerarii, Aerartribunen d. i. Personen aus dem Stand der Plebejer, welche nach Anweisung der Quästoren die Gelder aus der Staatskasse auszahlten und zugleich Richter waren.
aerarius, a, um, das Aerarium betreffend; s. aerarium und tribunus
aerumna, ae, die Mühseligkeit.
aes, aeris, Erz; aes alienum, Schulden; aes al. conflare, contrahere, Schulden machen; aera legum, die ehernen Gesetztafeln.
Aeschўlus aus Rhodus, wird von Alexander zur Beaufsichtigung in Aegypten zurückgelassen. S. 187.
Aesculapius, i, der Gott der Arzneikunde bei den Alten.
aestas, ātis, der Sommer.
aestimatio, ōnis, die Abschätzung, Ueberlegung.
aestĭmo, 1., schätzen, abschätzen, auf den Werth sehen; erwägen, untersuchen, beurtheilen; non eodem aest. animo, höher schätzen.
aestīvus, a, um, sommerlich, tempus aest., die Sommerzeit; aestīva agere, den Sommer verleben.
aestŭo, 1., entbrennen; besorgt sein.
aestus, us, die Hitze; Fluth.
aetas, ātis, das (Lebens) Alter, die Lebenszeit, die Zeit; aetatem agere, leben; aetas iniens, das Jugendalter; aet. militaris, die wehrhafte Jugend; aetate exacta, da die Jahre verstrichen waren. S. 357.
aeternus, a, um, ewig, immerwährend; unvergeßlich.
Aethiopia, ae, Aethiopien, ein Land in Afrika, südlich von Aegypten.
Aethiops, ŏpis, ein Aethiopier.
Aetōli, orum, Aetolier d. i. Bewohner von Aetolien, einer Landschaft im Hellas.
affătim, hinlänglich.
affecto, 1., streben nach etwas.
affectus, us (mentis), die Leidenschaft Ehrsucht S. 179.
affĕro, attŭli, allātum, afferre, herbeibringen, bringen, herbeiführen; dolorem, voluptatem, motum aff., Schmerz, Freude, Unruhe verursachen; alacritatem aff., begeistern; medicinam aff., Arznei reichen; cladem aff. s. clades.
affĭcio, ēci, ectum, 3., (eigentlich anthun oder belegen); supplicio aff., hinrichten; praemio aff., eine Belohnung ertheilen; clade aff., eine Niederlage beibringen; nomine aff., einen Namen geben; beneficio aff., Jem. mit Gewogenheit behandeln. Passivum: dolore affici, Schmerz empfinden; detrimento aff., Verlust erleiden; verberibus aff., Schläge bekommen; aetate affectus, bejahrt.
affīgo, xi, xum, 3., anheften; cruci aff., ans Kreuz schlagen.
affīnis, e, Adj. (eigentl. angrenzend), theilnehmend; Subst. der Schwager S. 267.
affĭnĭtas, atis, die Verwandtschaft, Verschwägerung.
affirmatio, ōnis, die Betheurung.
affirmo, 1., versichern, behaupten.
afflicto, 1., plagen.
affligo, xi, ctum, 3., (eigentl. anschlagen) verletzen, niederdrücken,

stürzen; afflictus, in schlechtem Zustand befindlich.
affor, atus sum, ari, mit Jem. reden.
Afranius, ein röm. Geschlechtsname, L. Afranius hieß ein Legat des Pompejus.
Africa, ae, Afrika, der bekannte Erdtheil.
Africanus, a, um, Adj., afrikanisch: z. B. bellum, S. 355, der Krieg, den Cäsar in Afrika gegen die Pompejaner führte. Auch Beiname zweier Scipionen, des P. Cornelius Scipio Africanus major und minor. s. S. 82 und 353.
Agătho, ōnis, ein Anführer Alexanders, den er in der Burg von Babylon zur Aufsicht zurückließ.
agēma, ătis, so hieß bei den Macedoniern ein Corps ausgesuchter Reiter (auch Fußsoldaten), Leibschwadron.
Agēnor, ŏris, König in Phönizien, Vater des Kadmus, soll Sidon und Tyrus erbaut haben.
ager, gri, der Acker, das Feld; Gebiet. Plur.: Ländereien.
Agesilāus, i, König in Sparta; s. S. 120. ff.
agger, ĕris, der Aufwurf, Damm.
aggĕro, 1., aufdämmen.
aggĕro, ssi, stum, 3., herbeitragen, heranschaffen.
aggrăvo, 1., inkommodiren, beschwerlich fallen.
aggrĕdior, ssus sum, 3, zu Jem. gehen; sich an etwas machen: unternehmen, angreifen, überfallen.
aggrĕgo, 1., hinzuthun. Pass.: sich anschließen.
agilĭtas, ătis, die Beweglichkeit, Schnelligkeit.
Agis, ĭdis, (des Agesilaus Bruder) König in Sparta.
agĭto, 1., (eigentlich hin- und hertreiben) herum tummeln; beunruhigen; mente oder animo oder bloß agitare, im Sinne haben, betreiben; agitare de mit etwas umgehen; regnum ag., die Regierung führen; ferocius ag., sich unbändiger betragen; gaudium et laetitiam agitare, in Freude und Fröhlichkeit leben: laetitia agitatur, es herrscht Fröhlichkeit.

agmen, ĭnis, das Heer (auf dem Marsch); Heeresabtheilung, Zug, Schaar, Marsch; agmen cogere, zuletzt marschiren, den Nachtrab bilden: primum agm., der Vortrab; novissimum agm., der Nachtrab; agmine raptim acto, in größter Eile.
agnosco, ōvi, ĭtum, 3., anerkennen, erkennen.
ago, ēgi, actum, 3., treiben, in Bewegung setzen, vor sich hintreiben; thun, handeln, betreiben, ausführen; cum aliquo ag., mit Jem. unterhandeln; reden S. 33. non agam obscure, S. 260. eadem lingua, qua tu egisti; aetatem ag., leben; vitam ag., ein Leben führen; pueritiam ag., die Kindheit verleben; noctem ag., die Nacht hinbringen; nonagesimum annum ag., 90 Jahr alt sein; victorem agere, den Sieger spielen; cuniculos ag., Minen anlegen; agere de, etwas betreiben; agi de, sich handeln um etwas; id agere, beabsichtigen; id agitur, es kommt darauf an; agi, geschehen; actum est de, es ist geschehen um; bene actum est mecum, ich bin gut daran.
agrarius, a, um, die Austheilung der Aecker betreffend; lex agr., Ackergesetz; agrarii (näml. homines), die durch ein Ackergesetz Ländereien zu erhalten wünschen.
agrestis, e, ländlich; agrestes (näml. homines) Landleute.
Agriani, ein Volk Päoniens, welches zwischen dem Hämus- und Rhodopegebirg wohnte.
agricŏla, ae, der Landwirth.
Ahăla, ein röm. Familienname, s. Servilius.
aio, ich sage.
ala, ae, der Flügel; eine Reiter-Abtheilung, Geschwader.
alăcer, cris, cre, munter, begeistert.
alacrĭtas, atis, Munterkeit; al. animi, auch ohne animi Begeisterung.
alarius, a, um, auf den Flügeln befindlich; alarii hießen die Truppen der Bundesgenossen, weil sie auf den Flügeln der röm. Legionen standen.
alauda, ae, die Lerche; Name einer Legion des Cäsar.

albeo, 2., weiß sein.
albus, a, um, weiß.
Alcibiădes, is, ein Feldherr und Staatsmann der Athener. S 107 ff.
alĕa, ae, der Würfel.
aleātor, ōris, Hazardspieler (mit Würfeln).
ales, ĭtis, der Vogel.
Alexander, dri, 1) 498—454. König von Macedonien, Sohn des Amyntas; ist Urgroßvater Alexanders des Großen. S. 264. 2) König von Epirus, Bruder der Olympias, Gemahl der Kleopatra, der Tochter des Philippus von Macedonien. S. 131 und 196 3) König von Macedonien, Sohn des Philippus; führt den Beinamen Magnus. S. 132. ff. 4) Alexander Lyncistarum s. Lyncestes. Er war ein Sohn des Aërŏpus aus dem Stamme der Lyncester, und Bruder der von Alexander hingerichteten Mitwisser um den Ermordungsplan seines Vaters Philippus. S. 139.
Alexandrīa, ae, Hauptstadt Aegyptens, im J. 332. von Alexander dem Großen angelegt S. 186.; wo Cäsar im Jahre 47. von den Aegyptern belagert wurde. S. 283.
Alexandrīnus, a, um, die Stadt Alexandria betreffend, alexandrinisch; Alexandrini, Bewohner der Stadt Alex.
algor, ōris, die Kälte.
alias, Adv., ein ander Mal, sonst; non alias magis, mehr als je; haud alias tam, niemals so.
alĭbi, Adv., anderswo.
alienigĕna, ae, Adj., auswärtig, Subst., ein Ausländer.
aliēno, 1., abgeneigt machen.
aliēnus, a, um, fremd, abgeneigt, feindlich, unpassend, unangemessen, ungünstig.
alimentum, i, Nahrung, Nahrungsmittel.
alio, Adv., anderswohin.
aliŏqui und aliŏquin, sonst, ohnehin.
aliquamdĭu, Adv., eine Zeit lang, lange Zeit.
aliquando, Adv, einmal.
aliquantisper, Adv, eine Zeit lang, ein ziemlich Stück. S 92.
aliquantus, a, um, ein gut Theil; eine ziemliche Anzahl; aliquanto post, nach einer geraumen Zeit.
alĭquis, qua, quod und quid, irgend ein, Jemand; (nach si, ne, num, quo, quanto bleibt ali weg.)
alĭquo, Adv., irgend wohin.
alĭquot, Adj., einige, mehrere.
alius, a, um, Adj, der andere; alii — alii einige — andere; alĭter, Adv., anders, sonst.
allĕgo, ēgi, ectum, 3, noch dazu wählen; in senatum all., in den Senat aufnehmen.
allĕvo, 1., aufheben, erheben, aufrichten; oculos all., die Augen aufschlagen
allĭcio, exi, ectum, 3., an sich locken.
Allŏbrox, ŏgis, ein Allobroger; dies Volk wohnte in Gallia Narbonensis, zwischen der Rhone und Isere, und wurde im J. 121 durch Q. Fabius Maximus den Römern unterworfen; im J. 60. nach einem Aufstande durch den Prätor C. Pomtinius zur Ruhe gebracht. S. 312.
alloquium, i, das Reden mit Jem.
allŏquor, cūtus sum, 3., anreden.
allūdo, si, sum, 3., anlächeln.
allŭo, ŭi. ūtum, 3., bespülen.
alo, ŭi, ĭtum und altum, 3., ernähren, den Lebensunterhalt schaffen.
Alpes, ium, die Alpen, der Gebirgszug, welcher Italien von Gallien, Helvetien und Germanien trennte.
altāre, is, der Altar.
alter, a, um, der eine, der andere (von zweien); der zweite; alter — alter der eine — der andere.
altercatio, ōnis, der Wortwechsel.
altitūdo, ĭnis, die Höhe, Tiefe.
altus, a, um, hoch, tief; altum (nämlich mare), die Tiefe.
alumnus, i, der Zögling.
alveŏlus, i, ein kleines Flußbett.
alvĕus, i, das Flußbett.
Amanĭcae pylae, der Paß durch das Amānusgebirge zwischen Cilicien und Syrien. S. 155.
amans, tis, Adj, gut gesinnt, geneigt, liebevoll.
Ambarri, orum, die Ambarrer wohn-

ten zwischen den Aeduern und Allobrogern zwischen der Rhone und Saône.

ambĭgo, 3, uneins sein.

ambĭo, ivi und ii, ītum, 4., (eigentl. herumgehen) umgeben; sich alle Mühe geben. S. 274.

ambitio, ōnis, die Ehrsucht, Gunstsucht, Bemühung; ambitio popularis, Bemühung um Volksgunst.

ambĭtus, us, der Umfang; (unrechtmäßige) Bewerbung um Ehrenstellen, Amtserschleichung.

Ambrōnes, um, ein kriegerisches Volk Galliens.

amens, tis, Adj., sinnlos.

amentia, ae, Sinnlosigkeit, Tollheit.

amĭcio, (ohne Perf.), ctum, 4., umhüllen.

amicitia, ae, die Freundschaft; amicitiarum studia, freundschaftliche Zuneigung; am. coniungere, Fr. schließen; am. colere, Fr. unterhalten.

amicŭlum, i, Oberkleid, Mantel.

amīcus, a, um, Adj., befreundet, zugethan. Subst. ein Freund, Vertrauter; amicus regis, Minister.

amissio, ōnis, der Verlust.

amĭta, ae, Vatersschwester.

amitto, si, ssum, 3., von sich lassen, verlieren, einbüßen; weggeben, ablegen; animam am., den Geist aufgeben.

amnis, is, der Fluß; secundo amne, stromabwärts.

amoenĭtas, ātis, die Annehmlichkeit.

amoenus, a, um, anmuthig.

amor, ōris, die Liebe.

amŏveo, ōvi, ōtum, 2., auch procul am., entfernen.

Ampius, ein römischer Geschlechtsname. T. Ampius, ein Pompejaner, war Volkstribun während Ciceros Consulat, und ging nach der Prätur als Proprätor nach Cilicien.

amplector, xus sum, 3., umfassen, umarmen, mit einschließen.

amplexor, 1., ergeben sein.

amplĭfico, 1., vergrößern, in ein höheres Licht stellen. S. 84.

amplio, 1., erweitern, vergrößern.

amplitūdo, ĭnis, die Größe, das Ansehen.

amplus, a, um, weit, groß, bedeutend, angesehen; res amplissimae, die glänzendste Lage; ampl. verba, die ehrenvollsten Ausdrücke; ampl. honor, die höchste Ehre.

ampūto, 1., abhauen, zerhauen.

Amyntas, ae, 1) Sohn des Perdikkas, Bruders des Philippus von Macedonien. S. 136. 2) Sohn des Andromenes, ein Feldherr Alexanders, S 157. 203., wird zur Aushebung neuer Soldaten nach Macedonien geschickt S. 182., wird unter den Theilnehmern an der Verschwörung gegen Alex. genannt. S. 253. 3) Sohn des Antiochus, der zum Darius übergegangen war, floh aus der Schlacht bei Issus mit seinem Corps. S. 162. über Phönizien und Cypern nach Aegypten, welches er für sich erobern wollte, wurde aber von dem dortigen Satrapen geschlagen und getödtet. s. Curt. IV. 1. 27. ff. 4) Amyntas Lyncestes, S. 220. aus dem Stamme der Lyncester (s. Lyncistes), Anführer unter Alexander. 5) Außerdem gab es mehrere Anführer dieses Namens im Heere Alexanders. S. 226. 259.

an, Fragpartikel: wohl, etwa, ob; im zweiten Gliede der Doppelfrage: oder; an vero, oder nicht etwa. S. 31.

analogĭa, ae, Sprachähnlichkeit; Titel einer Schrift des Cäsar.

anceps, ipĭtis, Adj., doppelt, zweifelhaft; acies anc., Schlacht von vorn und von hinten; ancipite malo circumventus, von beiden Seiten umringt.

Ancus Marcius, der 4te röm. König.

anfractus, us, der Umweg.

ango, nxi, 3., quälen, (eig. würgen.)

angustia, ae, die Enge; Plur.: die Gebirgsengen, der Engpaß; auch Meerenge; Eingang S. 136; Schwierigkeiten S. 334.

angustus, a, um, schmal, eng, zu eng; angustiorem facere, einschränken.

anhēlo, 1., schnauben; inopia anhelans, äußerste Armuth.

anĭma, ae, das Leben (eigentl. der Athem); animam amittere, den Geist aufgeben.

animadversio, ōnis, die Ahndung.
animadverto, ti, sum, 3., Acht geben, bemerken; an. in aliquem, Jem. bestrafen, gegen Jem. verfahren.
animōse, Adv., leidenschaftlich.
animus, i, die Seele, der Geist; Gemüth, Gesinnung, Stimmung, Charakter, Herz; Geistesgegenwart, Muth; Plur.: Stolz S. 88.; animus redit, man kommt wieder zu sich; animus fert, man wünscht; ad animum, nach Wunsche; animo concipere, sich eine Vorstellung machen; in animo esse, im Sinne haben; est mihi animus, ich nehme mir vor.
annecto, xi und xui, xum, 3., eigentl. verknüpfen; Pass.: sich ansetzen S. 218.; longa cognatione annexus, weitläufig verwandt.
Annius, ein röm. Geschlechtsname. Q. Annius, ein Senator, Theilnehmer an der Catilinarischen Verschwörung. S. 3.
annŭlus oder anŭlus, i, der Ring, Siegelring. Die römischen Ritter hatten das Vorrecht goldene Ringe zu tragen, ius annulorum, S. 283.
annumĕro, 1., zu etwas zählen.
annŭo, ui, 3., mit dem Kopf nicken (Zeichen der Bejahung).
annus, i, das Jahr.
annŭus, a, um, jährlich.
ante, Präp., vor, bis zu; Adv., vorher.
antĕa, Adv., vorher, früher.
antecăpio, ēpi, aptum, 3., vorweg nehmen; schnell benutzen.
antecēdo, ssi, ssum, 3., vor Jem. her ziehen, vorangehen, vorrücken; übertreffen.
antĕeo, ivi, 3., vorangehen, übertreffen.
antefactum, i, eine frühere That.
antelucānus, a, um, vor Tage; antelucano tempore, vor Tagesanbruch; coena antelucana, eine bis gegen Sonnenaufgang ausgedehnte Schmauserei.
antenna, ae, die Segelstange.
antepōno, ŏsui, ŏsĭtum, 3., vorziehen.
antĕquam, Adv., bevor, ehe.
antesignāni, näml. milites, die (vor den Fahnen fechtenden) Vortruppen.

Anticăto, ōnis, Titel einer Schrift des Cäsar. Ein Gegenstück zu der Lobschrift des Cicero auf Cato.
Antigĕnes, is, ein Anführer im Heere Alexanders.
Antigŏnus, i, 1) ein Anführer im Heere Alexanders S. 220. 2) einer von den Gesandten des Königs Dejotarus an Cäsar. S. 362.
Antiŏchus, i, mit dem Beinamen Magnus, König von Syrien, wird von C. Cornelius Scipio Asiaticus, im J. 190. bei Magnesia geschlagen und muß Asien diesseit des Taurus abtreten. S. 360.
Antipăter, tri, Feldherr und Vertrauter des Philippus von Macedonien.
antiquĭtus, Adv., in alten Zeiten.
antīquus, a, um, alt.
Antistius, i, ein röm. Geschlechtsname; 1) C. Antistius, war im J. 58. Volkstribun. 2) Antistius, ein Arzt zur Zeit Cäsars.
Antonius, ein röm. Geschlechtsname. 1) C. Antonius, im J. 63. Consul mit M. Tullius Cicero; wird mit einem Heere gegen die Catilinarier geschickt. Cicero tritt ihm, ohne zu losen, die bessere proconsularische Provinz Macedonien ab und übernimmt Gallien. S. 7. 2) C. Antonius, Legat des Cäsar in Gallien. S. 284. 3) M. Antonius, der Triumvir, Consul im J. 44. S. 302 und 305.
anulus s. annulus.
anus, us, die alte Frau; Adj., bejahrt.
anxiĕtas, ātis (animi), der Kummer.
anxius, a, um, ängstlich; Adv., anxie.
Apennīnus, i, ein Gebirge in Italien.
apĕrio, ui, tum, 4., öffnen, eröffnen, zugänglich machen, aufschließen, an den Tag bringen, entdecken; iter ap., den Weg bahnen.
apertus, a, um, offen, öffentlich; locus ap., ein ebener Ort; aperto latere, auf der rechten Seite (welche durch den Schild nicht geschützt war); aperte, Adv.
Aphoebĕtus, i, ein Anführer im Heere Alexanders.
Apis, is, der von den Aegyptern als Gott verehrte Stier.

**Apollo**, inis, der bekannte Gott bei den Alten. Er hatte einen berühmten Tempel zu Delphi.
**Apollodōrus**, i, ein Anführer im Heer Alexanders, von diesem zum Schutz Babyloniens zurückgelassen.
**Apolloniensis**, is, einer aus Apollonia, einer Stadt Thraciens.
**Apollonius**, i, ein Name. Apollonius Molo, ōnis, ein Redner und Rhetor in Rhodus.
**apparātus**, us, Zurüstung, Veranstaltung, Vorkehrung, Schaugeräth S. 270; Pracht; app. luxuriae, die zur Ueppigkeit nöthigen Geräthschaften.
**appāreo**, 2., sichtbar sein, sichtbar werden, sich zeigen, erscheinen.
**appāro**, 1., zubereiten, anschaffen; apparatus, a, um, prächtig. S. 52.
**appellatio**, ōnis, Benennung, Name, Titel.
**appello**, 1., anreden, um Hülfe ansprechen, sich an Jem. wenden; nennen, angeben; appelliren an Jem.
**appello**, ŭli, ulsum, 3., eig. an etwas treiben; navigia littori app., mit Fahrzeugen anlanden.
**appĕto**, īvi oder ii, ītum, 3., (intrans.) sich nähern; (trans.) nach etwas greifen, zulangen, Verlangen haben nach etwas; gladio app. aliquid, mit dem Schwert nach etwas hauen; appĕtens, Adj., begierig.
**applĭco**, āvi, ātum und ui, ĭtum, 1., anfügen; ziehen zu etwas, anlanden. S. 99.
**appōno**, ŏsui, ŏsĭtum, 3., eigentlich hinstellen; auftragen; appositus, a, um, anliegend, umliegend.
**apprehendo**, di, sum, 3., anfassen.
**apprŏbo**, 1., billigen; Pass. Beifall finden.
**appropinquo**, 1., herannahen.
**Apr.** d. i. Aprīlis, e, im Monat April.
**apto**, 1., zurecht machen.
**aptus**, a, um, eingerichtet, geeignet, angemessen.
**apud**, bei; dicere apud aliq., vor Jem. aussagen.
**Apulia**, ae, eine Provinz auf der Ostküste von Unter-Italien.
**aqua**, ae, das Wasser. Plur.: Quellen. S. 246.
**aquĭla**, ae, der Adler. Auch das Fahnenzeichen der Soldaten.
**Aquĭla** s. Pontius.
**Aquilēia**, ae, Stadt in Ober-Italien.
**aquilĭfer**, ĕri, der Fahnenträger.
**Aquitania**, ae, einer der vier Haupttheile Galliens, zwischen der Loire und den Pyrenäen. Aquitāni, die Einwohner desselben, s. Gallia.
**ara**, ae, der Altar. In dem Impluvium (dem inneren Hofe) jedes römischen Hauses befand sich ein Altar, welcher den Penaten geheiligt war; arae focique, Haus und Hof.
**Arabia**, ae, Arabien, die Halbinsel in Asien zwischen dem rothen Meere und persischen Meerbusen.
**Arabs**, ăbis, ein Araber.
**Arachosii**, orum, Bewohner von Arachosia, einer östlichen Provinz des persischen Reichs.
**Arădus**, i, eine Insel Phöniciens, der Stadt Marathon gegenüber.
**Arar**, ăris, ein Fluß Galliens, die Saône.
**Araxes**, is, ein Fluß 1) in Armenien S. 92., der in den Cyrus fließt; 2) in Persien, in dessen Nähe Persepolis liegt, der den Medus aufnimmt und sich in einen Landsee (Lacus salsus) ergießt.
**Arbăces**, is, unter Sardanapal Präfekt von Medien; nach dessen Tode erster König in Medien.
**Arbēla**, orum, eine Stadt in Assyrien; berühmt durch die Schlacht zwischen Alexander und Darius im J. 331.
**arbĭter**, tri, Zeuge, Mitwisser; remotis arbitris, ohne Zeugen; arbiter pacis ac belli, Herr über Frieden und Krieg.
**arbitrium**, i, Machtspruch, Wille, Willkür; liberum arbitrium, die freie Wahl.
**arbĭtror**, 1., wofür halten, glauben.
**arbor**, ŏris, der Baum.
**arcānum**, i, das Geheimniß.
**Arcas**, ădis, ein Arkadier, Bewohner von Arkadien, einer Provinz in Peloponnes.
**arceo**, 2., abwehren.
**arcesso** und **acerso**, īvi, ītum, 3.,

kommen lassen, herbei holen, herbei rufen; capitis acc. auf Leib und Leben anklagen.

Archelāus, i, 1) 413—400. König von Macedonien, Sohn d. Perdikkas II. soll von einem gewissen Kraterus ermordet sein. S. 265.; 2) ein Anführer im Heere Alexanders, den dieser zum Schutz der Stadt Susa zurückließ.

Archepŏlis, is, ein Anführer im Heere Alexanders.

Archidāmus, i, Feldherr der Lacedämonier, in der Schlacht bei Leuktra 371. verwundet.

arctus oder artus, a, um, eng, gedrängt, beschränkt, kurz

ardeo, si, sum, 2., brennen, glühen, leuchten; odio alicuius ard., vor Haß gegen Jem erglühen; bellum ardet, der Krieg wüthet; ardens, tis, heftig, lebhaft.

ardor, ōris, die Gluth, das Feuer; ardor animi, die Heftigkeit.

arĕa, ae, der Platz, die Baustelle.

arēna, ae, der Sand; Plur.: die Sandmassen.

Arĕtes, is, ein Anführer der macedonischen Sarissophoren im Heere Alexanders.

argentĕus, a, um, silbern.

argentum, i, Silber, Silbergeschirr.

Argos, oder gewöhnlicher Argi, ōrum, Hauptstadt der Provinz Argolis im Peloponnes.

argumentum, i, der Beweisgrund.

argŭo, ŭi, ūtum, 3., anklagen, beschuldigen, anhängig machen.

Argyraspis, īdis, mit silbernem Schilde. Die Argyraspiden machten eine Abtheilung im Heere Alexanders aus.

arīdus, a, um, trocken.

aries, ĕtis, der Widder, ein Mauerbrecher, Sturmbock.

Arīi, ōrum, Bewohner von Ariana, einer nordöstlichen Provinz des persischen Reichs.

Ariobarzānes, is, ein Persischer Feldherr.

Ariovistus, i, ein König der Germanen; von Cäsar bekriegt im J. 58.

Aristander, dri, ein sehr erfahrener Wahrsager im Gefolge Alexanders.

Aristīdes, is, ein Feldherr und Staatsmann der Athener. S. 104.

Aristomĕdes, is, ein Thessalier, der vom Alexander zum Darius übergegangen war und bei diesem eine Anführerstelle bekleidete.

Aristo oder Ariston, ōnis, Befehlshaber der Päonischen Reiter im Heere Alexanders.

arma, ōrum, die Waffen, besonders die Schutzwaffen. S. 21.; arma civilia, Bürgerkrieg: arma capere oder ferre, die Waffen ergreifen; in armis esse oder stare, unter Waffen stehen: ab armis discedere, die Waffen niederlegen.

armamaxa, ae, ein bedeckter Wagen.

armamentarium, i, das Zeughaus.

armatūra, ae, eigentl. die Bewaffnung; levis armatura, die Leichtbewaffneten.

Armenĭa, ae, ein Land in Asien zwischen dem Kaspischen Meere, Medien und Kappadocien; wurde durch den Euphrat in Groß- und Klein-Armenien getheilt, daher Arm. maior und minor.

Armenii, orum, die Bewohner von Armenien.

armentum, i, gewöhnlich armenta, ōrum, das Zugvieh.

armĭger, ĕri, der Kriegsmann (eigentl. Waffenträger); Adj., bewaffnet.

armo, 1., bewaffnen.

aro, 1., pflügen.

Arretīnus, a, um, zu Arretium, der nordöstlichsten Stadt Etruriens, gehörig.

arrĭpio, ui, eptum, 3., ergreifen; in praeiudicium arripere, zur vorläufigen Untersuchung ziehen; s. praeiudicium.

arrŏgans, tis, Adj., vermessen; Adv., arroganter.

arrogantia, ae, die Vermessenheit.

Arrybas, ae, Oheim der Olympias (Bruder des Neoptolemus, des Vaters der Olympias) König von Epirus.

ars, tis, Kunst, Geschicklichkeit; Mittel, Art: besonders Plur.: Kunstgriffe, Ränke; artes animi, Mittel der Klugheit; artes cauponias, ludicras exercere, Gastwirthschaft, Schauspielerkunst treiben.

Arsames, is, Satrap des Darius Kodomannus in Cilicien.
Artabāzus, i, ein Minister des pers. Königs Darius Kodomannus.
Artaxerxes, is, mit dem Beinamen Mnemon, von 404 bis 365., König von Persien, Bruder Cyrus des Jüngeren.
Artemisia, ae, Königinn von Halikarnaß, Bundesgenossin des Xerxes in der Schlacht bei Salamis. 480.
artĭcŭlus, i, eigentl. das Gelenk: articulus rerum, die bedenkliche Lage.
artĭfex, ĭcis, Künstler, Meister; Tonkünstler S. 216.; artifex scenicus, dramatischer Künstler.
artus, a, um, s. arctus.
artus, us, das Glied.
arundo, ĭnis, (eigentl. das Rohr), die Rohrpfeife.
Arverni, ōrum, ein gallisches Volk im heutigen Auvergne, aber östlich bis an die Loire und südlich bis an die Sevennen. Es war schon im J. 121. vom Consf. Q. Fabius Maximus Allobrogicus besiegt worden.
arx, cis, die Burg, Festung.
ascendo oder adscendo, di, sum, 3., hinaufsteigen, aufsteigen, ersteigen, erklimmen.
ascensus, us, die Ersteigung.
ascisco oder adscisco, īvi, ītum, 3., annehmen, zu etwas nehmen; in societatem ascītus, zur Theilnahme zugezogen.
Asĭa, ae, Asien, der bekannte Erdtheil, von Europa durch den Tanais getrennt S. 244.; besonders Klein-Asien oder Vorder-Asien.
Asinius, ein römischer Geschlechtsname. C. Asinius Pollio, ein gefeierter Schriftsteller im Augusteischen Zeitalter, unter anderem Verfasser einer Geschichte des Bürgerkrieges.
aspectus oder adspectus, us, der Anblick.
asper, ĕra, ĕrum, rauh, unangenehm, beschwerlich, mißlich, heftig, streng: asperum proelium, hitziges Treffen.
asperĭtas, atis, die Rauhigkeit.
aspernor, 1., verachten, verschmähen, verabscheuen.
aspĭcio oder adspĭcio, exi, ectum, 3., ansehen, erblicken.

assector, 1., sich anschließen.
assensus, us, der Beifall.
assentior, sus sum, 4., beistimmen.
assĕquor, cutus sum, 3., erlangen, erreichen, einholen.
asser, ĕris, der Balken.
assĕro, ui, rtum, 3., eigentl. an sich nehmen (als Eigenthum); behaupten.
assertor, ōris, der Befreier.
asservo, 1., beobachten, verwahren, in Gewahrsam halten.
assĭdeo, ēdi, essum, 2., bei etwas sitzen, verweilen.
assĭdo, ēdi, essum, 3., sich setzen.
assidue, beständig.
assiduĭtas, atis, die beständige Gegenwart.
assigno, 1., zuweisen.
assisto, astĭti, 3., sich hinstellen.
assuesco, ēvi, ētum, 3., trans. gewöhnen; intrans. sich gewöhnen; assuēvi, ich bin gewohnt, pflege. assuētus, a, um, gewohnt, gewöhnlich.
assūmo, mpsi, mptum, 3., zuziehen.
assurgo, rexi, rectum, 3, aufstehen.
Assyrii, orum, Bewohner von Assyrien, einem asiatischen Lande, welches von Armenien, Medien, Susiana und Mesopotamien eingeschlossen ist.
astr., s. adstr.
astus, us, die List.
astutia, ae, die Schlauheit.
Astyăges, is, letzter König der Meder, Großvater des Cyrus.
at, Conj. aber, doch; nach negativen Sätzen: doch wenigstens, s. v. a. at saltem
Atharrĭas, ae, ein Befehlshaber im Heere Alexanders.
Atĕas, ae, König der Scythen zur Zeit des Philippus von Macedonien.
Athēnae, arum, Athen, die Hauptstadt von Attika.
Atheniensis, e, Adj., athenisch; Subst. ein Athener.
athlēta, ae, der Wettkämpfer.
Atizyes, is, ein General des Darius.
atque, ac, und, und vorzüglich S. 35. nun (bei Uebergängen zu etwas Neuem); aber; atque etiam, s. v. a. sed et S. 298.; atque adeo oder vielmehr S. 55.; als (nach

Wörtern der Gleichheit oder Verschiedenheit, selten nach Comparativen, wie S. 272.).
atqui, und doch.
atrocĭtas, ātis, die Abscheulichkeit, atrocitas animi, die Hartherzigkeit.
atrox, ōcis, abscheulich; atrox negotium, res, eine mißliche Lage, Sache.
Attălus, i, 1) Feldherr des Philippus von Macedonien, dessen Schwester dieser nach Verstoßung der Olympias heirathete; 2) ein Feldherr des Alexander, welcher in der Schlacht bei Arbela die Agrianer kommandirte; 3) König von Pergamum, der im J. 133 das röm. Volk zu seinem Erben einsetzte.
attendo, di, tum, 3., Acht geben.
attĕro, trīvi, trītum, 3., verwischen, schwächen.
Attĭcus, a, um, Attisch; Attici fines, das Gebiet von Attika.
Attilius, ein Tragödiendichter bei den Römern.
attĭneo, ŭi, tentum, 2., betreffen; non attinet, es ist nicht nöthig.
attollo, 3., erheben.
attonĭtus, a, um, wie vom Donner gerührt, erschreckt, außer sich, niedergeschlagen.
attribuo, ŭi, ūtum, 3., zutheilen, überweisen.
auctio, ōnis, die Versteigerung; auctionem facere, eine Versteigerung anstellen.
auctionarius, a, um, zur Versteigerung der Güter gehörig; s. tabula.
auctiōnor, 1., eine Versteigerung anstellen.
auctor, ōris, der Urheber, Anstifter, Gründer, Verfasser, Gewährsmann, Unterstützer, Antreiber: auctorem esse, erzählen, rathen; auctore senatu, mit Genehmigung des Senats.
auctorĭtas, ātis, Ausspruch, Verordnung, Genehmigung, Meinung; Ansehen, Gewicht, Einfluß, Vollmacht; auctoritas valet, die Vorstellung ist überzeugend.
audacia, ae, die Kühnheit, Keckheit, verwogener Streich S. 17; audacia malarum rerum, Verwegenheit in schlechten Streichen.
audax, ăcis, kühn.
audeo, ausus sum, 2., wagen; audens, tis, kühn; quantum audet et potest, nach dem Maaß seines Muthes und seiner Kräfte.
audio, 4., hören, anhören; dicto audiens, gehorsam.
aufĕro, abstŭli, ablātum, auferre, wegtragen, wegführen, wegnehmen, abnehmen, benehmen, rauben.
aufŭgio, ūgi, 3., entfliehen.
Augaeus, Beiname eines Philotas im Heere Alexanders.
augeo, xi, ctum, 2., vermehren, vergrößern, verlängern, verstärken, heben.
augur, ŭris, ein Augur, d. i. Wahrsager (aus dem Fluge der Vögel).
augurium, i, das Anzeichen, Vorzeichen.
augŭror, 1., prophezeien.
Augustus, der bekannte C. Iulius Caesar Octavianus, erster röm. Kaiser.
aurarius, a, um, das Gold betreffend; auraria, nämlich metalla, Goldbergwerke.
aurātus, a, um, vergoldet.
Aurelius, ein römischer Geschlechtsname; s. Cotta und Orestilla. Die Via Aurelia, (von einem Aurelius gebaut) ging von Rom über Pisa in Etrurien nach Genua und von da weiter der Küste entlang. Forum Aurelium, eine Stadt in Etrurien.
aurĕus, a, um, golden.
aurīga, ae, der Wagenlenker.
auris, is, das Ohr; auribus officere, taub machen; aures alicuius imbuere aliqua re, Jemanden etwas hören lassen.
aurum, i, das Gold.
Aurunculeius, ein Legat des Cäsar in Gallien. S. 278.
auspicium, i, das Auspicium, Anzeichen; das Recht, Auspicien anzustellen; Oberbefehl; auspicium emittere, ein Anzeichen geben; auspicia consularia, die vor der Consulwahl angestellten Auspicien.
auspĭco, 1., eigentl. Auspicien halten, anfangen; auspicato, glücklich.
aut, oder; nach Negationen: noch; aut-aut, entweder — oder.

autem, aber; ferner (beim Aufzählen).
Autronius, ein römischer Geschlechtsname. P. Autronius Paetus, Theilnehmer an der Catilinarischen Verschwörung; s. Lepidus, Nr. 2.
autumnus, i, der Herbst.
auxiliāris, e, helfend; auxiliares näml. milites oder copiae, Hülfstruppen.
auxĭlior, 1., helfen.
auxilium, i, Hülfe, Beistand, Abhülfe, Ausweg, Rettungsmittel, Hort, Erquickung; Plur.: Hülfstruppen; esse in auxilio, helfen; auxilium est in aliquo, bei Jem. ist Hülfe zu finden; auxilium ferre, Hülfe leisten; auxilium petere, um Hülfe bitten.
avaritia, ae, Habsucht, Geiz.
avārus, a, um, habsüchtig.
avĕho, xi, ctum, 3., fortführen; Pass., abfahren.
avello, elli, ulsum, 3., losreißen.
aversor, 1., sich abwenden; sich wegwenden (aliquid von etwas); verabscheuen.
aversus, a, um, abgewandt, von hinten, im Rücken; abwärts liegend; was uns den Rücken zukehrt, zur Flucht gewandt; abgeneigt.
averto oder avorto, ti, sum, 3., abwenden, ablenken, entfernen; in fugam avertere, in die Flucht schlagen.
avia, ae, die Großmutter.
avĭdus, a, um, begierig, gierig, unmäßig, leidenschaftlich, hitzig.
avis, is, der Vogel.
avītus, a, um, vom Großvater her, angestammt. S. 85.
avorto, s. averto.
avus, i, der Großvater.
axis, is, die Axe.
Axius, ein röm. Geschlechtsname. Q. Axius, ein röm. Senator zur Zeit Cicero's.

Babўlon, ōnis, Babylon, die Hauptstadt von Babylonien, vom Euphrat durchflossen.
Babylonĭa, ae, Babylonien, zwischen dem Euphrat und Tigris, (nebst einigen Landstrecken an den jenseitigen Ufern) Mesopotamien und dem persischen Meerbusen. Bei Justin oft die Stadt Babylon.
Babylonĭus, a, um, Babylonisch; Babylonii, die Babylonier.
bacchor, 1., schwärmen, rasen.
Bactra, orum, eigentl. die Hauptstadt der persischen Provinz Bactriana, bezeichnet oft die Provinz selbst, welche zwischen dem Paropamisus-Gebirg und dem Flusse Oxus, liegt.
Bactriāni, orum, die Bactrianer, Bewohner der persischen Provinz Bactriana.
Bagophanes, is, ein persischer Aufseher über die Burg und Schatzkammer in Babylon. S. 216.
Balăcrus, i, ein Anführer in Alexanders Heer.
Balbus, s. Cornelius.
balnĕum, i, das Bad.
barba, ae, der Bart.
barbaria, ae und barbarĭes, ēi, die Barbarei.
barbărus, a, um, ausländisch, barbarisch, roh, ungebildet; barbărus, Subst.: ein Ausländer (verächtl.) Barbar. (Barbaren hießen daher den Römern die Allobroger, den Aeduern die Germanen und Ariovist, den Macedoniern besonders die Perser.)
barbătus, a, um, bärtig.
Barēne, es, Stadt in Medien, nahe bei Ekbatana. S. 91.
basilĭcus, a, um, königlich; basilicae näml. porticus, öffentliche (prächtige) Hallen in Rom, in denen Gericht gehalten wurde und Kaufleute Geschäfte trieben. S. 270.
beātus, a, um, glücklich, wohlhabend.
Belgae, arum, die Belgier, welche den nördlichen Theil Galliens bewohnten, zwischen der Seine, Nordsee, den Rheinmündungen und der Marne.
Belitae, arum, ein sonst nicht bekanntes Volk Asiens. S. 197.
bellicōsus, a, um, kriegerisch.
bellĭcus, a, um, kriegerisch, zum Kriege gehörig, z. B. praeda bellĭca, Kriegsbeute.
bello, 1., Krieg führen; bellandi cupidus, kriegliebend.
bellum, i, der Krieg; zuweilen s. v. a.

proelium, Kampf, Schlacht; bellum facere, parare, Krieg anfangen; bellum inferre, mit Krieg überziehen, Krieg anfangen mit Jem. bella tractare, Kriege führen; bellum trahere, den Krieg in die Länge ziehen.

Belus, i, ein alter König von Babylonien, welcher, wie einige glaubten, Babylon erbaut haben soll.

bene, gut, tüchtig, wohl, schön.

beneficium, i, die Wohlthat, das Verdienst, die Fürsorge, Gewogenheit, Gunst, Gnade, Vergünstigung. S. 280.

benefícus, a, um, wohlthätig.

benevólentia oder benivolentia, ae, das Wohlwollen, die Zuneigung, gute Gesinnung.

benigne, Adv., gütig, gnädig.

benignĭtas, ātis, die Gnade.

Bessus, i, Statthalter des Darius in Baktriana.

bēstia, ae, ein wildes Thier.

Bestia, ein röm. Familienname. L. Bestia, Volkstribun im J. 63., Theilnehmer an der Catilinarischen Verschwörung.

Betis, is, persischer Kommandant von Gaza. S. 180.

bibliothēca, ae, Büchersammlung.

bibo, i, ĭtum, 3., trinken.

Bibracte, is, Hauptstadt der Aeduer.

Bibŭlus, ein röm. Familienname. M. Calpurnius Bibulus, im J. 59. Amtsgenoß des Cäsar im Consulat.

bidŭum, i, eine Zeit von zwei Tagen.

biennium, i, eine Zeit von zwei Jahren.

biga, ae, ein zweispänniger Wagen.

Bion, ein persischer Ueberläufer.

bipartīto, Adv., in zwei Theilen, in zwei Abtheilungen.

birēmis, e, zweirudrig; Subst.; (näml. navis) ein Zweiruderer.

bis, zweimal.

Bithynia, ae, eine Provinz Klein-Asiens.

bitūmen, ĭnis, Erdharz.

Bituriges, ein Volk im Aquitanischen Gallien; durch die Loire von den Aeduern getrennt.

blandior, 4., schmeicheln, liebkosen.

blandus, a, um, schmeichlerisch, schmeichelhaft.

Blesamius, einer von den drei Gesandten des Königs Dejotarus an den Cäsar.

Boeotĭa, ae, eine Landschaft in Hellas mit der Hauptstadt Theben.

Boeotii, ōrum, die Böotier.

Boii, ōrum, ein gallisches Volk, welches über den Rhein ging, sich mit den Helvetiern zu einem Zuge nach Gallien vereinigte und, vom Cäsar geschlagen, Wohnsitze im Gebiet der Aeduer erhielt.

bonĭtas, ātis, die Güte, Vortrefflichkeit.

bonum, i, das Gute, die gute Eigenschaft; das Gut, der Vortheil. Plur: die Habe.

bonus, a, um, gut, vortheilhaft, gut gesinnt, rechtschaffen.

Borysthĕnes, is, der Dnieper.

bos, ovis, der Ochs.

Bospŏrus, i, die Meerenge. S. 244 ist der Bosporus Cimmerius gemeint, die Straße von Kaffa.

Boumēlus oder um, ein Nebenfluß des Tigris in der Nähe von Arbela. S. 188.

bracae, ārum, Hosen. (Nationaltracht der Gallier im südlichen Theile von Gallia transalpina, welcher daher Gallia bracata hieß.)

brachĭum, i, der Arm.

brevis, e, kurz, von kurzer Dauer; brevi näml. tempore, in Kurzem; Adv. brevĭter, kurz, mit wenigen Worten.

Britanni, orum, die Britten, Britannier.

Britannia, ae, Britannien, jetzt Großbritannien.

Brocubēlus, i, Sohn des Mazäus, Statthalter des Darius in Syrien.

Brundisium oder Brundusium, Stadt und Hafen in Calabrien, von wo gewöhnlich nach Griechenland (Dyrrhachium) übergesetzt wurde.

Brutus, ein römischer Familienname, der dem Geschlechte der Junier anzugehören scheint. 1) L. (Iunius) Brutus, S. 303, nach Vertreibung der Könige mit L. Tarquinius Collatinus der erste Consul in Rom, im J. 509. 2) D. (Iunius)

Brutus, im J. 77. Konsul, Gemahl der Sempronia, welche um die Verschwörung des Catilina wußte. S. 13. 3) D. (Junius) Brutus (Albinus), im J. 44. Consul design., einer von den Häuptern der Verschwörung gegen Cäsar. S. 303. 4) M. (Iunius) Brutus, im J. 44. Prätor, einer von den Mördern des Cäsar. S. 303. ff. An diesen hat Cicero sein Buch de claris oratoribus geschrieben, welches auch den Namen Brutus führt. S. 291.

Bubaces, is, ein Diener des Darius. S. 238.

buccĭna, ae, die Trompete.

Bucephălas, ae, auch Bucephălus, i, das Leibpferd Alexanders des Großen.

bulla, ae, ein herzförmiges (goldenes) Amulet, welches (freigeborne) Kinder als Abzeichen um den Hals gehängt trugen. S. 307.

bustum, i, das Grab, eigentl. der Ort, wo Jem. verbrannt und beerdigt wurde.

Byblos, i, eine Stadt in Phönizien. S. 171.

Byzantium, i, Byzanz, Stadt in Thrazien am Bosporus Thracius, (das heutige Konstantinopel) wurde von Megarern gegründet 658., oft durch Einfälle der Thrazier verheert, war sodann unter Darius Hyst. den Persern unterworfen, wurde 503. von den Milesiern erobert, später von den Phöniziern fast zerstört: endlich von Xerxes mit Besatzung belegt bis Pausanias 477 sie eroberte.

C. d. i. Caius, ein römischer Vorname.

Cabūrus, i, (C. Valerius) ein vornehmer Gallier in der röm. Provinz, von C. Valerius Flaccus, dem damaligen Präfekten, im J. 84, mit dem Bürgerrecht beschenkt. S. Flaccus.

cacūmen, ĭnis, der Gipfel, die Spitze, die Bergspitze.

cadāver, ĕris, der Leichnam.

cado, cecĭdi, casum 3., fallen, ausfallen, eindringen; cadit in, es paßt für.

caduceātor, ōris, der Herold.

Cadusii, orum, ein Volk in Medien, am südwestl. Ufer des kaspischen Meeres.

Caecilius, ein römischer Geschlechtsname. Caecilius Metellus, S. 272. f. Metellus; Q. Caecilius Bassus, ein römischer Ritter, der als Privatmann in Syrien ein Heer für Pompejus gegen Cäsar warb. S. 354. f.

Caecīna, ae, ein römischer Familienname des Licinischen Geschlechts. A. (Licinius) Caecina, hatte gegen Cäsar geschrieben. S. 300.

caedes, is, der Mord, die Ermordung, der Tod, das Blutbad; edere, facere caed., ein Blutbad anrichten, veranstalten.

caedo, cecīdi, caesum, 3., fällen, hauen, zerhauen, niederhauen, ermorden, tödten, schlachten.

caelo, 1., (mit halb erhabener Arbeit) auslegen.

caelum, i, siehe coelum.

caena und caeno, siehe coena und coeno

Caeparius siehe Coeparius.

Caepio, onis, ein römischer Familienname des Servilischen Geschlechts. S. Servilius.

caerulĕus, a, um, himmelblau.

Caesar, ăris, ein röm. Familienname des Julischen Geschlechts. 1) C. Iulius Caesar Strabo, hielt im J. 103 eine Anklagrede gegen den wegen Erpressungen in Sardinien angeklagten Proprätor Albucius. Diese Rede heißt S. 291.: pro Sardis. 2) L. Iulius Caesar, im J. 64. Consul mit C. Figulus. Seine Schwester Iulia, früher mit dem M. Antonius Creticus verheirathet (aus welcher Ehe der nachmalige Triumvir Antonius entsprang) verehelichte sich später mit dem P. Cornelius Lentulus Sura, einem vorzüglichen Theilnehmer der Catilinarischen Verschwörung. Der Großvater dieses L. Iulius Caesar von mütterlicher Seite war M. Fulvius Flaccus (s. S. 31 und 77), dessen Tochter

Fulvia sich mit dem im J. 90. Consul gewesenen L. Caesar verheirathete, aus welcher Ehe unser L. Caesar stammte. 3) L. Iul. Caesar, S. 300., Sohn des vorigen; Anhänger des Pompejus; auf Cäsars Befehl ermordet. 4) C. Iulius Caesar, geb. 99., war Consul mit Bibulus, im J. 59.; führt Krieg in Gallien 58—51. geht 49 über den Rubico, gewinnt 48 die Schlacht bei Pharsalus, 45 bei Munda; wird 44 ermordet.

Caesetius Flavus, ein Volkstribun im J. 44.

calamistrum, i, das Brenneisen (zum Kräuseln der Haare).

calamĭtas, ātis, der Schade, Verlust, das Unglück, die unglückliche Lage; calamitatem inferre, Schaden zufügen; calamitatem accipere, einen Verlust, eine Niederlage erleiden.

calamitōsus, a, um, unglücklich.

calcar, āris, der Sporn; calcaria subdere, die Sporen geben.

calesco, calui, 3., warm werden.

calĭdus, a, um, warm.

calīgo, ĭnis, Dunkelheit, Nebel.

Calis, is, ein Theilnehmer an der Verschwörung gegen Alexander den Großen. S. 266.

calleo, ui, 3., etwas verstehen.

Callicrătes, is, von Alexander als Aufseher über den Schatz in Susa zurückgelassen. S. 221.

callĭdus, a, um, verschlagen, schlau. Adv. callide.

callis, is, Fußsteig, Schlucht; Viehtrift S. 274.

calo, ōnis, der Troßknecht.

calor, ōris, die Wärme; calor vitalis, die Lebenswärme.

Calpēnus, i, mit dem Vornamen Q. ein vormaliger römischer Senator. S. 285.

Calpurnius, ein röm. Geschlechtsname. Calpurnia, Tochter des L. Calpurnius Piso, dritte Gemahlin des C. Iulius Caesar.

calumnia, ae, die falsche Anklage, Schikane.

calvitium, i, eine Glatze.

Calvus, ein röm. Familienname. C. Licinius Calvus, ein berühmter Redner und Dichter zur Zeit Cäsars.

Cambȳses, is, 1) Schwiegersohn des Astyages, Vater des Cyrus. 2) König der Perser, Sohn und Nachfolger des Cyrus.

camēlus, i, das Kameel.

camĕra, ae, das Gewölbe (gewölbte Decke).

Camers, tis, einer aus der Stadt Camerīnum in Umbrien.

Campānus, a, um, zu Campanien, der südwestlichsten Provinz von Mittel-Italien, gehörig. Campus Campānus, das Campanische Gebiet.

campester, ris, e, eben; iter campestre, ein Weg durch Ebenen.

campus, i, Ebene, Feld, Acker. Campus Martius, oder bloß campus, das Marsfeld bei Rom an der Tiber, wo unter andern die Volksversammlungen zur Vertheilung der Ehrenstellen gehalten wurden.

candidātus, i, der Kandidat: der (in weißer Toga) um eine Ehrenstelle anhält.

candĭdus, a, um, weiß.

canis, is, der Hund.

cano, cecĭni, cantum, 3., singen, weissagen; blasen; signa canunt, die Signale ertönen.

canto, 1., singen.

capax, ācis, (vielfassend) geräumig, fähig.

capesso, īvi, ītum, 3., eigentl. greifen nach etwas; rempublicam capessere, eifrig für den Staat sorgen; fugam c., die Flucht ergreifen; bellum, proelium, pugnam c., einen Krieg, ein Treffen eifrig anfangen; proelium c., kämpfen S. 205.

capillus, i, das Haar.

capio, cepi, captum, 3., ergreifen, fassen; nehmen, einnehmen, sich bemächtigen, erobern, fangen, gefangen nehmen; annehmen; arma c., die Waffen ergreifen oder zu den Waffen greifen; consilium c., einen Entschluß fassen; somnum capere, einschlafen; detrimentum c., Schaden leiden; laetitiam, tristitiam, dolorem c. ex aliqua re, Freude, Traurigkeit, Schmerz empfinden über etwas; celeritatem capere, die Schnelligkeit annehmen; capere aliquam rem, einer Sache fähig sein S. 259. fraude capi, getäuscht werden; amore captus, aus Liebe; mente captus, verstandlos.

capitālis, e, das Leben (den Kopf) betreffend; res capitalis, ein Verbrechen, worauf Todesstrafe steht; supplicium capitale, die Hinrichtung; hostis capitalis, ein Hauptfeind.

Capĭto, ōnis, ein röm. Familienname. s. Gabinius.

Capitolium, i, das Capitolium; Roms Burg auf dem tarpejischen Hügel und der dort befindliche Jupitertempel. — Es brannte im J. 83. ab, wurde aber in einigen Jahren wieder hergestellt. Im J. 65. schlug der Blitz ein und zerstörte dort Manches.

Cappadocia, ae, eine Provinz im östlichen Theile von Klein-Asien, zwischen Pontus und Cilicien.

Cappădox, ŏcis, ein Kappadocier, Bewohner Kappadociens.

captivĭtas, ātis, die Gefangenschaft.

captīvus, a, um, gefangen, erbeutet; Subst.: der Gefangene.

capto, 1., zu fangen suchen; haschen, trachten nach etwas

Capŭa, ae, die Hauptstadt der Provinz Kampanien in Mittel-Italien.

caput, ĭtis, der Kopf, das Haupt; das Leben; der äußerste Theil einer Sache; Hauptstadt; Kapitel; supra caput esse, über dem Haupte schweben; caput molis, die Spitze des Dammes; capita loramentorum, die Enden der Riemen.

Capys, ўis, ein Anführer der Samniter, welcher die Stadt Capua gegründet haben soll.

Carānus, i, Stiefbruder Alexanders des Großen, Sohn des Philippus und der Kleopatra. S. 136 u. 139.

carcer, ĕris, das Gefängniß, die Gefangenschaft.

careo, ui, 2., entbehren.

Carĭa, ae, Karien, die südwestlichste Provinz Klein-Asiens.

carĭtas, ātis, die Liebe, Zärtlichkeit.

carmen, ĭnis, ein Gedicht, Lied.

carnĭfex, ĭcis, der Henker.

caro, rnis, das Fleisch.

carrus, i, der Wagen.

Carthaginiensis, e, karthagisch; Subst.: ein Karthager.

Carthāgo, ĭnis, die ehemals berühmte Stadt Karthago in Afrika, im J. 146. von P. Cornelius Scipio Aemilianus (Africanus minor) erobert und zerstört.

carus, a, um, theuer, geliebt.

Casca, ae, ein röm. Familienname des Servilischen Geschlechts. P. Servilius Casca, einer von den Mördern des Cäsar, der diesem die erste Wunde beibrachte. Der Bruder desselben, C. Servilius Casca, wird gleichfalls unter den Mördern des Cäsar genannt.

Caspii, orum, ein asiatisches Volk am Kaspischen Meere.

Cassius, ein röm. Geschlechtsname. 1) L. Cassius (Longinus), im J. 107. mit C. Marius Consul, wird von den Tigurinern, einem Stamme der Helvetier, getödtet. Daher Cassianum bellum S. 316. der Krieg, welchen dieser Cassius gegen die Helvetier führte. 2) L. Cassius Longinus, ein Theilnehmer an der Catilinarischen Verschwörung, der ungeachtet seiner körperlichen Unbehülflichkeit (adeps Cassii, S. 64.) für Anzündung der Stadt zu sorgen übernommen hatte. 3) C. Cassius (Longinus), ein Pompejaner, im J. 44. Prätor und einer von den Häuptern der Verschwörung gegen Cäsar. 4) Cassius Scaeva, ein Centurio des Cäsar im Bürgerkriege.

Castabŭlum, i, eine Stadt in Cilicien, unweit Issos.

castellum, i, Verschanzung, Festung, Schloß, befestigtes Städtchen S. 222.; castella communire, Schanzen aufwerfen.

Castĭcus, i, ein Fürst der Sequaner. S. 311.

castīgo, 1., vermahnen, schelten, rügen.

Castor, ŏris, 1) der Zwillingsbruder des Pollux; beide sind Söhne des Jupiter und der Leda, der Gemahlin des Lakonischen Königs Tyndarus. Sie haben eine Stelle unter den Gestirnen, gemeinschaftliche Verehrung und einen Tempel auf dem Forum in Rom. S. 271.; 2) der Enkel (Tochtersohn) des Dejotarus, welcher diesen im J. 45. beim Cäsar beschuldigte, einen Anschlag auf Cäsars Leben gemacht zu haben, als Letzterer auf seinem Zuge gegen Pharnaces im J. 47. einige Tage beim Dejotarus verweilte. Cicero vertheidigte den Dejotarus durch seine bekannte Rede. S. 346. ff.

castra, ōrum, das Lager; castra collocare, ponere, facere, ein Lager aufschlagen; c. metari, ein Lager abstecken (und aufschlagen); c. munire, communire, ein Lager verschanzen; c. movere, mit dem Heere (Lager) aufbrechen; castra habere contra aliquem, gegen jem. kämpfen; alteris, quartis castris, nach zwei, vier Tagemärschen.

Castra Alexandri, ein Ort in Aegypten, östlich nahe bei Pelusium. S. 183.

Castra Cyri, ein Ort im südwestlichen Kappadocien, bei der Stadt Tyăna, wo der jüngere Cyrus auf seinem Feldzuge gegen Artaxerxes ein Standlager gehabt hatte. S. 148.

casus, us, der Zufall, der Ausgang; der Unfall, Unglücksfall; casus adversus, das Unglück; casu, zufällig.

Catamantaledes, is, ein Fürst der Sequaner. S. 311.

Cataōnes, um, ein Volk, welches im südlichen Kappadocien zwischen dem Taurus, Antitaurus und dem Amanischen Gebirge wohnte

catēna, ae, die Kette; in catenas coniicere, in Fesseln legen.

caterva, ae, die Schaar, der Haufen.

Catilīna, ein röm. Familienname des Sergischen Geschlechts. L. Sergius Catilina, ein römischer Patricier, stiftete eine Verschwörung gegen das Vaterland im J. 64 und 63. Adj. Catilinarius, Catilinisch.

Catinienses, ium, die Bewohner der Stadt Catăna in Sicilien.

Cato, ōnis, ein röm. Familienname des Porcischen Geschlechts. M. Porcius Cato (Uticensis), Urenkel des Cato Censorius, hielt 63. als designirter Volks = Tribun im Senat eine strenge Rede über Bestrafung der gefangenen Catilinarier: 54 war er Prätor; 46 tödtet er sich.

Catullus, ein röm. Familienname. C. Valerius Catullus, ein lyrischer Dichter zur Zeit Cäsars.

Catŭlus, ein römischer Familienname. Q. Lutatius Catulus, im J. 78. Cons. mit M. Aemilius Lepidus, der nach Sullas Tode die inneren Unruhen erneuerte, indem er dessen Verordnungen umstoßen wollte. Aber Catulus widersetzte sich ihm und schlug den Lepidus in einem Gefecht auf dem Marsfelde, bei welchem viele Römer blieben. Er weihete das wieder erbauete Capitolium, welches während der Sullanischen Unruhen im J. 83. abgebrannt war.

Catŭrĭges, eine gallische Völkerschaft im jetzigen Dép. Hautes-Alpes.

Caucăsus, i, das hohe Gebirge zwischen dem schwarzen und kaspischen Meere. Auch der Paropamisus ist zuweilen unter diesem Namen zu verstehen, wie unter Caucasii, orum, S. 208., Baktrianer gemeint sind, deren Land im Süden vom Paropamisus begränzt wird.

Caunĭi, orum, die Bewohner von Caunus, einer Stadt in Karien. S. 153

cauponius, a, um (caupo ein Schenkwirth) cauponias artes exercere, Gastwirthschaft treiben.

causa oder caussa, ae, Ursache, Grund, Beweggrund, Absicht, Veranlassung; Rechtssache, Sache, Prozeß, Rechtsfall, eine Vertheidigungsrede; die Partei; Abl. causa, wegen; causa civilis, Angelegenheit der Bürger; causam cognoscere, eine richterliche Untersuchung anstellen; causam dicere, eine Vertheidigungsrede halten, sich vor Gericht vertheidigen; causae dictio, die Vertheidigung; indicta causa, unverhörter Sache; causam vincere, eine Partei überwinden; pro meliore causa stare, der gerechten Sache beistehen.

causor, 1., als Grund angeben, vorgeben, vorschützen.

caussa s. causa.

cautus, a, um, vorsichtig. Adv. caute.

cavĕa, ae, der Käfig.

caveo, cavi, cautum, 2., sich hüten, mit ab oder dem Akkus. vor einer Sache (mit dem Dat. S. 95.); verordnen.

caverna, ae, die Höhle, der Kanal S. 217.

cavo, 1., aushöhlen.

Cebalīnus, i, in Alexanders Heer, entdeckt die gegen denselben angestiftete Verschwörung. S. 253. ff.

cedo, ssi, ssum, 3., weichen, zurückweichen, nachgeben; zu Theil werden, von Statten gehen; cedere alicui aliqua re, jemandem eine Sache abtreten; in gloriam cedere, zu Ruhm werden. S. 152.

cedrus, i, die Ceder, das Cedernholz.

celĕber, bris, bre, auch celĕbris, e, angesehen, berühmt, gepriesen.

celĕbro, 1., oft betreten; feiern, verherrlichen; veranstalten; suprema officia celebrare, die letzte Ehre erweisen.

celer, ĕris, ĕre, schnell; Adv. celerĭter.

Celer, Zuname einiger Meteller s. Metellus.

celerĭtas, ātis, die Schnelligkeit.

cella, ae, die Kapelle.

celo, 1., verhehlen, geheim halten.

Celtae, die Celten bewohnten einen der 3 Hauptheile Galliens, zwischen dem Ocean, der Sequana und Matrona, den Alpen und der röm. Provinz Gallien.

censeo, ui, sum, 2., dafür halten, schätzen, der Meinung sein, seine Meinung sagen, stimmen für etwas; censeo: (ironisch) ich dächte, wahrscheinlich.

censor, ōris, eine obrigkeitliche Person in Rom, deren alle 5 Jahre zwei gewählt wurden, und deren Amt hauptsächlich darin bestand, das Vermögen der Bürger abzuschätzen, sie darnach in Klassen und Centurien zu theilen, und die Aufsicht über ihre Sitten zu führen.

censorius, a, um, die Censoren betreffend; opus censorium, die Verrichtung der Censoren.

census, us, das Vermögen, die Zählung des Volks; censum habere, eine Zählung anstellen.

Centrŏnes, um, eine gallische Völkerschaft im heutigen Savoyen.

centurĭa, ae, eigentl. eine Zahl von hundert; eine Centurie d. h. Unterabtheilung des römischen Volks. Die römischen Bürger wurden durch Servius Tullius nach ihrem Vermögen in 6 Klassen getheilt, welche zusammen 193 Centurien ausmachten; die 1ste Klasse (100000 Asse) bestand aus 98 Centurien: die 2te (75000 Asse) aus 21; die 3te (50000 Asse), aus 21; die 4te (25000 Asse) aus 21; die 5te (11000 Asse) aus 31; und die 6te (weniger Asse) aus 1 Centurie. Wenn in den Volksversammlungen nach diesen Centurien gestimmt wurde, d. h. so daß die meisten Stimmen in einer Centurie für die Stimme dieser Centurie gelten und die Mehrheit der gleichstimmenden Centurien den Ausschlag giebt, so heißen sie Comitia centuriata.

centurĭo, ōnis, ein Centurio, welcher eine Centurie (die Hälfte eines Manipels) anführte s. legio. Die Centurionen wurden aus den verdientesten der gemeinen Soldaten gewählt.

cera, ae, Wachs; eine mit Wachs überzogene Tafel, worauf man schrieb; in ima cera, unten auf der Blattseite.

Ceres, ĕris, Ceres (bei den Griechen Demeter), Symbol der fruchttragenden Erde, Gottheit des Ackerbaues und der Gesetzgebung. Sie hatte einen berühmten Tempel zu Eleusis in Attika, wo die Mysterien (Eleusinischen Geheim-

nisse) gefeiert wurden; initia Cereris, der Ceresdienst.
cerĕus, i, Wachskerze.
cerimonĭa, ae, die Heiligkeit (religiöse Verehrung).
cerno, crevi, cretum, 3., eigentl. absondern; sehen; fechten S. 28.
certāmen, ĭnis, der Kampf, Wettstreit, Krieg S. 196.; certamen navale, ein Seetreffen.
certe, Adv., ohne Zweifel; wenigstens.
certo, 1., kämpfen, streiten, wetteifern; cum usuris certare fructibus praediorum, mit dem Ertrage der Landgüter gegen die Zinsen kämpfen d. h. mit dem Ertrage der Landgüter die Zinsen bestreiten wollen. S. 51.
certus, a, um, gewiß, zuverlässig; bestimmt; (certus dies, S. 33.) ausgemacht S. 320.; entschlossen S. 176.; ein gewisser (den ich nicht nennen will) S. 350. — certum est, ich bin entschlossen; certiorem facere, benachrichtigen; certior fieri, benachrichtigt werden; certum oraculum, ein deutlicher Orakelspruch. Adv., certo.
cervix, ĭcis, der Nacken, der Hals.
cessim, Adv., rückwärts.
cesso, 1., säumen: unthätig sein, ruhen, feiern: vakant sein S. 301.
cetĕrus, a, um, der andere, übrige; bes. im Plur.: die übrigen, (einzeln gedacht); de cetero, übrigens. Adv. ceterum und cetera, übrigens, indeß, aber.
Cethēgus, ein römischer Familienname. C. Cornelius Cethegus, ein Senator und einer der eifrigsten Anhänger des Catilina, dessen Verschwörung er mit wildem Ungestüm betrieb.
Chaldaeus, i, ein Bewohner von Chaldaea, dem südlichen Theile von Babylonien nach Arabien zu am persischen Meerbusen. Die Chaldäer waren bekannt als Wahrsager aus den Verhältnissen der Gestirne und aus anderen wunderbaren Erscheinungen.
Chariădes, is, Feldherr der Athener in Sicilien im J. 426.
Charidēmus, i, ein athenischer Redner und Feldherr, wurde von Alexander dem Großen verbannt, und begab sich zum Darius.
charta, ae, das Papier.
Chersonenses, ium, die Bewohner des thracischen Chersones. S. 132.
chiliarches, ae, ein Chiliarch, Befehlshaber über tausend Mann. S. 219.
Chilo, ein Familienname des Manlischen Geschlechts. Q. Manlius Chilo, ein Mitverschworner des Catilina.
chirogrăphum, i, eine handschriftliche Versicherung.
Choaspes, is, ein Fluß in Susiana, an welchem die Stadt Susa lag, und der so wohlschmeckendes Wasser hatte, daß die persischen Könige nur aus ihm getrunken haben sollen. S. 220.
cibarius, a, um, zur Speise gehörig; cibaria, orum, die Nahrungsmittel.
cibus, i, die Speise; cibum capere, Speise zu sich nehmen.
cicātrix, ĭcis, die Narbe.
Cicĕro, ōnis, ein Familienname des Tullischen Geschlechts. M. Tullius Cicero, der berühmte Redner, geb. 106. zu Arpīnum (homo novus); im J. 63. Consul, entdeckt er die Catilinarische Verschwörung. Im J. 45. hielt er die Rede für den König Dejotarus. Er hinterließ mehrere rhetorische und philosophische Schriften, Reden und Briefe.
cidăris, is, Kopfschmuck der persischen Könige, Turban. S. 147.
ciĕo, cīvi, cĭtum, 2. oder cio, civi, cītum, 4., erregen, ermuntern; fluctus ciere, Wellen werfen.
Cilicĭa, ae, die südöstlichste Provinz von Klein-Asien; im Norden vom Taurus, im Osten vom Gebirge Amanus begränzt; durch welche beide Gebirge nur enge Pässe (Pylae) führten.
Cimber, bri, ein römischer Beiname; 1) P. Gabinius Capito, der Mitverschworne des Catilina, heißt Cimber Gabinius S. 59. 2) Tillius Cimber, einer von den Mördern des Cäsar.
Cimberius, i, ein Anführer der Sueven. S. 332.

Cimbri, orum, die Cimbern, ein germanisches Volk aus dem Norden Deutschlands, drangen in das Gebiet der Römer ein und wurden endlich im J. 101. von C. Marius in den Raudischen Feldern bei Verona besiegt. Cimbricum bellum, S. 28., ist dieser von den Römern gegen sie geführte Krieg.

Cimon, ōnis, Sohn des Miltiades, Feldherr der Athener, schlug 469. an einem Tage beim Eurymedon in Pamphylien die Flotte und das Landheer der Perser.

cinctūra, ae, die Umgürtung.

cingo, nxi, nctum, 3., umgürten, Pass. sich gürten; umgeben; obsidione cingere, mit einer Belagerung umgeben.

cinis, ĕris, die Asche.

Cinna, ae, ein Familienname des Cornelischen und Helvischen Geschlechts. 1) L. Cornelius Cinna, viermal Consul, im J. 87—84. Als Anhänger des nach Afrika geflohenen Marius erregte er 87. aufs Neue Unruhen, indem er auf Zurückberufung der durch Sulla Vertriebenen drang. Sein College Cn. Octavius widersetzt sich und Cinna muß fliehen. Er vereinigt sich mit Sertorius, verschafft sich ein Heer, ruft den Marius zurück und zieht mit diesen mordend in Rom ein. 2) L. Cornelius Cinna, der Sohn des vorigen, Schwager des C. Iulius Caesar S. 269., gegen den er als Prätor am Tage vor dessen Ermordung eine empörende Rede an das Volk hielt. S. 307. 3) C. Helvius Cinna, im J. 44. Volkstribun, wurde von dem Volke aus Irrthum statt des eben genannten L. Cornelius Cinna ermordet. S. 307.

circa und circum, Präp. um, um—herum, in der Gegend, in Ansehung S. 289 und 298.; circa oppugnationem pontis, bei der Bestürmung der Brücke. — Bei Zahlen: gegen, ungefähr; omnes circa eum, alle seine näheren Bekannten.

circensis, e, im Circus; circenses, näml. ludi, Kampfspiele im Circus, welche vornehmlich im Wettfahren bestanden.

circĭnus, i, der Zirkel.

circĭter, Präp. um, gegen; Adv. ungefähr.

circuĭtus, us, der Umweg, der Umfang; in circuitu, rings herum.

circulātim, haufenweise.

circŭlus, i, eigentl. der Kreis; der Reif.

circum, s. circa.

circumăgo, ēgi, actum, 3., umwenden, schwenken.

circumclūdo, si, sum, 3., umschließen, einschließen.

circumdo, dĕdi, dătum, 3., umgeben, herumstellen; vallum circumdare, rings herum einen Wall aufwerfen.

circumdūco, xi, ctum, 3., herumführen, herumziehen.

circumĕo, ĭvi, ĭtum, 4., umgehen, Schwenkungen machen S. 145; umgeben, einschließen; conventus c. s. conventus; equo c., herumreiten.

circumfĕro, tŭli, lātum, ferre, herumtragen, mit sich führen; herumwenden.

circumfundo, fūdi, fūsum, 3., umgeben.

circumiectus, a, um, umliegend.

circumĭtus, us, der Umweg.

circumpōno pŏsui, pŏsĭtum, 3., umstellen.

circumscriptor, ōris, der Betrüger.

circumsĕdeo, sēdi, sessum, 2., (sitzend) umgeben, einschließen.

circumsisto, stĭti, stĭtum, 3., sich herumstellen.

circumspĭcio, exi, ectum, 3., trans. sich nach etwas umsehen.

circumsto, ĕti, 1., herumstehen.

circumstrĕpo, ui, ĭtum, 3., umrauschen.

circumvĕhor, ctus sum, 3., sich herumziehen; herumreiten.

circumvĕnio, vēni, ventum, 4., umgeben, umringen; umstricken, überlisten.

circumvŏlo, 1., umfliegen.

Cisalpĭnus, a, um, diesseit der Alpen. Gallia Cisalpīna auch citerior und Togata genannt, ist der Theil Galliens, welcher den Römern diesseit der Alpen lag, und seit 222. als röm. Provinz von röm. Prätoren verwaltet wurde.

citātus, a, um, (eigentl. Partic. von citare, in Bewegung setzen); Adj., eilig; citato gradu, eiligen Schritts; citatis equis, in vollem Galopp.

citerior, us, diesseitig; citerior Gallia, s. v. a. Cisalpīna.

citra, Präp. diesseit; citra senatus auctoritatem, ohne Genehmigung des Senats.

citus, a, um, rasch, schnell; cito, Adv.

civĭcus, a, um, den Bürger betreffend; corona civĭca, die Bürgerkrone (ein Eichenkranz, den der empfing, welcher einem Bürger im Treffen das Leben gerettet hatte).

civīlis, e, bürgerlich; gelassen, herablassend; bellum civile, Bürgerkrieg.

civis, is, Bürger, Mitbürger (gewöhnlich mit dem Pron. possess.).

civĭtas, ātis, die Bürgerschaft; die Stadt: der Staat (in Bezug auf die Bürger); das Bürgerrecht.

clades, is, der Verlust, der Unfall; die Niederlage, das Blutbad; cladem afferre alicui, Unheil über einen bringen; omni clade vastare, aufs Aeußerste verheeren; clade afficere aliquem, Jemandem eine Niederlage beibringen; cladem accipere oder pati, eine Niederlage erleiden.

clam, Adv., im Geheimen, heimlich.

clamĭto, 1., schreien.

clamo, 1., schreien, ausrufen.

clamor, ōris, das Geschrei; clamorem edere oder tollere, ein Geschrei erheben.

clarĭtas, ātis, die Berühmtheit.

clarus, a, um, hell, klar; berühmt, ruhmvoll, ausgezeichnet.

classĭcus, a, um (eigentl. die Flotte betreffend); classĭci, nämlich remĭges, die Schiffsleute; classĭcum näml. signum, das Signal.

classis, is, die Flotte.

claudĭco, 1., lahmen.

Claudius, ein röm. Geschlechtsname s. Marcellus.

claudo, si, sum, 3., einschließen, begränzen; beschließen, verschließen, versperren.

claudus, a, um, lahm.

clavus, i, der Purpurstreif an der Tunica der Römer; latus clavus, die mit breitem Purpurstreifen besetzte Tunica (die den Senatoren zukam).

Cleădas, ein Thebaner, zur Zeit Alexanders S. 140.

Cleander, dri, ein Anführer im Heer Alexanders S. 176.

clemens, ntis, sanftmüthig, ruhig, gelind, gütig.

clementia, ae, die Milde, Großmuth.

Cleopătra, ae, 1) die Gemahlinn des Philippus von Macedonien, die er nach seiner Scheidung von der Olympias heirathete, und welche von dieser zum Selbstmord veranlaßt wurde. S. 136 und 137. 2) Die Tochter des Philippus von Macedonien, die an Alexander, den König von Epirus, verheirathet wurde. S. 136. 3) Schwester des Ptolemaeus XIII. Dionysos, gegen welchen Cäsar den Alexandrinischen Krieg im J. 47. führte. Cäsar setzte sie mit ihrem jüngeren Bruder Ptolemaeus Puer zu Königen von Aegypten ein.

cliens, tis, der Klient, Schützling. Jeder Plebejer in Rom wählte sich einen aus den Patriziern zu seinem Patronus oder Schutzherrn, dessen Klient oder Schützling er genannt wurde. Der Patron hatte die Pflicht, seinem Klienten mit Rath und That beizustehen, seine Rechtsangelegenheiten auf sich zu nehmen, u. s. w. Der Klient mußte dem Patron alle Arten von Hochachtung erweisen, und ihm nöthigenfalls mit Gut und Blut zu Diensten stehen. S. 328. sind die unter der Oberherrschaft der Aeduer lebenden schutzverwandten Staaten gemeint.

clientēla, ae, die Klientschaft.

clipĕus und clypĕus, i, der Schild.

Clitus, i, ein Reiteranführer im Heer Alexanders.

Clodius, ein röm. Geschlechtsname;

P. Clodius, der Feind des Cicero, ein Patricier wird durch die Adoption des Fontejus 59. unter Cäsars Vermittelung Plebejer, 58. Volkstribun; 52. von T. Annius Milo ermordet.
cludo s. v. a. claudo.
clypeus s. clipeus.
Cn. d. i. Cneius, ein römischer Vorname.
coagmento, 1., zusammenfügen.
coargŭo, ŭi, ūtum, 3., überführen.
coctĭlis, e, gebrannt.
Codēta, ae, ein Feld jenseits der Tiber bei Rom.
Coele Syria, eigentl. Hohlsyrien d. i. das große Thal zwischen dem Libanon und dem Antilibanon.
coelum und caelum, i, der Himmel, das Klima; ad coelum tollere, ad oder in coelum ferre, in den Himmel erheben; de coelo percŭti, vom Blitz getroffen werden.
coĕmo, ēmi, emtum, 3., zusammenkaufen.
coena und caena, ae, die Hauptmahlzeit der Römer (gegen 4 Uhr); caenae adhibere, zur Tafel ziehen.
coeno und caeno, 1., speisen.
Coenos und Coenus, i, ein Feldherr Alexanders, Schwager des Philotas.
coenum, i, der Koth.
coĕo, ĭi, ĭtum, 4., zusammenkommen, sich vereinigen.
Coeparius und Caeparius, M. Caeparius, ein Theilnehmer der Catilinarischen Verschwörung.
coepi, ich habe angefangen, ich beginne.
coeptum, i, die Unternehmung.
coërceo, 2., in Schranken halten, einschließen; zügeln, züchtigen.
coetus, us, die Zusammenkunft, Versammlung, der Auflauf.
cogitatio, ōnis, der Gedanke, die Ueberlegung; praeter cogitationem, anders als man gedacht hat.
cogĭto, 1., denken, bedenken; ersinnen, gedenken, beabsichtigen; de aliqua re oder aliquid cog., an etwas denken, auf etwas sinnen.
cognatio, ōnis, die Verwandtschaft; arctissima cognatione iunctus, sehr nahe verwandt; longa cognatione annexus, weitläufig verwandt.
cognōtus, a, um, Adj., verwandt. Subst., ein Verwandter; cognāti regis, die Gesellschafter des Königs (der Perser.)
cognitio, ōnis, die Untersuchung; S. 276.
cognĭtor, ōris, der Vertheidiger.
cognōmen, ĭnis, eigentl. der Familienname: der Beiname S. 300.
cognosco, ōvi, ĭtum, 3., kennen lernen, untersuchen; erkennen, anerkennen; bemerken, sich in Kenntniß setzen, erfahren, hören, ex aliquo oder per aliquem, von Jem.; causam cogn. s. causa; cognitus, a, um, bewährt.
cogo, coēgi, coactum, 3., zusammenbringen, wohin bringen, zwingen; Pass. müssen; agmen cogere, den Nachtrab bilden; senatum cogere, den Senat versammeln.
cohaereo, si, sum, 2., zusammenhangen, verbunden sein.
cohors, rtis, die Cohorte, der 10te Theil der röm. Legion, zur Zeit des Cicero 420 Mann. Bei Curtius eine Heeresabtheilung der Macedonier von 500 Mann. — cohors regia, Leibwache des Königs; cohors praetoria, Leibwache des Feldherrn s. praetorius.
cohortor, 1., ermuntern.
collābor, psus sum, 3., zusammensinken.
collaudo, 1., belobigen.
collectanĕus, a, um, gesammelt.
collēga, ae, der Amtsgenoß.
collegium, i, das Collegium d. i. Gesellschaft von Personen desselben Amtes; die Innung.
collīdo, si, sum, 3., anstoßen.
collĭgo, 1., zusammenheften.
collĭgo, ēgi, ectum, 3., sammeln, zusammenstellen; vocem colligere, wieder sprechen können; spiritum colligere, wieder Athem holen.
collis, is, der Hügel.
collŏco, 1., stellen, aufstellen, einsetzen; praesidia collocare, Posten ausstellen; praesidium collocare in urbe, eine Besatzung in die Stadt legen; castra colloc., ein Lager aufschlagen; filiam coll., die Tochter verheirathen.

colloquium, i, die Unterredung.
collŏquor, locūtus sum, 3., reden mit Jem.; sich unterreden.
collūceo, 2., leuchten.
collum, i; der Hals.
colluvio, ōnis, der Zusammenfluß.
colo, ui, cultum, 3., eigentl. warten, pflegen; putzen, zieren; wohnen; hortum colere, einen Garten bestellen; solum, agrum colere, den Boden, Acker bebauen; amicitiam colere, Freundschaft unterhalten; pietatem colere, Pflicht üben; deum colere, einen Gott verehren; impensius colere, besondere Achtung erweisen.
colonĭa, ae, die Colonie, Pflanzstädt. Ioniae Coloniae S. 170. sind die Niederlassungen derjenigen Jonier in Kleinasien, welche nach Abschaffung der Königswürde in Athen dorthin schifften und 12 Städte gründeten, unter denen Phocäa, Colophon, Ephesus, Milet rc. — Durch Anlegung solcher Pflanzstädte in Italien entledigte sich Rom der Schaaren armer Bürger, welche hier Landeigenthum erhielten und zugleich zur Besatzung im eroberten Lande dienten. Ihr Verhältniß zu Rom war dreifach verschieden, je nachdem sie das ius civitatis, Latinitatis oder Italicum genossen. Die Colonien mit dem ius Latinitatis hießen coloniae Latinae. S. 269. Auch über das Meer wurden solche Colonien, besonders nach dem eroberten Karthago und Korinth geführt. Coloniae transmarinae. S. 287. Sulla belohnte die Tapferkeit seiner Soldaten dadurch, daß er ganze Legionen in mehrere italische Städte, welche es mit dem Marius gehalten hatten, schickte und sie mit den schönsten Ländereien derselben beschenkte. Sullani coloni. S. 8.
colōnus, i, der Colonist.
color und colos, ōris, die Farbe; Gesichtsfarbe; auch color oris, die Gesichtsfarbe.
columna, ae, die Säule.
colus, i, der Spinnrocken.
coma, ae, das Haupthaar.
Comātus, eigentlich behaart; Gallia Comata, s. v. a. Transalpina, weil die Gallier dort lange Haare trugen.
combūro, ssi, stum, 3., verbrennen (trans.)
comes, ĭtis, Begleiter, Genosse, Reisegefährte.
comessabundus, a, um, (von comessari) schwärmend.
Cometes, ein Magier, der in des Cambyses Auftrag dessen Bruder Smerdis ermordete. S. 93.
comĭnus und commĭnus, Adv. in der Nähe, im Handgemenge; comĭnus tendens, in die Nähe steuernd, S. 295.
comis, is, freundlich; comiter, Adv.
comitas, atis, die Freundlichkeit.
comitātus, us, die Begleitung, das Gefolge.
comitiālis, e; morbus comitialis, die fallende Sucht, (von comitia, weil durch diese Krankheit die Komitien gehindert wurden).
comitium, i, das Komitium (ein öffentlicher Platz in Rom, wo die Wahlversammlungen gehalten wurden), der Versammlungsort; die Beamtenwahl S. 287. Plur.: comitia, orum, die Volksversammlung (bes. zur Wahl der Magistratspersonen), die Wahlversammlung; comitia habere, eine Wahlversammlung anstellen.
comĭtor, 1., begleiten. Part. Perf. comitatus, begleitet. S. 46.
commeātus, us, die Zufuhr, die Lebensmittel.
commemŏro, 1., erwähnen, preisen.
commendatio, ōnis, die Empfehlung.
commendo, 1., empfehlen, ans Herz legen.
commentarius, i, ein Entwurf. Cäsar nennt die von ihm verfaßten Bücher über seine Kriege commentarii, d. i. Skizzen zur Geschichte derselben.
commentitius, a, um, erdichtet.
commĕo, 1., zu Jemand gehen, kommen; vorbeifahren. S. 217.
commercium, i, der Verkehr; commercium pecuniae, Geldverkehr.
commilitium, i, die Kameradschaft, die Gemeinschaft des Kriegsdienstes.

commilĭto, ōnis, der Kamerad.
commĭnor, 1., bedrohen; (alicui, Jemanden); alicui necem comminari, Jem. mit dem Tode drohen.
commĭnus s. cominus.
commisceo, scui, xtum und stum, 2., hinzuthun.
committo, si, ssum, 3., zusammenlassen, auf einander loslassen S. 286., verbinden; überlassen, anvertrauen; es dahin kommen lassen, begehen, verschulden; rami silvam committunt, die Aeste machen den Wald undurchdringlich; proelium, pugnam committere, ein Treffen, eine Schlacht beginnen, liefern.
commŏdo, 1., hergeben.
commŏdum, i, der Vortheil; ex commŏdo, zum Vortheil.
commŏdus, a, um, bequem, zweckmäßig, leicht; Adv. commŏde.
commonefăcio, ēci, actum, 3., erinnern.
commŏror, 1., verweilen, warten.
commŏveo, ōvi, ōtum, 2., in Bewegung setzen, bewegen, erregen; veranlassen; (commovere bezeichnet oft eine Regung des Gemüths, welche durch den Zusammenhang oder durch einen Beisatz bestimmt wird) rühren, reuen, besorgt machen, Kummer machen, in Schrecken setzen, aufbringen; ira commoveri, sich von Zorn hinreißen lassen; praelium commovere, ein Treffen zuerst anfangen.
communĭco, 1., aliquid cum aliquo, etwas mit Jem. theilen, Jem. etwas mittheilen.
commūnio, 4., verschanzen.
commūnis, e, gemeinsam; in commune, zum allgemeinen Besten.
commutatio, ōnis, die Veränderung.
commūto, 1., verändern, vertauschen.
compactum, i, die Verabredung; ex compacto, verabredeter Maaßen.
compāges, is, die Zusammenfügung, die Fuge.
comparatio, ōnis, die Vergleichung.
compăro, 1., bereiten, beschaffen, anschaffen, erwerben, kaufen; zusammenbringen, zusammensetzen, zusammenpaaren, vergleichen; exercitum, copias comparare, ein Heer, Truppen werben.
compello, 1., rufen, anklagen.
compello, pŭli, pulsum, 3., treiben, zwingen, vermögen; fugam militum compellere, die fliehenden Feinde treiben.
compĕrio, ĕri, ertum, 4., in Erfahrung bringen, erfahren; Pass. bekannt werden; compertum habeo oder mihi est, ich weiß; auditu compertum habere, von Hörensagen wissen; oculis compertum habere, selbst gesehen haben.
compes, ĕdis, die Fußfessel.
compesco, cui, 3., bezähmen, besänftigen.
competītor, oris, der Mitbewerber; der Bewerber S. 287.
compĕto, ivi, ītum, 3., zusammentreffen.
complāno, 1., ebnen.
complector, xus sum, 3., umfassen, dazu nehmen, an sich bringen; anfassen.
complĕo, ēvi, ētum, 2., füllen, anfüllen; erfüllen.
complexus, us, die Umgebung; homines de complexu eius, seine Lieblinge.
complūres, ium, mehrere, einige.
compōno, ŏsui, ŏsĭtum, 3., zusammenstellen, ordnen, anordnen, einrichten; abfassen, beilegen.
comporto, 1., herbeischaffen.
compos, ŏtis, mächtig einer Sache; mentis oder sui compos, seines Bewußtseins mächtig.
composīte, Adv., wohlgeordnet.
comprehendo, di, sum, 3., ergreifen, festnehmen, entdecken.
comprĭmo, essi, essum, 3., unterdrücken, dämpfen, vereiteln.
comprŏbo, 1., richtig befinden.
conātum, i, und conātus, us, die Unternehmung.
concēdo, essi, essum, 3., intrans. sich begeben, weichen, nachgeben; trans. gestatten, zugestehen, abtreten.
conchyliatus, a, um, purpurfarben.
concĭdo, ĭdi, 3., fallen, zusammensinken.
concīdo, īdi, īsum, 3., niederhauen.
concilio, 1., verschaffen, stiften; ami-

citiam conciliare cum aliquo, Freundschaft mit Jem. schließen.
concilium, i, die Versammlung, die Gesellschaft.
concio und contio, ōnis, die Versammlung des Volkes oder der Soldaten im Heere; concionem habere, eine Volksversammlung anstellen, eine Rede an das Volk halten; pro concione, vor der Versammlung.
concionātor, ōris, der Volksaufwiegler.
conciōnor, 1., an die Versammlung reden, eine Rede halten.
concĭpio, ēpi, eptum, 3., fassen, erfassen: aufnehmen, abnehmen, auffangen; concipi altiore consilio, von tieferer Absicht herrühren; iram concipere, zornig werden; animo concipere aliquid, sich eine Vorstellung von etwas machen; mente concipere, begreifen.
concĭto, 1., in Bewegung setzen, erregen, antreiben, aufreizen, aufwiegeln.
concĭtor, ōris, der Anstifter.
conclāmo, 1., ausrufen, schreien.
conclūdo, si, sum, 3., einschließen.
concordia, ae, die Eintracht.
concordo, 1., einig sein; sich vereinigen.
concors, dis, einträchtig.
concrētus, a, um, (von concrescere, zusammenwachsen) concreta glacies, dichtes Eis.
concupisco, pīvi, pītum, 3., wünschen, Lust bekommen zu etwas; nach etwas streben.
concurro, rri, rsum, 3., zusammenlaufen, sich vereinigen; herbeieilen; zusammentreffen, kämpfen, zuschlagen.
concurso, 1., umherlaufen.
concursus, us, das Herbeiströmen, die Vereinigung; concursus facere, Auflauf veranlassen.
concŭtio, ssi, ssum, 3., erschüttern, in Bewegung setzen.
condemno, 1., verurtheilen, für schuldig erkennen.
condicio und conditio, ōnis, der Vertrag, die Bedingung, der Vorschlag; das Loos, die Lage, der Zustand, der Stand, die Bestimmung, das Verhältniß; der Heirathsantrag, die Parthie, die Frau S. 279.; magnae conditiones, glänzende Bedingungen; conditio temporum, die Lage der Dinge; conditiones pacis ferre, Friedensvorschläge thun; conditionem proponere, die Wahl lassen.
condīco, xi, ctum, 3., verabreden.
condĭtor, ōris, der Gründer.
condo, dĭdi, dĭtum, 3., Urheber, Stammvater sein; gründen, erbauen; verbergen, niederlegen; luna nitorem sideris sui condit, der Mond verliert seinen Schein; oleum conditum, altes Oel.
condōno, 1., verzeihen; condonare alicui aliquid, Jem. zu Gefallen etwas verzeihen.
condūco, xi, ctum, 3., wohin führen; dingen, miethen; (mit und ohne mercede) in Sold nehmen.
confectus, a, um, Part. Perf. von conficere, kraftlos, gebeugt.
confĕro, tŭli, lātum, ferre, zusammentragen, zusammenbringen, beitragen; vereinigen, gleichstellen, vergleichen; verschieben; se conferre, sich begeben; in aliquem conferre, Jemandem übertragen, über Jemanden bringen; in se conferre, auf sich nehmen; timorem conferre in aliquid, die Schuld der Furcht auf etwas schieben; in unum conferre, gemeinschaftlich machen; collato pede, Fuß an Fuß.
confertus, a, um, dicht, dicht gedrängt.
confessio, ōnis, das Eingeständniß.
confestim, sogleich.
confĭcio, ēci, ectum, 3., zu Stande bringen, bewirken, anfertigen, beendigen; aufreiben; viam conficere, einen Weg zurücklegen; rationem conficere, eine Berechnung anstellen.
confīdo, fīsus sum, 3., vertrauen, sich worauf verlassen; sicher hoffen.
confīgo, xi, xum, 3., durchbohren.
confingo, nxi, ctum, 3., erdichten.
confīnis, e, angränzend.
confirmo, 1., stärken, verstärken, befestigen, im Entschluß befestigen;

festsetzen, versichern, bestätigen: (mit und ohne animum) Muth einsprechen.

confiteor, essus sum, 2., eingestehen, bekennen, aussagen.

conflāgro, 1., auflodern.

conflīgo, xi, ctum., 3., kämpfen, streiten.

conflo, 1., (eigentl. zusammenblasen) zusammen bringen, zu Stande bringen; aes alienum conflare, Schulden machen; invidiam conflare, Haß zuziehen.

conflŭo, xi, ctum, 3., zusammenströmen, herbeiströmen.

confŏdio, ōdi, ossum, 3., durchbohren, niederstoßen, niedermachen.

confŭgio, ūgi, ugĭtum, 3., fliehen, sich flüchten, seine Zuflucht nehmen.

confundo, ūdi, ūsum, 3., verwirren.

congĕro, ssi, stum, 3., zusammenbringen; congerere in aliquem, Jemanden überhäufen.

congiarium, i, das Geschenk.

congrĕdior, essus sum, 3., zusammentreffen, kämpfen, einen Angriff machen.

congrĕgo, 1., versammeln, zusammenrotten.

congressio, ōnis, der Angriff; congressio proelii, der Anfang des Treffens.

congrŭo, ŭi, 3., übereinstimmen.

coniecto, 1., vermuthen, überschlagen.

coniectūra, ae, die Vermuthung, die Muthmaßung, das Errathen; coniectura consequi, errathen.

coniĭcio, ēci, ectum, 3., werfen, treiben; in catenas coniicere, in Fesseln legen; petitionem in aliquem coniicere, einen Angriff auf Jemand richten.

coniunctio, ōnis, die Vereinigung; die Verwandtschaft.

coniungo, nxi, nctum, 3., verbinden, vereinigen; amicitiam, hospitium coniungere, Freundschaft, Gastfreundschaft schließen; matrimonio secum coniungere, heirathen; avaritia est coniuncta, Habsucht ist im Spiele.

coniunx und coniux, ŭgis, der Gatte, die Gattinn, die (Ehe-) Frau.

coniuratio, ōnis, die Verschwörung; coniurationem facere, eine Verschwörung stiften.

coniurātus, i, der Verschworene.

coniūro, 1., sich verschwören.

coniux s. coniunx.

conl. s. coll.

connecto, xui, xum, 3., zusammenfügen.

connītor, īsus und ixus sum, 3., sich bestreben.

connīveo, ixi, 2., ein Auge zudrücken.

Conon, ōnis, Feldherr der Athener um das Ende des peloponnesischen Krieges; wird 407. als Nachfolger des Alcibiades nach Kleinasien geschickt; entkommt 405. aus der Schlacht bei Aegospotamos und flieht nach Cypern, wird zum Anführer der persischen Flotte gemacht und besiegt als solcher die lacedämonische Flotte unter Pisander bei Cnidus 394.; stellte mit persischen Mitteln die langen Mauern Athens wieder her 393.

conor, 1., sich bemühen, unternehmen, wagen, versuchen, Willens sein.

conquĕror, estus sum, 3., sich beklagen.

conquīro, sīvi, sītum, 3., zusammensuchen, auftreiben.

consalūto, 1., begrüßen.

consanguineus, a, um, durch Blut verwandt, Subst.: der Blutsverwandte, Verwandte.

consceleratus, a, um, verbrecherisch.

conscendo, di, sum, 3., besteigen.

conscientia, ae, das Mitwissen, das Bewußtsein, das Gewissen.

conscisco, īvi, ītum, 3., eigentlich beschließen; necem consciscere und mortem sibi consciscere, Hand an sich legen, sich den Tod geben.

conscius, a, um, sich bewußt; Subst.: ein Mitwisser, Theilnehmer; conscius esse, um etwas wissen; conscius animus, das böse Gewissen.

conscrībo, psi, ptum, 3., beschreiben; ausheben, anwerben: patres conscripti, (Benennung des römischen Senats in Anreden): verordnete Väter; eigentl. patres et conscripti d. h. (patres) Senatoren aus patricischem Geschlechte

(et conscripti) und die nach der Einrichtung des Brutus (509) aus den plebejischen Rittern in die Zahl der Senatoren aufgenommen worden.
consĕcro, 1., weihen, für ein Staatsgut erklären. S. 275.
consector, 1., verfolgen, nachsetzen.
consenesco, ui, 3., alt werden.
consensio, onis, die Uebereinstimmung.
consensus, us, die Uebereinstimmung, die Uebereinkunft.
consentio, si, sum, 4., übereinstimmen; consentire ad aliquid, sich zu etwas vereinigen.
consĕquor, cūtus sum, 3., einholen, erlangen, erreichen.
consĕro, sēvi, sĭtum, 3., pflanzen.
consĕro, rui, rtum, 3., zusammenfügen; eng aneinander schließen oder fügen; pugnam conserere, fechten; nexu conserere, zusammenflechten.
conservo, 1., erhalten, beibehalten, bewahren, retten.
considĕro, 1., betrachten, bedenken, überlegen.
consideratus, a, um, bedachtsam.
Considius, C. Considius, (Prätor) im Heere des Cäsar in Gallien.
consīdo, sēdi, sessum, 3., sich setzen, sich niederlassen, sich lagern.
consigno, 1., aufzeichnen.
consilium, i, die Berathung, Ueberlegung; die Rathsversammlung, das Rathskollegium, der Kriegsrath; der Plan, der Entschluß, die Entschließung, Maaßregel, das Vorhaben, der Anschlag, die Absicht; der Rath; die Einsicht, Klugheit; der Kopf S. 64.; consilium publicum, die öffentliche Berathung; consilium habere, eine Berathung halten; consilium inire, sich berathschlagen; S. 236.; consilium privatum, novum, die eigene, ungewöhnliche Maaßregel; consilium capere, consilio uti, einen Entschluß fassen, eine Maaßregel ergreifen; consilium formare, inire, einen Plan entwerfen, fassen; abiicere, aufgeben; eo consilio, in der Absicht; consilium afferre, einen Rath geben; omnia consilia in bellum convertere, alle Gedanken auf den Krieg richten.
consisto, stĭti, stĭtum, 3., intransf. zusammentreten; stehen bleiben, still stehen, Halt machen; Perf.: constiti, ich stehe, verweile.
consōlor, 1., trösten.
conspectus, us, der Anblick; in conspectu, vor Jemandes Augen; in conspectum dare, sehen lassen; in conspectum venire, sich sehen lassen, zu Gesicht bekommen S. 284.
conspectus, a, um, Adj.: hervorstechend S. 141.
conspĭcio, exi, ectum, 3., erblicken, ansehen, nach etwas hinsehen, übersehen.
conspĭcor, 1., erblicken.
conspicuus, a, um, sichtbar, kenntlich, sich auszeichnend.
conspiratio, onis, die Uebereinstimmung, Vereinigung, die vereinigte Partei; die Verschwörung.
conspīro, 1., sich verschwören.
conspiratus, Subst.: der Verschworene.
constans, tis, gleichförmig, standhaft, mit Ausdauer, hartnäckig; Adv.: constanter.
constantia, ae, die Beständigkeit, Festigkeit, Besonnenheit, Unerschrockenheit.
constat s. consto.
consternatio, ōnis, die Bestürzung, Unruhe.
consterno, 1., in Bestürzung setzen.
consterno, strāvi, strātum, 3., bestreuen.
constituo, ŭi, ūtum, 3., hinstellen, aufstellen; einsetzen, errichten, stiften, machen, einrichten, festsetzen, befestigen, bestimmen, anordnen, beschließen.
consto, stĭti, stātum, 1., bestehen; kosten; Impersonal: constat, es ist gewiß; man weiß, es ist bekannt; inter omnes constat, es ist allgemein bekannt.
constringo, nxi, ctum, 3., fesseln, halten.
consuesco, ēvi, ētum, 3., sich gewöhnen; consuevi, ich bin gewohnt, pflege.
consuetūdo, ĭnis, die Gewohnheit,

die Sitte; der Umgang; ex consuetudine, nach seiner Gewohnheit, nach alter Gewohnheit; consuetudo victus, die gewohnte Lebensweise; consuetudo criminandi, gewöhnliche Beschuldigungen.

consul, ŭlis, der Consul; die Consuln waren die höchsten Staatsbeamten in Rom, deren seit 509. jährlich zwei durch die Comitien gewählt wurden. Die Wahl geschah im Monat Juli oder August, von wo an bis zum Antritt ihres Amtes am 1. Januar sie Consules designati hießen.

consularis, e, Adj., consularisch; comitia consularia, Consular-Comitien (in denen die Consuln gewählt wurden); auspicia consularia, die vor der Consulwahl angestellten Auspicien. Subst.: der Consular d. h. einer der Consul gewesen ist.

consulatus, us, das Consulat d. h. Amt des Consuln; consulatum petere, sich um das Consulat bewerben.

consŭlo, ulŭi, ultum, 3., berathen, sich berathen; mit dem Dativ: für etwas sorgen, auf etwas Rücksicht nehmen; mit dem Akkus.: befragen, um Rath fragen; consulere in aliquem, gegen Jemand verfahren.

consulto, 1., sich berathen.

consultum, i, der Beschluß; consulto oder ex consulto, mit Vorsatz, absichtlich.

consummo, 1., vollenden.

consūmo, msi, mtum, und mpsi, mptum, 3., verwenden; aufreiben, erschöpfen, zu Grunde richten, vernichten; diem, aetatem consumere, einen Tag, die Zeit hinbringen; consumi, umkommen; bello consumi, im Kriege umkommen; verba consumere, Worte verschwenden.

consurgo, rexi, rectum, 3., aufstehen.

contabŭlo, 1., mit Brettern bedecken.

contamĭno, 1., beflecken.

contĕgo, xi, ctum, 3, bedecken.

contemno, mpsi oder msi, mptum oder mtum, 3., nicht achten, verachten, verschmähen; Part.: contemptus, verächtlich.

contemptor, ōris, der Verächter.

contemptus und contemtus, us, die Verachtung.

contemplatio, onis, die Betrachtung.

contemplor, 1., betrachten.

contendo, di, tum, 3., sich bemühen; verlangen; behaupten; vergleichen; sich beeilen, sich begeben; contendere ad, losgehen auf; (mit und ohne proelio) kämpfen.

contentio, onis, die Bestrebung, der Streit, der Widerstreit.

contentus, a, um, zufrieden.

conterreo, 2., erschrecken.

contexo, xui, xtum, 3., zusammenweben.

conticesco, ui, 3., still werden.

contĭnens, tis, Adj, zusammenhangend, ununterbrochen, dicht; (nämlich terra), das feste Land; Adv.: continenter, immerwährend; ex continenti, sogleich.

continentia, ae, Mäßigung, Selbstbeherrschung, Genügsamkeit; Großmuth.

contĭneo, ĭnui, entum, 2., zusammenhalten, festhalten; einschließen; zurückhalten, zügeln; in foro aequitas continetur, auf dem Forum wird Gerechtigkeit geübt; castris continere, im Lager halten; se continere, sich zu Hause halten S. 304.; sich halten: contineri, zusammenhangen, sich erstrecken; sich enthalten; enthalten sein.

contingo, tĭgi, tactum, 3., berühren; begegnen, zu Theil werden, glücken; contingo aliquem, mit Jem. verbunden sein.

continuo, 1., in Verbindung setzen.

continuus, a, um, zusammenhangend, fortdauernd, beständig, anhaltend; per continuos dies, mehrere Tage hintereinander. Adv.: continuo, sogleich.

contio s. concio.

contorqueo, si, tum, 2., zusammendrücken.

contra, Präp. gegen (feindselig), zuwider. Adv. dagegen, anders, umgekehrt.

contradīco, xi, ctum, 3., dagegen sprechen.
contrăho, xi, ctum, 3., zusammenziehen, an sich ziehen, versammeln; sich zuziehen, verursachen; aes alienum contrahere, Schulden machen; negotium contrahere, Verdruß verursachen; periurium contrahere, einen Meineid begehen.
contrarius, a, um, feindlich.
contribuo, ŭi, ūtum, 3., hinzufügen.
controversia, ae, der Streit; sine controversia, unstreitig.
contrucīdo, 1., niederhauen.
contubernalis, is, der Zeltgenoß; der im Gefolge des Prätors ist.
contubernium, i, der nähere Umgang (mit dem Feldherrn, in dessen Zelte vornehme junge Römer zu weilen pflegten).
contueor, ĭtus sum, 2., anblicken.
contuĭtus, us, der Anblick.
contumacia, ae, der Trotz.
contŭmax, ăcis, trotzig, hartnäckig.
contumelia, ae, die Beschimpfung, die Schmach.
contumeliosus, a, um, schimpflich.
conturbo, 1., verwirren, bestürzt machen.
convalesco, lui, 3., genesen.
convello, elli, ulsum, 3., losreißen.
conveniens, tis, Adj., angemessen.
convĕnio, ēni, entum, 4., zusammenkommen, übereinstimmen; mit dem Akkus.: zu Jemandem gehen, Jemanden treffen; res convenit mihi, ich komme überein wegen einer Sache. Imperf. convenit, es ist verabredet; es gebührt sich, es schickt sich, in illam aetatem, für dieses Alter; qui convenit, wie reimt es sich?
conventus, us, die Versammlung; conventus facere, Zusammenkünfte halten; conventus peragere oder agere, Gerichtstage halten; conventus circumire, die Kreisstädte bereisen.
converto, ti, sum, 3., wenden, sich wenden; herumdrehen, richten; umändern; übersetzen; iter convertere, sich wohin wenden S. 49: signa convertere, eine Schwenkung machen, Kehrt machen; oculos in se convertere, die Aufmerksamkeit auf sich ziehen.
convinco, īci, ictum, 3., überführen.
convīva, ae, der Gast.
convivālis, e, bei Gastmälern, z. B. ludi convivales.
convivium, i, das Gastmal, Gelag.
convīvor, 1., ein Gastmal geben.
convŏco, 1., zusammenrufen, zusammenberufen.
convulnĕro, 1., verwunden.
coopertus, a, um, (Particip von cooperire) belastet.
copia, ae, der Vorrath, die Menge, der Ueberfluß; die Macht; Plur. bes. Truppen, Mannschaften, das Heer, Streitmittel; copiae Gallorum S. 327. der Wohlstand der Gallier; copia mihi est, ich kann; copiam habere, Gelegenheit haben; copiam facere, mittheilen.
copiosus, a, um, reichlich versehen, reich.
coquo, xi, ctum, 3., eigentlich durch Feuer zubereiten; coctus later, gebrannter Ziegelstein.
cor, rdis, das Herz (als Sitz des Verstandes), Verstand; res mihi est cordi, ich liebe eine Sache.
coram, Adv. gegenwärtig; coram adesse, persönlich zugegen sein.
Corfinium, i. Hauptstadt des sabellischen Stammes der Peligner, die unter dem Namen Italica im Bundesgenossenkriege 91—89. Hauptstadt Italiens werden sollte.
Corinthus, i, Stadt auf dem Isthmus am korinthischen Meerbusen. Corinthii, Bewohner dieser Stadt und des dazu gehörigen Gebiets.
corium, i, die Haut.
Cornelius, Name eines römischen Geschlechts, zu dem viele berühmte Familien gehörten, siehe Scipio, Cinna, Sulla, Lentulus, Dolabella; daher clarissuma gens Corneliorum S. 35. Dreien Personen aus der gens Cornelia war in den Sibyllinischen Büchern die Herrschaft über Rom geweissagt. S. 16 und 60. 1) C. Cornelius, ein römischer Ritter, Theilnehmer an der Catilinarischen Verschwörung: 2) Cornelius Nepos, Freund des Cicero und bekannter historischer

Schriftsteller S. 291. 3) Cornelius Phagīta, ein Anhänger des Sulla S. 299. 4) L. Cornelius Balbus, ein vertrauter Freund des Cäsar.

Cornelia, ae, Tochter des Cinna, Gemahlinn des Cäsar. S. 267.

Corneliae leges, S. 271. sind 1) die lex Cornelia (vom Cornelius Sulla) de sicariis et veneficis gemeint, wonach Meuchelmörder und Giftmischer mit dem Tode bestraft werden sollten, mit Ausnahme derer, welche die Proscribirten umbrachten; 2) die lex Cornelia (von demselben) de proscriptione, nach welchem jeder, der einen Proscribirten umbrachte, 2 Talente erhielt und daher natürlich von den sicariis ausgeschlossen war. Durch die übrigen Gesetze des Sulla sollte die Macht des Tribunats geschwächt und die des Senats wieder hergestellt werden.

cornu, u, (eigentl. das Horn) der Flügel der Schlachtordnung; die Spitze des Halbmondes. S. 189.

corōna, ae, der Krantz, die Krone; corona civica, die Bürgerkrone s. civicus; coronā, Abl. im Kreise; sub corona vendere, öffentlich verkaufen.

corpus, ŏris, der Körper, der Leib, die Person; die Leiche.

corrĭgo, exi, ectum, 3., zurecht weisen, bessern, verbessern.

corrĭpio, ipui, eptum, 3., fortreißen, ergreifen, befallen.

corrobŏro, 1., stärken.

corrumpo, ūpi, uptum, 3., verderben, vernichten; entstellen, verringern; verführen, bestechen; corruptus, schwach S. 87.

corrŭo, ŭi, 3., zusammenstürzen.

corruptēla, ae, die Verführung.

corruptor, ōris, der Verführer.

corvus, i, der Rabe, der Enterhaken.

Cos. d. i. consul; coss. d. i. consules.

cos, cotis, der Kiesel; der Felsen.

Cossaei, orum, Bewohner der gebirgigen Landschaft von Susiana, welche dies von Medien trennt.

Cossutia, ae, die erste Verlobte des Cäsar, von der er sich wieder schied.

cotidianus s. quotidianus.

Cotta, ein röm. Familienname des Aurelischen Geschlechts. 1) C. Aurelius Cotta, Consul im J. 75.; 2) L. Aurelius Cotta, Consul im J. 65. mit L. Manlius Torquatus und Quindecimvir im J. 44.

crassitūdo, ĭnis, die Dicke.

Crassus, ein röm. Familienname des Licinischen Geschlechts. 1) M. Licinius Crassus, war Consul im J. 70. mit Cn. Pompeius, wird als Theilnehmer der im J. 66. gestifteten Verschwörung genannt, schließt im J. 60. mit Cäsar und Pompeius ein Bündniß (das erste Triumvirat), nichts geschehen zu lassen, was einem von ihnen nachtheilig wäre; 2) Publius Crassus, (Sohn des Vorigen) Legat des Cäsar in Gallien.

Cratĕrus, i, ein Feldherr Alexanders des Großen.

crates, is, der Schanzkorb.

creber, bra, brum, häufig; sententiis creber, reich an Gedanken; Adv. crebro, oft.

credibĭlis, e, glaublich; Adv. credibiliter.

credĭtor, ōris, der Gläubiger.

credĭtum, i, die Schuld.

credo, dĭdi, dĭtum, 3., überzeugt sein, glauben, wofür halten; überlassen, anvertrauen: credo, (ironisch): wohl, wahrscheinlich, vielleicht.

credulĭtas, ātis, die Leichtgläubigkeit.

credŭlus, a, um, leichtgläubig.

cremo, 1., verbrennen, einäschern; bestatten.

creo, 1., wählen.

crepīdo, ĭnis, die Verschälung (feste Einfassung).

cresco, ēvi, etum, 3., wachsen, sich heben, sich mehren.

Cretensis, e, kretisch, aus der Insel Creta. Cretenses, die Bewohner derselben.

Cretĭcus, a, um, kretisch. Creticus, Beiname des Q. Caecilius Metellus, welcher 69 mit Q. Hortensius Consul war, und dann innerhalb 3 Jahre die Insel Kreta unterwarf.

crimen, ĭnis, die Beschuldigung, die

Schuld, das Verbrechen; crimini dare, zum Vorwurf machen.
criminatio, ōnis, die Beschuldigung.
criminor, 1., beschuldigen, als Beschuldigung anführen; sich aufhalten über.
criminōsus, a, um, Beschuldigungen enthaltend. Adv. criminose, Verdacht erregend.
crinis, is, das Haar.
crinītus, a, um, s. stella.
Critias, ae, einer der dreißig Tyrannen, welche in Athen wütheten, wurde bei Phyle im J. 404. vom Thrasybul besiegt.
Croesus, i, der reiche König in Lydien, der Cyrus dem Aelteren im J. 546. unterlag.
Crotoniensis, e, aus Kroton, einer achäischen Kolonie in (Bruttium) Unteritalien.
cruciātus, us, die Qual, Marter; in cruciatum venire, gemartert werden.
crucio, 1., quälen.
crudēlis, e, grausam, grauenvoll. Adv. crudeliter.
crudelitas, atis, die Grausamkeit.
crudesco, dui, 3., eigentlich: roh werden (von aufbrechenden Wunden); tropisch: heftiger werden.
cruentus, a, um, blutig.
crus, cruris, das Bein, das Schienbein.
crux, cis, das Kreuz.
crystallum und crystallus, i, der Krystall.
cubicularius, i, der Kammerdiener.
cubicŭlum, i, das Zimmer, Gemach, Schlafzimmer.
cubīle, is, die Lagerstätte, die Kammer.
cubitalis, e, ellenlang.
cubĭtus, i, der Ellenbogen; die Elle.
cubo, ui, ĭtum, 1., liegen.
culpa, ae, die Schuld.
culpo, 1., tadeln.
cultor, ōris, der Bebauer.
cultus, us, Wartung, Pflege, Bebauung; Bekleidung, Waffenrüstung, Schmuck, Pracht; cultus vitae, auch ohne vitae, die Lebensart.
cum, Conjunction s. quum.
cum, Präp. mit, unter z. B. cum amicis, unter Freunden.
cummaxime, besonders, zumal.
cumŭlo, 1., aufhäufen, zusammendrängen; cumulare aliquid aliqua re, etwas auf eine Sache häufen.
cumŭlus, i, der Haufen.
cunctanter, zögernd, unentschlossen.
cunctatio, onis, das Zögern.
cunctor, 1., zögern, säumen, anstehen; feige sein S. 155.
cunctus, a, um, all, ganz.
cunĕus, i, eine (keilförmige) Heeresabtheilung; Kolonne.
cunicŭlus, i, die Mine; cuniculos agere, Minen anlegen.
cupiditas, ātis, die Begierde, die Leidenschaft; cupiditas regni, imperii, die Herrschsucht.
cupīdo, ĭnis, die Begierde.
cupĭdus, a, um, begierig, hitzig; bereitwillig, geneigt; Adv. cupide, gern, eifrig, heftig.
cupio, ivi, ītum, 3., begehren, nach etwas trachten, wünschen; mit d. Dat.: gewogen sein.
cur, warum?
cura, ae, die Sorgfalt, die Sorge, die Aufsicht; die Besorgniß, der Kummer; cura mihi est, curam ago, curae habeo aliquid, ich trage für etwas Sorge; curae mihi est, es ist meine Sorge, ich lasse es mir angelegen sein; curam dare, die Besorgung übertragen.
curatio, ōnis, das Geschäft.
curia, ae, die Curie, d. i. 1) ein Gebäude in Rom, in welchem sich der Senat behufs der Berathungen zu versammeln pflegte; deren es mehrere gab; gewöhnlich geschah es in der Hostilischen Curie; 2) die Rathsversammlung selbst; in curiam recipere, in den Senat aufnehmen.
Curio, ōnis, ein röm. Familienname. C. Scribonius Curio, ein berühmter Redner zur Zeit Ciceros.
Curius ein römischer Geschlechtsname. Q. Curius, ein Theilnehmer an der Catilinarischen Verschwörung, der durch die Fulvia dem Cicero zuerst davon Anzeige macht.
curo, 1., sorgen, besorgen, Sorge tragen, Aufsicht führen; heilen S. 235.; cura ut verstärkter Im-

perativ; curare mit dem Part. Fut. Pass. lassen; non curo, ich mache mir nichts daraus; corpora curare, sich pflegen; corpus curare, sich baden S. 254.

curro, cucurri, cursum, 3., laufen, eilen.

cursus, us, der Lauf, die Laufbahn; der Fortgang; cursum regere, den Marsch einrichten.

curūlis, e, s. sella.

cuspis, ĭdis, die Lanzenspitze.

custodia, ae, die Wache, der Posten; die Verhaftung, die Bewachung, die Erhaltung; libera custodia, die weitere Haft (wenn ein vornehmer Verbrecher einem Consul, Prätor, Aedil oder Senator zur Bewachung übergeben wurde); custodia corporis, die Leibwache; custodiae praesidere, Wache halten; in custodiam tradere, dare, in Gewahrsam bringen, geben; in custodia habere, tenere, in Gewahrsam halten.

custōdio, 4., bewachen, in Gewahrsam halten; schützen.

custos, ōdis, der Wächter, Hüter, Behüter, Aufseher; custodes corporis, die Leibwache; custos salutis, der Leibarzt; cum, sine custodibus, unter, ohne Bedeckung.

cutis, is, die Haut.

Cydnus, i, ein Fluß in Cilicien, der Tarsus durchfließt.

Cynaegīrus, i, ein tapferer Athener, der sich in der Schlacht bei Marathon auszeichnete.

Cyprius, a, um, Cyprisch, von der Insel Cyprus.

Cyprus, i, die Insel Cypern im mittelländischen Meere bei Cilicien.

Cyrenenses, ium, die Cyrenäer, Bewohner der Stadt Cyrene und ihres Gebietes im nördlichen Libyen.

Cyrus, i, 1) erster König von Persien, 558 — 529. 2) (der sogenannte jüngere Cyrus) Sohn des Darius II., Bruder des Artaxerxes Mnemon, gegen welchen er mit 10000 griechischen Söldnern einen Kriegszug unternimmt und 401. bei Cunaxa fällt.

D. d. i. Decimus, ein römischer Vorname.

Daci, orum, die Bewohner von Dacien, (ungefähr der östlich vom Theis gelegene Theil Ungarns, Siebenbürgen, die Moldau und Wallachei).

Dahae, arum, ein scythisches Volk, im Osten des Casp. Meeres, am Fluß Oxus.

Damascus, i, Hauptstadt von Cölesyrien.

Damasippus, i, ein Anhänger des Marius, der im J. 82. als praetor urbanus gegen die Sullaner wüthete.

damno, 1., verdammen, verurtheilen; verwerfen.

damnum, i, Schaden, Verlust; damnum facere, Schaden leiden.

Dardăni, orum, ein Volk in Mösien.

Darīus, i, der Name einiger persischer Könige. 1) Darius Hystaspis (filius) 522 — 485. 2) Darius Nothus, 423 — 404. 3) Darius Codomannus, 336 — 330.

de von, über; wegen, in Beziehung auf, was betrifft; de suo, aus seinem Vermögen; de tertia vigilia, gleich nach der dritten Nachtwache s. vigilia.

debello, 1., besiegen.

debeo, 2., schuldig sein, müssen, sollen, nöthig haben, dürfen; verdanken, zu danken haben; Pass. gebühren; debĭtus, a, um, gebührend.

debĭlis, e, gebrechlich, schwach, kraftlos.

debilĭtas, atis, die Gebrechlichkeit.

debilĭto, 1., lähmen, schwächen; niederschlagen.

debĭtor, oris, der Schuldner.

decēdo, ssi, ssum, 3., weggehen, sich zurückziehen, weichen; die Provinz verlassen; abweichen; verzichten; von Statten gehen; sterben.

December, bris, bre, im Monat December.

deceo, 2., sich ziemen.

decerno, crēvi, cretum, 3., entscheiden; acie, proelio oder blos decernere, eine Schlacht liefern; Marte decernere, es auf ein Treffen ankommen lassen; einen Ausspruch

thun, verfügen (vom Senat), beschließen, wofür stimmen; bestimmen, zuerkennen.
decerto, 1., kämpfen; proelio decertare, die Schlacht bis zur Entscheidung fortführen.
decĭdo, ĭdi, 3., herunterfallen.
Decĭmus, ein röm. Vorname; abgekürzt D.
decĭpio, ēpi, eptum, 3., betrügen, täuschen.
declāro, 1., erklären; anzeigen, beweisen.
declinatio, ōnis, die Ausbeugung, die Beugung.
declīno, 1., trans. ausweichen; intrans. abweichen.
decōro, 1., schmücken.
decōrus, a, um, schicklich, anständig, schön.
decresco, ēvi, ētum, 3., abnehmen.
decretum, i, der Beschluß, die Verfügung.
decumāni, orum, Soldaten der zehnten Legion.
decurĭo, ōnis, Befehlshaber einer Reiterabtheilung.
decurro, curri, cursum, 3., hinlaufen.
decus, ŏris, die Zierde, Ehre.
dedĕcus, ŏris, die Schande, der Schimpf.
dedĭco, 1., weihen und aufstellen.
dedignor, 1., verschmähen.
dedisco, dĭdĭci, 3., verlernen.
dediticius, a, um, der sich ergeben hat.
deditio, ōnis, die Ergebung, Uebergabe; in deditionem redigere, zur Uebergabe zwingen; in deditionem accipere aliquem, die Ergebung Jemandes annehmen; in deditionem redigi, sich ergeben.
dedo, ĭdi, ĭtum, 3., ergeben, übergeben, ausliefern; Pass. sich ergeben.
dedūco, xi, ctum, 3., hinabführen, herabziehen; wegführen, abziehen, abbringen; führen, geleiten, bringen; classem deducere, mit einer Flotte auslaufen.
defatīgo, 1., ermüden.
defectio, ōnis, der Abfall; defectio lunae, die Mondfinsterniß.
defendo, di, sum, 3., abwehren; bellum defendere, einen Krieg abwehren; vertheidigen (ab oder adversus gegen), schützen (ab vor), in Schutz nehmen; verfechten.
defensio, ōnis, die Vertheidigung.
defensor, ōris, der Vertheidiger.
defĕro, tŭli, lātum, ferre, tragen, bringen; übertragen, anbieten; hinterbringen, berichten, angeben; nomen deferre, anklagen; Pass. deferri, versinken; errore deferri, sich verirren.
defĭcio, ēci, ectum, 3., trans. verlassen; intrans. abfallen, nachlassen, ausgehen, ermüden, wankend werden, ohnmächtig sein; luna deficit, der Mond verfinstert sich; capillus deficiens, schwaches Haar.
defīgo, xi, xum, 3., bohren.
deflāgro 1., trans. verbrennen.
deflĕo, ēvi, ētum, 2., beweinen.
deflŭo, xi, xum, 3., herabfließen, herabfallen, fallen.
deformis, e, entstellt.
deformĭtas, atis, die Entstellung.
defŏdio, ōdi, ossum, 3., eingraben, ausgraben.
defungor, nctus sum, 3., überstehen, vollenden, abthun; somnio defungor, ich erfülle den Traum; sterben; morte defungi, eines Todes sterben, sua morte defungi, eines natürlichen Todes sterben; defunctum corpus, ein Todter, eine Leiche.
degĕner, ĕris, entartet.
dego, degi, 3., zubringen; vitam degere, das Leben hinbringen.
degusto, 1., kosten.
dehinc, hierauf.
deiĭcio, ēci, ectum, 3., herabwerfen, herabstürzen, umstürzen, abbrechen; abwenden, berauben.
dein, darauf, sodann.
deinceps, hierauf.
deinde, darauf, ferner; nachher, in der Folge.
Deiotărus, Tetrarch von Galatien, wegen seiner dem röm. Volke in dem asiatischen Kriege geleisteten Dienste mit dem Königstitel beschenkt, wurde von seinem Enkel Castor in Rom angeklagt, auf Cäsars Leben, als dieser auf seinem Zuge gegen Pharnaces einige Tage bei ihm verweilte, einen

Anschlag gemacht zu haben; wurde aber vom Cicero durch eine Vertheidigungsrede im J. 45. gerechtfertigt.
delecto, 1., erfreuen.
delectus, us, die Aushebung; delectum habere, eine Aushebung veranstalten; de delectu eius, seine Erwählten.
delēgo, 1., übertragen.
delĕgo, 3., s. delĭgo.
deleo, ēvi, ētum, 2., austilgen, tilgen, vernichten.
delibĕro, 1., berathschlagen, überlegen, sich berathen.
delicatus, a, um, zärtlich, schmackhaft.
delictum, i, das Vergehen, das Verbrechen.
delĭgo, 1., anbinden.
delĭgo, ēgi, ectum, 3., erwählen, auswählen.
delinquo, līqui, lictum, 3., sich vergehen.
delitesco, ui, 3., sich verbergen.
Delos, i, eine der Cycladischen Inseln im Aegäischen Meer.
Delphi, orum, eine Stadt in Phocis, berühmt wegen Apollos Orakel.
Delphĭcus, a, um, Delphisch, in Delphi befindlich.
delūbrum, i, die heilige Halle, der Tempel.
demando, 1., übertragen, anvertrauen, übergeben.
Demarātus, i, ein König der Lacedämonier.
demens, ntis, sinnlos, unbedachtsam; Adv. dementer.
dementia, ae, die Thorheit.
demergo, si, sum, 3., versenken.
Demetrius, i, einer von der Leibwache Alexanders des Großen.
demĭgro, 1., wandern.
deminuo, ui, ūtum, 3., verringern, beschränken.
deminutio, ōnis, der Verlust
demitto, īsi, issum, 3., hinunterlassen, hinabsenken, einsenken; aciem demittere, das Heer hinabmarschiren lassen; animum demittere, den Muth sinken lassen; caput demittere, das Haupt senken; demisso vultu, mit niedergeschlagenem Blick; muri brachia Piraeeum versus demissa, die sich nach dem Piräeus herabziehenden Arme der Mauer; demissus, niedrig S. 18.
demo, msi und mpsi, mtum und mptum, 3., abnehmen, benehmen; abhauen.
demonstro, 1., zeigen, anzeigen.
demortŭus, a, um, verstorben.
Demosthĕnes, is, ein Feldherr der Athener, im J. 413. nach Sicilien geschickt, kämpft unglücklich.
demum, erst, endlich.
denarius, i, eine römische Münze, = 4 Sesterzien, = 16 Asse; unfähr entsprechend der Drachme bei den Griechen (etwa 5½ Groschen).
denēgo, 1., abschlagen, verweigern.
denĭque, endlich, zuletzt, kurz; erst; sogar.
dens, tis, der Zahn.
denso, 1., verdichten.
densus, a, um, dicht.
denuntiatio, ōnis, die Drohung.
denuntio, 1., ankündigen, anzeigen; warnen, drohen.
denŭo, aufs Neue.
depello, pŭli, pulsum, 3., herabwerfen; vertreiben, verscheuchen, abwenden, abhalten.
dependeo, 2., herabhangen.
dependo, di, sum, 3., eigentl. abwägen; bezahlen; poenam dependere, eine Strafe büßen.
deperdo, ĭdi, ĭtum, 3., verlieren.
depĕreo, ii, 4., verloren gehen.
deplōro, 1., beweinen, beklagen.
depōno, ŏsui, osĭtum, 3., ablegen, niederlegen, zurücklassen, aufgeben; z. B. actionem, bellum, spem, eine Klage, einen Krieg, eine Hoffnung.
depopŭlor, 1., plündern; depopulatus, passivisch: verheert.
deporto, 1., wohin bringen.
deposco, poposci, 3., ausbitten.
depraedor, 1., verheeren.
deprāvo, 1., verblenden.
deprecatio, ōnis, die Bitte, Fürbitte.
deprecator, ōris, eigentl. Fürbitter, der Vermittler.
deprĕcor, 1., durch Bitten abzuwenden suchen, entfernen; inständigst bitten, flehen; Abbitte, Fürbitte

thun; deprecatus, a, um, passivisch: S. 130.
deprehendo, di, sum, 3., ergreifen, aufgreifen, fangen; überraschen, überfallen; finden, antreffen, entdecken, ertappen, aufdecken.
deprĭmo, essi, essum, 3., eigentl. herunter drücken; humi depressus, in den Erdboden vertieft.
depugno, 1., kämpfen.
Dercyllĭdes oder as, ein Feldherr der Spartaner kämpft 397 gegen die Statthalter des Artaxerxes in Kleinasien.
derelinquo, ĭqui, ictum. 3., öde lassen, verlassen.
derīdeo, rīsi, rīsum, 2., verhöhnen.
descendo, di, sum, 3., hinabsteigen, herabkommen, hinabziehen.
descensus, us, eigentl. das Herabsteigen; descensus est illi, er muß herabsteigen.
descisco, īvi, ītum, 3., abfallen.
descrībo, psi, ptum, 3., aufschreiben, entwerfen; bezeichnen; ausschreiben (nach einer gewissen Eintheilung), vertheilen, theilen.
desĕro, rui, rtum, 3., verlassen, im Stich lassen; bellum deserere, den Krieg aufgeben; urbem deserere, eine Stadt räumen; desertus, verödet, daher deserta nämlich: loca, öde Gegenden.
desertor, ōris, der Ausreißer.
deses, ĭdis, träge.
desĭdeo, ēdi, essum, 2, unthätig sein.
desiderium, i, die Sehnsucht, die Neigung, das Bedürfniß.
desidĕro, 1., begehren, sich nach etwas sehnen; vermissen; desideratus, ersehnt.
desīdo, ēdi, 3., sich senken, nachgeben.
designatio, ōnis, die Ernennung.
designo, 1., bezeichnen; vorausbestimmen, zu einem Amte voraus ernennen; daher consul oder tribunus plebis designatus, der für das nächste Jahr ernannte Consul oder Volkstribun.
desĭlio, ii oder ui, ultum, 4., herabspringen.
desĭno, ii oder īvi, ĭtum, 3., aufhören.
desisto, stĭti, stĭtum, 3., abstehen, ablassen, aufhören; conatu und blos desistere, von einem Vorhaben abstehen.
desōlo, 1., verlassen.
desperatio, ōnis, die Verzweiflung, Muthlosigkeit.
despēro, 1., die Hoffnung aufgeben; desp. aliquid, keine Hoffnung zu etwas haben; aliquam rem und de aliqua re, zweifeln, verzweifeln an einer Sache; desperatus, a, um, hoffnungslos verloren, heillos; der die Hoffnung aufgegeben hat. S. 249.
despĭcio, exi, ectum, 3., verachten.
desponso, 1., verloben.
destinatum, i, der Vorsatz; destinato, mit Vorsatz.
destĭno, 1., bestimmen, zudenken; ernennen; entwerfen, sich vorsetzen; destinatus, gewöhnt S. 237 und 239.
destituo, ui, ūtum, 3., verlassen, im Stich lassen; spem, consilium destituere, eine Hoffnung, ein Vorhaben vereiteln.
destringo, nxi, ctum, 3., eigentlich abstreifen; gladium destr., das Schwert ziehen.
desultorius, i, so hießen die Pferde, die in der Rennbahn neben einander liefen, von deren einem man auf das andere übersprang.
desum, fui, esse, fehlen; deesse alicui, Jem. verlassen, Jemandes Sache vernachlässigen; non deesse, unterstützen; nos consules desumus, wir Consuln lassen es an uns fehlen.
desūper, von oben herab.
detĕgo, xi, ctum, 3, aufdecken, entblößen, entdecken.
deterior, us, Comparativ: schlimmer; deteriorem facere, schmälern.
deterreo, 2., abschrecken, abhalten, abrathen.
detestor, 1., ablehnen.
detĭneo, inui, entum, 2., festhalten.
detorqueo, si, tum, 2., abwärts lenken, richten.
detrăho, xi, ctum, 3., herabziehen, abziehen, entziehen, einziehen, wegnehmen, ausziehen; vestem detrahere, entkleiden.

detrecto, 1., verweigern; sich weigern gegen etwas.
detrimentum, i, der Schaden; detrimentum capere, Schaden leiden; Plur. die Verluste.
detrūdo, si, sum, 3., herabstoßen; verdrängen; verhindern, daß Jem. ein Amt bekommt.
deturbo, 1., vertreiben.
deus, i, der Gott.
devĕho, xi, ctum, an einen Ort hinführen; devĕhi, abfahren.
devĕnio, ēni, entum, 4., gerathen.
deversorium, i, die Herberge.
deverto, ti, sum, 3., sich wenden; einkehren.
devincio, nxi, nctum, 4., verpflichten.
devinco, īci, ictum, 3., besiegen.
devĭus, a, um, abgelegen.
devŏveo, ōvi, ōtum, 2., geloben, den Göttern weihen, verfluchen; devōtus, a, um, Adj. ergeben.
dexter, tĕra, terum und tra, trum, rechts (Gegentheil von links); dextera oder dextra näml. manus, die Rechte (Hand); dextram iungere cum aliquo, Jemandem die rechte Hand reichen.
diadēma, ătis, das Diadem (eine weiße Kopfbinde); der königliche Kopfputz.
dialis, e, den Jupiter betreffend; flamen dialis, der Priester des Jupiter.
dicio, ōnis, die Gewalt, die Herrschaft; dicionis meae factum est, es ist in meine Gewalt gekommen.
dico, xi, ctum, 3., sagen, reden; erzählen. Paſſ. man sagt daß, sollen; nennen, ernennen; bestimmen, meinen.
dictātor, ōris, der Dictator, in Rom eine obrigkeitliche Person, welche in dringenden Fällen außerordentlich mit uneingeschränkter Gewalt gewählt wurde, sich zum Amtsgehülfen einen Magister equitum ernannte, und nachdem die Absicht, in der man ihn einsetzte, erreicht war, das Amt niederlegte.
dictatum, i, die Regel.
dictatūra, ae, die Dictatur; das Amt des Dictators.
dictĭto, 1., sagen.

dictum, i, die Aeußerung; der Denkspruch; dicta collectanea, gesammelte Denksprüche; dicto audiens, gehorsam.
dies, ēi, der Tag; der Termin (gewöhnlich generis fem.) die Frist; in dies, von Tage zu Tage; diem de die und diem ex die einen Tag nach dem anderen; ante diem, vorher S. 124.; bei Angabe des Datums: am Tage; diem dicere, einen Tag bestimmen, den Prozeß machen; diem statuere, einen Termin setzen; diem non obire, an dem Tage nicht erscheinen; de die inire convivia, noch bei Tage die Gelage anfangen; multo die, spät am Tage.
diffĕro, distŭli, dilātum, differre, tranſ. aufschieben, vertrösten; fama differt, es verbreitet sich das Gerücht; intranſ. verschieden sein.
difficĭlis, e, schwierig, mühevoll, mißlich, gefährlich; Adv. difficile und difficulter, mit Schwierigkeit.
difficultas, ātis, die Schwierigkeit, Noth.
diffidentia, ae, die Verzagtheit.
diffīdo, īsus sum, 3., nicht trauen, Mißtrauen in etwas setzen; vitae diffidere, am Leben verzagen.
diffringo, ēgi, actum, 3., zerbrechen.
diffŭgio, ūgi, ŭgĭtum, 3., auseinander fliehen; auf der Flucht sich zerstreuen; entfliehen.
diffundo, ūdi, ūsum, 3., ergießen; zerstreuen.
digĕro, ssi, stum, 3., anordnen.
digĭtus, i, der Finger, die Zehe.
dignatio, ōnis, die Achtung.
dignĭtas, atis, die Würdigkeit, die Würde, das Ansehen, die Ehre.
dignor, 1., würdigen.
dignus, a, um, würdig.
digrĕdior, essus sum, 3., sich entfernen; ab aliquo digr., Jemanden verlassen.
diiudĭco, 1., entscheiden.
dilābor, psus sum, 3., auseinanderfallen, sich zerstreuen, entschlüpfen, hinfließen.
dilargior, ītus sum, 4., verschenken.
dilatio, ōnis, der Aufschub, die Verzögerung.

dilectus, us f. v. a. delectus, us, die Aushebung.
dilĭgens, tis, genau, sorgsam, achtsam; Adv. diligenter.
diligentia, ae, die Sorgfalt, Achtsamkeit, Umsicht; diligentia audiendi, die Aufmerksamkeit.
dilĭgo, exi, ectum, 3., hochschätzen, lieben.
dilucescit, Impers. es wird Tag.
diluo, ŭi, ūtum, 3., mischen; widerlegen.
dimicatio, ōnis, der Kampf.
dimĭco, 1., kämpfen.
dimidius, a, um, halb; dimidium, i und dimidia pars, die Hälfte.
dimitto, īsi, issum, 3., entlassen, fortschicken, loslassen, entsenden; wohin richten; davonkommen lassen, laufen lassen, fahren lassen; sich scheiden von Jemandem; ab armis dimitti, die Waffen strecken.
Dimnus, i, der Anstifter einer Verschwörung gegen Alexander den Großen.
Dioxĕnus, i, ein Theilnehmer an der Verschwörung gegen Alexander den Großen.
direptio, ōnis, die Beraubung, Plünderung.
direptor, ōris, der Räuber.
dirĭgo, exi, ectum, 3., lenken, richten, aufrichten.
dirĭmo, ēmi, emtum, 3., trennen, aufheben.
dirĭpio, ipŭi, eptum, 3., berauben, plündern.
dirŭo, ŭi, ŭtum, 3., einreißen, niederreißen, zerstören, zertrümmern.
dirus, a, um, Furcht erregend; dirae näml. preces, Verwünschungen.
discēdo, ssi, ssum, 3., auseinander gehen, abziehen, sich entfernen, fortgehen, sich trennen; weichen; davon kommen; ab armis oder a proelio discedere, die Waffen niederlegen.
disceptatio, ōnis, die Streitigkeit; in disceptatione versari, zur richterlichen Entscheidung kommen.
discepto, 1., entscheiden.
discerno, crēvi, crētum, 3., scheiden.
discerpo, psi, ptum, 3., zerreißen.
discessus, us, der Abzug, Fortgang.
discindo, ĭdi, issum, 3., zerreißen.
disciplīna, ae, der Unterricht, die Zucht, die Kenntniß; die Lebensweise; disciplina militaris oder bloß discipl., die Kriegszucht.
disco, didĭci, 3., lernen, erfahren.
discŏlor, ōris, buntfarbig.
discordia, ae, die Zwietracht, Zwistigkeit.
discors, cordis, uneins, uneinig.
discrīmen, ĭnis, die Entfernung, der Unterschied; die Untersuchung, die Entscheidung; der gefährliche Punkt, die Gefahr; ultimum discr., die äußerste Gefahr; discrimen capitis, die Lebensgefahr; fortuna discriminis, der Ausgang des Kampfes; in discrimen adducere, einer Gefahr aussetzen, in eine Gefahr stürzen; discrimini offerre, aufs Spiel setzen; discrimen experiri, sich in ein Gefecht einlassen.
discumbo, ŭbŭi, ubĭtum, 3., sich niederlegen.
discurro, urri, ursum, 3., hin und her laufen, sich zerstreuen, sich verbreiten; discurrere in cornu, sich in Fronte stellen.
discursus, us, das Hin- und Herlaufen.
discŭtio, ssi, ssum, 3., zerstören, zerstreuen, vertreiben, hintertreiben.
disiĭcio, ēci, ectum, 3., auseinander sprengen, niederreißen, zerstören, vernichten.
dispar, ăris, ungleich, verschieden.
dispenso, 1., eintheilen.
dispergo, si, sum, 3., zerstreuen.
dispersim, zerstreut.
dispertio, ivi und ii, ītum, 4., vertheilen.
displĭceo, 2., mißfallen.
dispōno, ŏsŭi, ŏsĭtum, 3., aufstellen; praesidia disponere, Posten ausstellen.
disquisitio, onis, die Untersuchung.
dissemĭno, 1., verbreiten.
dissensio, ōnis, die Uneinigkeit.
dissentio, si, sum, 4., uneinig sein, sich veruneinigen: ab aliquo, mit Jemandem im Widerspruch stehen, ab aliqua re, mit einer Sache.
dissĕro, rui, rtum, 3., sprechen.
dissimĭlis, e, unähnlich.
dissimulatio, ōnis, die Verhehlung,

Verheimlichung; per dissimulationem, zum Schein.
dissimulator, oris, der sich verstellt; der thut, als wäre er etwas nicht.
dissimŭlo, 1., sich verstellen, thun als ob nicht, sich unwissend stellen, verhehlen, verbergen, verschweigen.
dissĭpo, 1., zerstreuen; Pass. sich zerstreuen.
dissolūtus, a, um, fahrlässig.
dissolvo, olvi, olūtum, 3., lösen; Pass. sich losreißen.
dissŏnus, a, um, mißtönend.
distinguo, nxi, nctum, 3., unterscheiden; zieren, sticken (mit der Nadel).
disto, 1., von einander stehen, entfernt sein.
distrăho, xi, ctum, 3., losreißen, auflösen, endigen; verkaufen.
distribuo, ŭi, ūtum, 3., vertheilen.
ditio, ōnis, s. dicio.
dito, 1., reich machen.
diu, lange; Comp. diutius, länger.
diurnus, a, um, am Tage; opus diurnum, das Tagewerk; acta diurna s. actum.
diutĭnus, a, um, langwierig.
diuturnĭtas, atis, die Langwierigkeit.
diuturnus, a, um, langdauernd, lang.
divello, elli, ulsum, 3., losreißen.
diversorium, i, das Zelt.
diversus, a, um und divorsus, verschieden, anders, entgegengesetzt, einzeln; e diverso, dagegen.
diverticulum, i, der Nebenweg.
dives, ĭtis, reich, Ueberfluß habend.
Divĭco, ein Fürst der Helvetier.
divĭdo, ĭsi, ĭsum, 3., theilen, trennen, absondern, vertheilen.
divinatio, ōnis, die Ahndung, die Weissagung; (Titel einer Schrift des Cäsar)
divinĭtus, Adv., aus Ahndung, durch göttliche Fügung.
divīnus, a, um, göttlich; divina atque humana decernere, göttliche und menschliche Verehrung zuerkennen.
Divitiăcus, i, ein Fürst der Aeduer.
divitiae, arum, der Reichthum.
divorsus s. diversus
divortium, i, der Abstand: divortium facere cum aliqua, sich von einer Frau scheiden.
divus, a, um, göttlich, himmlisch; Divus, der Vergötterte, Beiname der nach ihrem Tode zu den Göttern gerechneten römischen Kaiser; sub divo, unter freiem Himmel.
do, dedi, datum, 1., geben, schenken; hingeben, übergeben: gewähren, bewilligen, verschaffen; se dare, sich begeben; spatium pugnae dare, das Schlachtfeld räumen; in profundum dare, in die Tiefe stürzen; operam dare, Sorge tragen; negotium dare, ein Geschäft auftragen; litteras dare, einen Brief schreiben.
doceo, cui, ctum, 2., lehren, belehren; zeigen, beweisen; aussagen, mittheilen.
doctor, ōris, der Lehrer.
doctrīna, ae, die Gelehrsamkeit.
documentum, i, der Beweis.
dodrans, tis, drei Viertel; ex dodrante, von drei Vierteln.
Dolabella, ae, ein röm. Familienname des Cornelischen Geschlechts. 1) Cn. Cornelius Dolabella, im J. 81. Consul mit M. Tullius Decula, hatte die Thracier überwunden und deshalb einen Triumphzug gehalten. 2) P. Corn. Dolabella, Legat des Cäsar S. 284.
dolăbra, ae, die Axt.
doleo, 2., schmerzen, wehe thun; doleo aliquid, ich empfinde Schmerz über etwas, es schmerzt mich etwas, ich bedaure.
dolor, ōris, der Schmerz; dolorem capere ex, Schmerz empfinden über.
dolus, i, die List; dolum parare, einen hinterlistigen Anschlag fassen.
domesticatim, zu Hause.
domestĭcus, a, um, häuslich; bellum domesticum, ein innerer Krieg; hostis domesticus, ein heimischer, Privatfeind; res domestica, eine Privatangelegenheit.
domicilium, i, die Wohnung, der Wohnsitz; der Hauptsitz.
domĭna, ae, die Herrscherinn.
dominatio, ōnis, die Herrschaft, Despotie.
dominātus, us, die Herrschaft.
domĭnor, 1., herrschen.
domĭnus, i, der Herr, Besitzer; Herrscher.
Domitius, i, ein röm. Geschlechtsname. 1) Cn. Domitius Aheno-

barbus, im J. 104. Volkstribun, im J. 96. Consul, im J. 92. Censor. 2) Lucius Domitius Ahenobarbus, im J. 58. Prätor, 54. Consul. 3) Cn. Domitius Calvinus, im J. 53. Consul, dann Legat des Cäsar, den dieser nach der Pharsalischen Schlacht 48. über Asien setzte, kämpfte im J. 47. unglücklich gegen Pharnaces.

domĭtor, oris, der Bezwinger.

dŏmo, ui, ĭtum, 1., bezwingen, unterjochen; equos domare, Pferde zureiten.

domus, us und i, das Haus, der Wohnsitz, die Heimath; domi, zu Haus, in der Heimath; domo, aus dem Hause; domum, nach Hause, in die Heimath; domi militiaeque, in der Stadt und im Felde.

donec, bis.

dono, 1., beschenken, schenken.

donum, i, das Geschenk.

dormio, 4., schlafen.

dorsum, i, der Rücken, die Kette von Bergen.

Dorylāus, i, Gesandter eines kleinasiatischen Königs.

doryphŏrus, i, der Spießträger, Trabant.

dos, tis, die Mitgift; dotes ingenii, natürliche Fähigkeiten.

dromas, ădis; dromas camēlus, ein Dromedar.

Dubis, is, (jetzt Doubs) Nebenfluß der Saône, an welchem Vesontio (Besançon) liegt, die Hauptstadt der Sequaner.

dubitatio, ōnis, der Zweifel; dubitatio datur, es bleibt Zweifel übrig.

dubĭto, 1., zweifeln, im Ungewissen sein, unentschlossen sein; Bedenken tragen, anstehen.

dubĭus, a, um, zweifelhaft, unentschlossen, bedenklich; in dubio esse, in Gefahr schweben; sine dubio, ohne Zweifel; haud dubium esse, nicht zweifeln; in dubium vocare, in Zweifel ziehen; dubius animi, zweifelhaft; dubius consilii, zweifelhaft im Entschluß. Adv. dubie; haud dubie, ohne Zweifel.

duco, xi, ctum, 3., führen, herleiten; hinhalten; glauben, wofür halten: in hostium numero ducere, für einen Feind erklären; secum ducere, mitnehmen; sorte ductus, durchs Loos bestimmt; bellum ducere, den Krieg in die Länge ziehen; uxorem oder blos ducere, heirathen (vom Manne gesagt).

ducto, 1., anführen.

ductus, us, die Leitung, der Antrieb.

dudum, längst.

duint, alte Form für dent.

dulcēdo, ĭnis, die Süßigkeit.

dulcis, e, süß, lieb, lieblich.

dum, während, indem, als, so lange; s. v. a. dummŏdo: wenn nur.

dummŏdo, wenn nur.

Dumnŏrix, ĭgis, ein Fürst der Aeduer.

dumtaxat und duntaxat, nur, wenigstens.

duplex, ĭcis, doppelt.

duplĭco, 1., verdoppeln.

duritia, ae, die Härte.

duro, 1., härten; fortdauern.

durus, a, um, hart; si quid durius erat, wenn es etwas hart herging.

dux, cis, der Führer, Anführer, Offizier, Feldherr.

Dyrrhachium, i, Stadt in Illyrien am adriatischen Meere, der gewöhnliche Ueberfahrtsort von Brundisium nach Griechenland, früher Epidamnus.

Dyrrhachĭnus, a, um, Dyrrhachium betreffend.

e und ex, aus, von, von — her, von — herab; seit, nach; angemessen S. 352.

eatĕnus, in so weit.

ebriĕtas, ătis, die Trunkenheit.

ebrĭus, a, um, betrunken.

eburnĕus, a, um, elfenbeinern.

Ecbatăna, orum, Hauptstadt in Medien.

ecquid s. v. a. nonne, etwa?

eculĕus, i, die Folterbank (in der Form eines Pferdes).

edĭco, xi, ctum, 3., ansagen, ankündigen, befehlen.

edictum, i, das Edict, die Verordnung.

edĭtus, a, um, hoch, erhaben.

edo, ĭdi, ĭtum, 3., herausgeben, bekannt machen; bezeichnen. S. 287.; veranstalten; caedem edere, ein Blutbad anrichten; ludos, spectacula edere, Spiele, Schauspiele

anstellen oder geben; facinus edere, eine That verüben; proelium edere, ein Treffen liefern; gemitus edere, Seufzer ausstoßen; clamorem edere, ein Geschrei erheben; amnis editur, der Fluß bricht hervor.
edŏceo, cui, ctum, 2., unterrichten, lehren, belehren, zeigen.
edūco, 1., aufziehen, erziehen.
edūco, xi, ctum, 3., herausführen, führen, mitnehmen; auferziehen; gladium educere, das Schwert ziehen.
effemĭno, 1., weibisch machen, verweichlichen.
effĕro, 1., wild machen.
effĕro, extŭli, elatum, efferre, heraustragen, herbeibringen, mitnehmen, mitbringen; erheben, hoch heben; efferri, sich erheben; in volgus efferri, sich verbreiten; gaudio elatus, vor Freude außer sich.
effĭcax, ācis, wirksam.
effĭcio, ēci, ectum, 3., machen, hervorbringen; ausführen, durchsetzen, bewirken, es dahin bringen, herausbringen; mit d. dopp. Akkus.: zu etwas machen.
effĭgies, ēi, die Gestalt.
efflagĭto, 1., fordern.
effoetus, a, um, entkräftet.
effrenatus, a, um, zügellos.
effŭgio, ūgi, 3., entfliehen, entgehen.
effundo, ūdi, ūsum, 3., ausgießen, ausschütten, vergießen; verschwenden; ausbreiten, verbreiten; hinwerfen (sprechend); effundi, ausströmen, entspringen, sich herausstürzen; in fugam effundi, gänzlich fliehen; fuga effusa, die gänzliche Flucht; effuso cursu, in vollem Laufe; effusum esse in aliquam rem, einer Sache ergeben sein; primum impetum effundere, die erste Hitze verrauchen lassen.
egens, tis, dürftig, arm.
egeo, ui, 2., nicht haben, bedürfen; egeo aliqua re, es fehlt mir an einer Sache.
egĕro, ssi, stum, 3., herausbringen, herausschaffen.
egestas, atis, die Dürftigkeit, Armuth; der Mangel.
egrĕdior, essus sum, 3., herausgehen, herauskommen, ausrücken; überschreiten; porta egredi, einen Ausfall machen.
egregĭus, a, um, ausgezeichnet, trefflich, rühmlich, vorzüglich. Adv. egregie.
egressus, us, das Aussteigen.
eiĭcio, ēci, ectum, 3., hinauswerfen, vertreiben, verstoßen, verschlagen (von Schiffbrüchigen), stürzen S. 224.; se eiicere, hinausstürmen.
eiulatus, us, das Geheul.
elābor, psus sum, 3., entschlüpfen.
elabōro, 1., durch Mühe erlangen.
elanguesco, gui, 3., matt werden.
Electra, ae, Tochter des Agamemnon; so hieß ein Trauerspiel des Attilius.
elĕgans, tis, geschmackvoll.
elementa, orum, das Alphabet.
elephantus, i, der Elephant.
Eleusis, īnis, eine Stadt in Attika, mit dem berühmten Cerestempel, wo die Eleusinischen Mysterien gefeiert wurden.
elĭcio, ui, ĭtum, 3., herauslocken.
elīdo, si, sum, 3., erdrücken.
elĭgo, ēgi, ectum, 3., auslesen, erwählen, aussuchen.
Elis, īdis, Land und Stadt im Peloponnes.
eloquentia, ae, die Beredsamkeit.
elŏquor, cūtus sum, 3., sprechen.
elūdo, si, sum, 3., zum Besten haben; vereiteln.
eluvies, ēi, der Abgrund.
emāno, 1., sich verbreiten.
emendīco, 1., erbetteln.
emendatus, a, um, Adj. richtig; Adv. emendate.
ementior, ītus sum, 4., erdichten.
emergo, si, sum, 3, empor kommen, ans Land kommen.
emerĭtus, a, um, ausgedient.
emetior, ensus sum, 4., ausmessen; durchziehen, durchwandern.
emĭco, ui, 1., hervorleuchten.
emĭgro, 1., auswandern.
emĭneo, ui, 2., hervorragen, sich äußern; eminens, hervorstechend, erhaben.
emĭnus, Adv. aus der Ferne.
emitto, īsi, issum, 3., ausschicken, herauslassen, von sich geben, los-

lassen, abwerfen, abschießen; lacum emittere, einen See ableiten.
emo, emi, emtum, 3., kaufen, erkaufen.
emolimentum, i, die Schwierigkeit.
emolumentum, i, der Vortheil, der Erfolg.
emŏrior, rtuus sum, 3., sterben; emoriens, erstorben.
en, siehe!
enascor, atus sum, 3., hervor wachsen.
enim, denn, nämlich; (ironisch): vermuthlich, freilich.
enimvēro, allein, aber.
enītor, īsus und ixus sum, 3., eigentl. sich anstrengen; precibus eniti, inständigst bitten.
enixe, eifrig, kräftig.
enumĕro, 1., aufzählen.
enuntio, 1., ausplaudern, verrathen.
eo, dahin, soweit; deshalb.
eo, ivi, itum, ire, gehen; pedibus in sententiam alicuius ire, Jemandes Meinung beitreten.
eodem, ebendahin.
Epaminondas, ae, ein thebanischer Staatsmann und Feldherr, fällt in der Schlacht bei Mantinea im J. 362.
Ephĕsus, i, eine der ionischen Städte an der lydischen Küste.
Epidius, ein röm. Geschlechtsname; Epidius Marullus, Volkstribun im J. 45., wegen seiner Freimüthigkeit von Cäsar abgesetzt.
epigramma, ătis, das Epigramm, Sinngedicht.
Epīrus, i, ein Land im westlichen Nordgriechenland.
epistŏla, ae, der Brief.
epŭlor, 1., speisen.
epŭlum, i, der Schmaus; Plur. epŭlae, arum, das Gastmal, der Gelag.
equa, ae, die Stute.
eques, ĭtis, der Reiter; der Ritter (in Rom einer aus dem Ritterstande); equĭtes, die Reiterei.
equester, tris, tre, zu Pferde; statua equestris, Reiterstatue; proelium equestre, Reitertreffen; aus dem Ritterstande; ordo equester, der Ritterstand; census equester, das Vermögen, welches ein Ritter haben mußte.
equĭdem das verstärkte quidem, besonders bei der 1sten Person im Singularis und Pluralis: ich für meinen Theil, ich wenigstens.
equitabĭlis, e, für die Reiterei geeignet.
equitātus, us, die Reiterei.
equĭto, 1., reiten.
equus, i, das Pferd.
erādo, si, sum, 3., abschaben.
erga, gegen (im guten Sinne).
ergastŭlum, i, das Arbeitshaus; Sklavenhaus.
ergo, daher, so — denn, nun.
erĭgo, exi, ectum, 3., aufrichten, ermuntern.
Erigyius, i, ein Anführer im Heere Alexanders.
erĭpio, ipui, eptum, 3., los machen, entreißen, benehmen, rauben; se eripere, entgehen, sich entziehen; animam eripere, das Leben nehmen.
errabundus, a, um, umher irrend.
erro, 1., irren, herum irren.
error, ōris, der Irrthum, Fehler; errore deferri, sich verirren.
erubesco, bui, 3., erröthen, sich schämen.
erŭdio, 4., unterrichten.
erumpo, ūpi, uptum, 3., ausbrechen, durchbrechen, zum Vorschein kommen; herausstürzen, herauseilen; fortstürzen, forteilen.
erŭo, ŭi, ŭtum, 3., herausscharren, herausreißen, heraustreiben.
eruptio, ōnis, der Ausfall.
esca, ae, die Speise, der Fraß.
et, und, auch; et — et, sowohl — als auch.
etĕnim, denn.
etiam, auch, sogar; etiam nunc, sogar jetzt noch, jetzt noch; etiam atque etiam, recht sehr, mehrmals. Bei Comparativen und sonst zuweilen: noch.
etiamsi, wenn auch.
Etruria, ae, Etrurien, nördliche Provinz der Westküste Mittelitaliens.
etsi, wenn auch, obgleich.
Euboĭcus, a, um, aus Euböa, der Insel im ägäischen Meere, welche längs der Küste von Hellas liegt. Bewohner dieser Insel waren mit Darius I. oder Xerxes I. zur Zeit

der Perserkriege nach Asien gezogen S. 198.
Euphrātes, is, der Euphrat, ein Fluß der in Armenien entspringt und sich nach der Vereinigung mit dem Tigris in den persischen Meerbusen ergießt.
Euripĭdes, is, ein griechischer Trauerspieldichter.
eurīpus, i, eigentlich die Meerenge; der Wassergraben (um den Circus Maximus in Rom).
Eurōpa, ae, Europa, der bekannte Erdtheil.
Eurymĕdon, tis, ein athenischer Feldherr, 413 nach Sicilien geschickt, wo er in einer Schlacht fiel.
evādo, si, sum, 3., herausgehen, herauskommen: entgehen, entwischen; sich zurückziehen; durchkommen; gehen, dringen, gelangen; heraufsteigen; wieder auf den rechten Weg kommen. S. 282.
evagīno, 1, aus der Scheide ziehen.
Evagŏras, ae, König von Cypern, zu dem Conon floh.
evĕho, xi, ctum, 3., erheben; Pass. sich stürzen.
evello, elli, ulsum, 3., herausreißen, herausziehen.
evĕnio, ēni, entum, 4., begegnen, sich zutragen, erfolgen, einen Erfolg haben.
eventus, us, der Ausgang, der Erfolg.
everbĕro, 1., peitschen, zerschlagen.
everto, ti, sum, 3., umstürzen, über den Haufen werfen, zerstören.
evĭdens, tis, augenscheinlich.
evīto, 1., ausweichen, vermeiden.
evocator, ōris, der Aufwiegler.
evŏco, 1., hervorrufen, zu sich bescheiden, wohin bescheiden. Soldaten, die ausgedient hatten, wurden oft von den Feldherrn aufgeboten, noch ferner zu dienen, und hießen dann evocati; daher evocatus, a, um, im Kriege geübt.
evŏlo, 1., eigentl. herausfliegen; sich davon machen.
evolvo, vi, ūtum, 3., herabwälzen.
evŏmo, ui, ĭtum, 3., eigentlich ausspeien; von sich geben, auswerfen.
ex, s. e.
exactor, ōris, der Handhaber.
exaedifĭco, 1., erbauen.
exaequo, 1., ausgleichen, gleichstellen.
exaestuo, 1, aufwallen.
exaggĕro, 1., aufdämmen, aufhäufen.
exagĭto, 1., verfolgen, beunruhigen; res vulgi rumoribus exagitata, eine im Gerede der Leute besprochene Sache.
exanimatus, a, um, entseelt; geängstigt.
exanĭmis, e, entseelt.
exanĭmo, 1., tödten.
exardesco, rsi, 3., entbrennen; in bellum exardescere, einen Krieg anfangen.
exaudio, 4, hören, vernehmen.
excēdo, ssi, ssum, 3., herausgehen, weggehen; wohin gehen; übersteigen, übertreffen; proelio excedere, aus der Schlacht weichen; e vita excedere, aus dem Leben scheiden.
excellens, tis, ausgezeichnet, vorzüglich.
excelsus, a, um, hoch; in excelso, in hohem Stande; in excelso collocare, in die Höhe stellen.
exceptio, onis, die Einschränkung.
excidium, i, die Zerstörung, Vernichtung.
excīdo, di, sum, 3., abhauen.
excĭdo, di, 3., entfallen.
excieo, cīvi, cĭtum, 2., hervorlocken, aufregen.
excindo s. exsc.
excĭpio, ēpi, eptum, 3., herausnehmen, ausnehmen; aufnehmen, auslegen S. 272: auffangen, empfangen, in Empfang nehmen; auf sich nehmen; niederschreiben S. 291.; folgen, ablösen. — exceptus, mit Ausnahme; nunquam mediocribus studiis exceptus est, immer wurde er mit ungemäßigter Leidenschaft behandelt; manu excipere, in die Arme nehmen; simultatem excipere, Groll in sich aufkommen lassen; rumores excipere, Nachrichten einziehen.
excĭto, 1., herbeiholen, herausfordern; anregen, aufwecken, anreizen, reizen, empören; errichten, anstiften.

exclāmo, 1., ausrufen.
exclūdo, si, sum, 3., ausschließen, nicht herein lassen.
excogĭto, 1., erdenken.
excŏlo, olui, ultum, 3., ausbilden, schmücken.
excrucio, 1., martern.
excŭbo, ui, itum, 1., eigentl. außer dem Hause liegen; sich herumtreiben; Wache halten; alienis sedibus excubare, an fremden Orten liegen.
excŭtio, ssi, ssum, 3., abwerfen, herabgießen; herausschlagen, benehmen.
excurro, rri, rsum, 3, sich erstrecken.
excursio, ōnis, der Auszug, die Streiferei.
excusatio, ōnis, die Entschuldigung: excusatione aetatis uti, sich mit seinem Alter entschuldigen.
excūso, 1., entschuldigen; zur Entschuldigung anführen.
exĕdo, ēdi, ēsum, 3., zernagen.
exemplar, āris, die Abschrift.
exemplum, i, das Beispiel, das gute Beispiel; die Strafe: die Abschrift; exemplum capere oder petere ex aliquo, an Jem. ein Beispiel nehmen; mala exempla, schlecht angewandte Strafen; exempla edere in aliquem, an Jemandem Strafe vollziehen.
exentĕro, 1., die Eingeweide herausnehmen
exĕquor f. exsequor.
exĕo, ii, ĭtum, ire, herausgehen, ausrücken, abreisen, entkommen; exire de oder ex aliquo loco, einen Ort verlassen.
exerceo, 2., üben, sich üben; regna exercere, Königsgewalt ausüben; ludicras artes, cauponias artes, piraticam artem exercere, Schauspielerkunst, Gastwirthschaft, Seeräuberei treiben; iudicium, quaestionem exercere, eine gerichtliche Untersuchung anstellen.
exercitatio, ōnis, die Uebung; exercitatio rerum (und ohne rerum) die Gewandtheit.
exercĭto, 1., üben.
exercĭtus, us, das Heer, die Schaar; exercitum parare, comparare, ein Heer werben.

exhaurio, si, stum, 4., ausschöpfen, auswerfen; erschöpfen.
exhĭbeo, 2., zeigen; ducem exhibere, sich als Feldherrn zeigen S. 129.; beibringen, unterhalten.
exhortor, 1., anfeuern.
exĭgo, ēgi, actum, 3., beendigen; verlangen, eintreiben; pondus exigere, abwägen; poenam exigere de aliquo, Jem. bestrafen; ultionem exigere ab aliquo, sich an Jem. rächen; cultus ad luxuriam magis quam ad magnificentiam exactus, ein Schmuck, der nicht sowohl bis zur Pracht, als bis zur Verschwendung getrieben ist.
exiguus, a, um, klein, gering, wenig.
exilium f. exsilium.
eximius, a, um, ausnehmend, außerordentlich.
exĭmo, ēmi, emtum, 3., entreißen, rauben, aufheben; se eximere, sich ausschließen.
exinānio, 4., bloß stellen.
exinde, seitdem.
existimatio, ōnis, die Meinung; der gute Name, der gute Ruf.
existĭmo und existŭmo, 1., glauben, meinen, annehmen, für etwas halten, erklären; bedenken.
existo f. exsisto.
exitiōsus, a, um, verderblich.
exitium, i, das Ende, der Untergang, das Verderben.
exĭtus, us, das Auslaufen, der Ausgang, der Erfolg, das Ende.
exolesco, ēvi, ētum, 3., aufhören; exolētus, i, der Jüngling.
exonĕro, 1., entlasten, erleichtern; se exonerare, sich eine Last vom Herzen schaffen.
exopto, 1., sehr wünschen; exoptatus, erwünscht.
exordior, orsus sum, 4., anfangen.
exorior, ortus sum, 4., entstehen; clamor exoritur, es erhebt sich ein Geschrei; stella exoritur, ein Stern geht auf.
exorno, 1., schmücken, ausrüsten.
exōro, 1., durch Bitten abhalten; Paſſ. sich erbitten lassen.
exortus, us, der Aufgang.
exōsus, a, um, verabscheuend.
expect. f. exspect.
expĕdio, 4., eigentlich losmachen;

pecuniam expedire, Geld aufnehmen. Impersön. expĕdit, es ist nützlich; expedītus, ohne Hindernisse, leicht; expedīti näml. milites, Leichtbewaffnete; ohne schweres Gepäck; iter expeditum, ein bequemer Weg.
expeditio, ōnis, die Unternehmung, der Feldzug.
expello, pŭli, pulsum, 3., heraustreiben, vertreiben, verstoßen.
expergiscor, perrectus sum, 3., erwachen, sich ermannen.
experimentum, i, die Probe, der Beweis.
experior, rtus sum, 4., versuchen, erproben, auf die Probe stellen, kennen lernen, erfahren; expertus passivisch: durch Erfahrung kennen gelernt; omnia extrema experiri, alle, selbst die äußersten Mittel versuchen.
expers, tis, untheilhaftig; expertem esse, entbehren, keinen Theil haben.
expĕto, īvi, ītum, 3., nach etwas streben, trachten, suchen; wünschen; poenas expetere, zur Strafe ziehen, bestrafen.
expīlo, 1., ausplündern, berauben.
expio, 1., eigentl. entsündigen; bestrafen.
expīro s. exspiro.
expleo, ēvi, ētum, 2., anfüllen, sättigen; ersetzen, vollzählig machen, ausmachen; tempus expletur, die Zeit läuft ab; exspectationem explere, einer Erwartung genügen.
explĭco, ui, atum, 1., entwickeln, aufstellen.
explorator, ōris, der Kundschafter.
explōro, 1., auskundschaften, erforschen, untersuchen.
expōno, ŏsŭi, osĭtum, 3., ausstellen, aussetzen, auseinander setzen; erklären, erzählen; ans Land setzen.
exposco, poposci, 3., erflehen.
expositio, onis, die Aussetzung.
exprĭmo, essi, essum, 3., herausbringen, zwingen, erzwingen; ex auro exprimere, in Gold ausarbeiten.
exprobratio, ōnis, der Vorwurf.
exprŏbro, 1., vorwerfen.
exprōmo, msi und mpsi, mtum und mptum, 3., hervorbringen, zeigen; aussagen.
expugnatio, ōnis, die Eroberung.
expugno, 1., erobern, bezwingen.
expurgo, 1., reinigen; rechtfertigen.
exquīro, isīvi, isītum, 3., erforschen, auskundschaften, fragen.
exsanguis, e, blutlos, bleich.
exscindo und excindo, ĭdi, issum, 3., zerstören.
exsecratio, ōnis, die Verwünschung.
exsĕcror, 1., verwünschen.
exsequiae, arum, die Leichenfeier.
exsĕquor und exĕquor, cutus sum, 3., ausrichten, verrichten, zur Ausführung bringen, geltend machen; bestrafen.
exsilium und exilium, i, die Verbannung; der Ort, wo man als Verbannter lebt; in exilium agere, redigere, in die Verbannung schicken; exilium agere, in der Fremde leben.
exsisto und existo, stĭti oder titi, 3., entstehen, werden, aufstehen, auftreten.
exsolvo, vi, ūtum, 3., bezahlen.
exsors, tis, ohne Antheil.
exspectatio und expectatio, ōnis, das Warten, die Erwartung; exspectationem facere, movere, eine Erwartung erregen; disiicere exspectationem, eine Hoffnung vernichten.
exspecto und expecto, 1., entgegensehen, erwarten, warten, auf etwas warten, abwarten; ersehnen, zu wissen wünschen.
exspīro und expīro, 1., den Geist aufgeben, sterben.
exstinguo und extinguo, nxi, nctum, 3., auslöschen, dämpfen, ersticken, vertilgen, ein Ende machen; Pass. sterben.
exsto und exto, ĭti, ĭtum, 1., sich zeigen, vorhanden sein.
exstrŭo, uxi, uctum, 3., erbauen, bauen, errichten.
exsul und exul, ŭlis, der in der Verbannung lebt; ein Ausgewanderter.
exsŭlo und exŭlo, 1., in der Verbannung leben, als Verbannter leben.
exsulto, 1., aufspringen, frohlocken.

exsupĕro, 1., übersteigen.
exta, orum, die Eingeweide: aus den Eingeweiden der Opferthiere weissagten die Alten.
extendo, di, sum und tum, 3., ausspannen, ausdehnen, ausbreiten; steigern.
extermīno, 1., entfernen.
externus, a, um, auswärtig, fremd.
exterreo, 2., in Schrecken setzen, erschrecken; Pass. aufschrecken.
extĕrus, a, um, auswärtig.
extimesco, mui, 3., fürchten.
extinguo s. exstinguo.
exto s. exsto.
extollo, 3., erheben; in maius extollere, vergrößern.
extorqueo, si, tum, 2., entwinden, winden.
extra, außer, außerhalb, drüber hinaus; extra sortem, ohne zu loosen.
extrăho, xi, ctum, 3., herausschleppen, kommen lassen S. 277.
extranĕus, a, um, fremd. Subst. ein Fremder.
extraordinarius, a, um, außerordentlich.
extrēmus, a, um, der äußerste, entfernteste; ad extremum, zuletzt; respublica in extremo sita est, mit den Staate ist es aufs Aeußerste gekommen.
exul s. exsul.
exulcĕro, 1., verwunden, erbittern.
exulo s. exsulo.
exŭo, ui, ūtum, 3., ausziehen, berauben.
exūro, ussi, ustum, 3., transit. verbrennen, verzehren; intransit. anbrennen.

Fabius, ein römischer Geschlechtsname. 1) Q. Fabius Maximus, mit dem Beinamen Allobrogicus, im J. 121. Consul, unterwarf die Allobroger, Arverner und Rutener. 2) Q. Fabius Sanga, ein römischer Senator, war Patron der Allobroger s. patrocinium. 3) Q. Fabius Maximus, von dem aus Spanien zurückkehrenden Cäsar im J. 45. zum Consul eingesetzt.
fabrĭco, 1., verfertigen; zimmern; pontem fabricare, eine Brücke schlagen.
fabŭla, ae, die Erzählung.
fabulōsus, a, um, fabelhaft.
facies, ēi, das Aeußere, das Ansehen, die Gestalt, das Bild; die Ansicht, der Anblick.
facĭlis, e, leicht, ohne Schwierigkeit, ohne Mühe; leicht zu bearbeiten. Adv. facile, leicht, ohne Mühe; gern.
facilĭtas, ātis, die Gewandtheit, Gefälligkeit.
facinorōsus, a, um, lasterhaft.
facĭnus, ŏris, die (außerordentliche) That, die Unthat; das Verbrechen, Bubenstück.
facio, eci, actum, 3., thun, handeln, machen, bewirken, ausführen, bereiten; muros, templum, sacrarium facere, Mauern, einen Tempel erbauen, eine Kapelle errichten; librum facere, ein Buch schreiben; caedem facere, ein Blutbad anrichten; conventus facere, Zusammenkünfte halten; bellum facere, Krieg anfangen; gratiam facere alicuius rei, etwas nachsehen; pluris facere, höher achten; reliquum facere, übrig lassen; certiorem facere, benachrichtigen; contra rempublicam facere, sich gegen den Staat vergehen; facere de aliquo, aliquo, alicui, mit Jemandem machen; fac cogites, bedenke ja. Zur Umschreibung gebraucht S. 59. s. Zumpt Gr. §. 619.
factio, ōnis, die Partei.
factiosus, a, um, parteisüchtig.
factum, i, das Ereigniß, der Vorfall; die That, das Verfahren; bonum factum, S. 303., eine Formel besonders im Anfang von Verordnungen, etwa: in Gottes Namen.
facultas, ātis, das Vermögen; die Kraft, Gelegenheit, das Mittel; der Vorrath S. 333.; facultatem dare, eine Gelegenheit darbieten, die Erlaubniß geben; facultas offertur, datur, eine Gelegenheit, die Möglichkeit bietet sich dar.
Faesŭlae, arum, eine Stadt im nördlichen Etrurien, am Fuß der

Apenninen, wohin Sulla Colonisten geschickt hatte und wo die Catilinarier im Lager standen.
Faesulānus, a, um, aus Fäsulä, zu Fäsulä gehörig; ager Faesulanus, das Fäsulanische Gebiet.
falcarīus, a, um, zur Sichel gehörig. Subst. ein Sichelmacher; inter falcarios, in dem Stadttheil (von Rom) wo die Sichelmacher wohnen.
falcātus, a, um, mit Sicheln versehen; currus falcatus, ein Sichelwagen.
fallo, fefelli, falsum, 3., täuschen, trügen, betrügen; Impers. fallit me, es entgeht mir; res me fallit, ich irre mich in der Sache; Pass. sich täuschen; saxa vestigium fallunt, die Steine machen, daß der Fuß ausgleitet.
falsus, a, um, falsch, ungegründet; untergeschoben; Subst. falsus, i, ein Betrüger. Adv. falso, fälschlich, mit Unrecht.
falx, cis, die Sichel, der Haken.
fama, ae, der Ruf; der gute Ruf, der Ruhm; der Schimpf; das Gerücht, die Nachricht; ante famam, ehe bekannt wurde.
fames, is, der Hunger, Mangel an Nahrungsmitteln, die Hungersnoth.
familia, ae, das Gesinde; die Truppe (z. B. von Gladiatoren); die Leibeignen S. 311.; der Hausstand; die Familie; filius familias, der (unmündige) Sohn vom Hause, der noch unter des Vaters Gewalt steht; matres familiae, S. 342. weissagende Frauen s. mater.
familiāris, e, vertraut, vertraulich; minus familiari vultu, mit vornehmer Miene; res familiaris, das Vermögen. Subst. der Freund.
familiarītas, ātis, die vertraute Bekanntschaft, die Vertraulichkeit.
famōsus, a, um, ehrenrührig.
famŭla, ae, die Magd.
famŭlus, i, der Diener.
fanum, i, das Heiligthum.
fas, indecl. das göttliche Recht; non est fas, es ist den Religionsgesetzen zuwider.
fasces, ium, die Fasces, ein Bündel Stäbe (Zeichen der höchsten Gewalt bei den Römern), deren 12. anfänglich den Königen, später den beiden Konsuln (monatlich abwechselnd) von Liktoren vorgetragen wurden s. lictor.
fascia, ae, die Binde.
fasti, orum, der Kalender.
fastīdio, 4., Ekel vor etwas empfinden; ausschlagen.
fastidium, i, der Ueberdruß; fastidium agitare, Ueberdruß verursachen.
fastigium, i, der Giebel, der Gipfel, die Erhöhung, die Höhe, Hoheit, Würde.
fatālis, e, vom Schicksal bestimmt, verhängnißvoll; libri fatales, die Schicksalsbücher. Adv. fatalīter, nach dem Verhängniß.
fateor, fassus sum, 2., gestehen; bekennen, eingestehen.
fatigatio, ōnis, die Ermüdung.
fatīgo, 1., ermüden.
fatum, i, die Weissagung; das Schicksal, die Bestimmung; das Verderben; fata Sibyllina, die Schicksalssprüche in den Sibyllinischen Büchern.
fatŭus, a, um, albern.
fauces, ium, die Kehle, der Rachen; Engpässe, Schluchten; faucibus urgere, auf dem Nacken sitzen.
Faustus, i, Beiname des Sulla, Sohnes des Dictators. Faustus Sulla war des Pompejus Schwiegersohn und wurde nach der Schlacht bei Thapsus in Afrika im J. 46. ermordet.
faveo, favi, fautum, 2., günstig sein; begünstigen.
Favonius, i, der Westwind.
favor, ōris, die Gunst.
fax, acis, die Fackel, der Feuerbrand; facem alicui praeferre, Jemandem mit der Fackel vorangehen.
febris, is, das Fieber.
felicĭtas, atis, das Glück.
felix, īcis, glücklich.
(femen), ĭnis, der obere Schenkel.
femĭna, ae, die Frau. Auch Schimpfwort auf einen weibischen Mann, die Memme; canis femĭna, die Hündin.
femur, ŏris, die Hüfte.

fenerator und foenerator, oris, der Wucherer.
fenus und foenus, ŏris, die Zinsen.
fercŭlum, i, die Tragbahre (worauf die Bilder der Götter bei Aufzügen getragen wurden.)
fere, fast, ungefähr.
ferentarii näml. milites, leicht bewaffnete Soldaten, die auf beiden Flügeln der Schlachtreihe standen, und den Kampf begannen.
feriae, arum, Ferien (Tage, wo keine Geschäfte vorgenommen werden.)
ferio, 4., niederstrecken.
ferĭtas, atis, das wilde Wesen, die Grausamkeit.
ferme, fast.
fero, tuli, latum, ferre, tragen, bringen, mit sich bringen, holen; ertragen, aushalten; erzählen, im Munde führen, nennen; ferri, sich erheben; ferri agique, sich umher treiben; ad coelum ferre, in den Himmel erheben; animus fert, ich wünsche; opem ferre, Hülfe leisten; sententiam ferre, seine Meinung sagen, seine Stimme abgeben; ad populum ferre, bei dem Volke worauf antragen; moleste, aegre, graviter, indigne fero aliquid, etwas verdrießt mich.
ferocia, ae, der Trotz.
ferocĭtas, atis, die Frechheit.
ferox, ōcis, wild, unbändig, heftig.
ferramentum, i, das Eisengeräth.
ferrĕus, a, um, eisern; gefühllos, hartherzig.
ferrum, i, das Eisen, das Schwert.
fertĭlis, e, fruchtbar.
fertilĭtas, ātis, die Fruchtbarkeit.
ferus, a, um, wild; fera mit und ohne bestia, das wilde Thier; ferae, das Wild.
fervĭdus, a, um, heiß.
fessus, a, um, müde, entkräftet.
festinatio, ōnis, die Eile.
festīno, 1., eilen, eilfertig sein. Adv. festinato, eiligst.
festīve, fein.
festus, a, um, festlich; dies festus, der Festtag.
fidēlis, e, treu.
fides, ĕi, das Zutrauen, der Kredit; die Treue, Zuverlässigkeit, Glaubwürdigkeit, der Beweis; das gegebene Wort; der Schutz; per fidem, unter dem Vorwande der Sicherheit S. 340.; ultra fidem, über allen Glauben; fide publica, unter Gewährleistung des Staats; data et accepta fide, nach gegenseitiger Versicherung der Treue; in fidem accipi, sich ergeben; bona fide, aufrichtig; fidem facere alicui rei, etwas glaublich machen; alicui, bei Jemandem Glauben finden, Jemanden überzeugen; fidem dare, sein Wort geben; fidem publicam dare, öffentlich Sicherheit versprechen; fidem habere alicui, Jemandem Zutrauen schenken, ihm glauben.
fides, ium, das Saiteninstrument.
fido, fisus sum, 3., trauen.
fiducia, ae, das Vertrauen, die Zuversicht; fiduciam alicuius habere, Zutrauen zu Jem. haben.
fidus, a, um, treu, zuverlässig.
Figŭlus, i, ein röm. Familienname. C. Marcius Figulus, Consul mit L. Iulius Caesar, im J. 64., in welches die Verschwörung des Catilina fällt.
filia, ae, die Tochter.
filius, i, der Sohn; filius familias, der noch nicht mündige Sohn, s. familia.
fimbriatus, a, um, mit Frangen besetzt.
findo, fidi, fissum, 3., spalten.
fingo, nxi, ctum, 3., eigentl. bilden; erdichten, ersinnen, heucheln; vultum fingere, eine täuschende Miene annehmen.
finio, 4., endigen, beendigen; begränzen; bestimmen.
finis, is, das Ende, die Gränze; Plur. die Gränzen, das Gebiet; finem facere, endigen, aufhören; finem statuere, eine Gränze setzen; quem ad finem, wie lange.
finitĭmus und finitŭmus, a, um, benachbart, in der Nachbarschaft. Subst. der Nachbar.
fio, factus sum, fieri, werden, geschehen, entstehen; fieri potest, es ist möglich; ut fit, wie es zu geschehen pflegt.
firmo, 1., befestigen, stark machen, sichern; ermuthigen; gradum fir-

mare, einen sicheren Schritt machen.
firmus, a, um, fest, sicher, stark, zuverlässig; firmum esse, fest stehen.
Flaccus, i, ein römischer Familienname. 1) L. Valerius Flaccus, im J. 100. Consul mit C. Marius, unterdrückt den durch den Volkstribun L. Saturninus und den Prätor C. Servilius Glaucia erregten Aufstand, wobei diese beiden getödtet wurden. 2) C. Valerius Flaccus, Imperator und Prätor in Gallien im J. 83. 3) L. Valerius Flaccus, der Sohn des in Nr. 1. genannten, war Prätor im J. 63. während Ciceros Consulat. 4) S. 42. ist M. Fulvius Flaccus gemeint s. Fulvius, Nr. 1.
flagellum, i, die Peitsche.
flagitiosus, a, um, schändlich.
flagitium, i, die Schandthat, das Bubenstück.
flagĭto, 1., (dringend) verlangen, fordern, erfordern.
flagro, 1., auflodern, entbrannt sein.
flamen, ĭnis, der Priester (eines einzelnen Gottes z. B. Dialis, des Jupiter.)
Flaminius, ein röm. Geschlechtsname; C. Flaminius, S. 12.
flamma, ae, die Flamme, das Feuer, der Brand; der Feuerbrand.
flatus, us, das Wehen.
Flavus, ein röm. Familienname; s. Caesetius.
flecto, xi, xum, 3., beugen, biegen; abändern.
fleo, ēvi, ētum, 2., weinen.
fletus, us, das Weinen.
floreo, 2., blühen, in der Blüthe stehen; im Wohlstande sein; florentissimis rebus, während der höchsten Blüthe des Staats.
flos, ris, die Blume, Blüthe.
fluctuor, 1., wanken; animo fluctuari, schwanken.
fluctus, us, die Fluth.
fluĭto, 1., auf dem Wasser treiben (schwimmen).
flumen, ĭnis, der Fluß.
fluo, xi, xum, 3., fließen.
fluvius, i, der Fluß.
fluxus, a, um, locker.
focus, i, der Heerd. Bei den Römern war im Atrium (dem Vorhofe im Hause) der Heerd, an welchem die Laren verehrt wurden, s. ara.
fodio, fodi, fossum, 3., graben; einhauen; durchbohren.
foederatus, a, um, verbündet.
foedĭtas, ātis, das Gräßliche.
foedo, 1., entstellen, schänden.
foedus, a, um, häßlich, widrig; gräßlich, scheußlich: schändlich. Adv. foede, schimpflich.
foedus, ĕris, das Bündniß; die Vorschrift.
foenerator s. fenerator.
foenus s. fenus.
fomentum, i, der Umschlag.
fons, tis, die Quelle.
foras, hinaus.
fore, sein werden.
forem, ich würde sein.
fores, ium, die Thür.
foris, draußen; außer der Stadt.
forma, ae, die Gestalt, schöne Gestalt, Schönheit; Leibesgestalt; der Grundriß.
formīdo, ĭnis, die Furcht, das Schrecken, die Schreckniß, die Bangigkeit.
formīdo, 1., sich vor etwas fürchten.
formidolosus, a, um, schauderhaft.
formo, 1., bilden, unterweisen, einrichten.
fornix, ĭcis, der Schwibbogen.
fors, tis, das Ungefähr, der Zufall; das Schicksal.
forsĭtan, vielleicht.
fortasse, vielleicht.
forte, zufällig; gerade: etwa.
fortis, e, brav, tapfer, muthig; stark, kräftig
fortitūdo, ĭnis, die Tapferkeit, der Muth, die Kraft.
fortuĭtus, a, um, zufällig.
fortūna, ae, das Schicksal, die Lage, der Stand; der Glücksstand, das Glück, die Habe, die Güter, das Vermögen; secunda fortuna, das Glück; fortuna discriminis, der Ausgang des Kampfes. Plur. fortunae, das Vermögen, das Eigenthum, die Glücksgüter.
fortunatus, a, um, beglückt.
forum, i, das Forum; der Markt-

platz in Rom, wo Gericht gehalten wurde.
Forum Aurelium, eine Stadt in Etrurien.
fossa, ae, der Graben.
fovĕa, ae, die Grube.
foveo, fovi, fotum, 2., erquicken, wärmen.
fragilĭtas, ātis, die Hinfälligkeit.
fragor, ōris, das Krachen.
frango, ēgi, actum, 3., brechen, beugen, bändigen; gulam laqueo frangere, die Kehle mit dem Strange zuschnüren.
frater, tris, der Bruder.
fraternus, a, um, brüderlich.
fraudatio, onis, der Betrug.
fraudo, 1., betrügen; schmälern.
fraus, dis, der Betrug, die Betrügerei, der Trug; die List, der Rank, die Täuschung; die Falle; sine fraude, ohne Schaden, ungestraft.
fremĭtus, us, das Getöse, Gemurr.
frendo, ui, 3., mit den Zähnen knirschen.
freno, 1., zäumen.
frenum, i, der Zaum.
frequens, tis, zahlreich, zahlreich versammelt; belebt; Adv. frequenter, oft, häufig.
frequentia, ae, die große Menge; die (zahlreiche) Versammlung; die Bevölkerung.
frequento, 1., (häufig) besuchen; zahlreich versammeln.
fretum, i, die Meerenge, der Meerbusen, das Meer.
fretus, a, um, sich verlassend; im Vertrauen auf.
frigeo, xi, 2., erkaltet sein.
frigĭdus, a, um, kalt.
frigus, ŏris, und Plur. die Kälte.
frons, tis, die Stirn, die erste Linie der Schlachtreihe, die Fronte, die Vorderseite; a fronte, von vorn; recta fronte, in gerader Linie.
frons, dis, das Laub. Plur. frondes, das Laubholz.
fructuōsus, a, um, vortheilhaft.
fructus, us, die Frucht, der Genuß; fructus praediorum, Ertrag der Landgüter; fructum ferre, Lohn erhalten.
frugalĭtas, atis, die Mäßigkeit, die Ehrbarkeit.
frugi, Adj. indecl. sittsam.
frugĭfer, a, um, fruchtbar.
frumentarius, a, um, das Getreide betreffend; res frumentaria, das Getreidewesen, die Lebensmittel; loca frumentaria, getreidereiche Gegenden.
frumentum, i, das Getreide, die Nahrungsmittel.
fruor, fruĭtus und fructus sum, 3., genießen, sich erfreuen.
frustra, vergeblich, zwecklos.
frustro, 1., hinhalten.
frustror, 1., hintergehen, fruchtlos machen.
Fucĭnus, i, ein See in Latium, mitten in den Apenninen.
fuga, ae, die Flucht, die Auswanderung, die Verbannung; fuga effusa, völlige Flucht; in fugam convertere, avertere, in die Flucht schlagen oder treiben; fugam intendere, die Flucht ergreifen; fugam sistere, die Flucht hindern.
fugio, i, ĭtum, 3., fliehen (intrans. und trans.)
fugitīvus, a, um, entlaufen. Subst. der Flüchtling, der Landstreicher.
fugo, 1., in die Flucht schlagen.
fulgeo, si, 2., strahlen, glänzen.
fulgor, ōris, der Glanz.
fulmen, ĭnis, der Blitz.
Fulvius, ein römischer Geschlechtsname. 1) M. Fulvius Flaccus, war Consul im J. 125.; unterstützte nachher eifrigst die Unternehmungen des C. Gracchus und wurde mit diesem und vielen anderen, worunter sein ältester Sohn war, getödtet; der jüngere Sohn wurde im Gefängniß ermordet. S. 31. f. Caesar Nr. 1. 2) M. Fulvius Nobilior, ein Theilnehmer an der Catilinarischen Verschwörung. 3) Fulvia, Geliebte des Q. Curius, durch welche Cicero Mittheilungen von der Catilinarischen Verschwörung erhielt.
fumo, 1., rauchen.
fumus, i, der Rauch.
funda, ae, die Schleuder.
fundamentum, i, die Grundlage, der

Grund; fundamenta iacere, den Grund legen.
funditor, ōris, der Schleuderer.
fundo, 1., begründen.
fundo, udi, usum, 3., vergießen, verbreiten; schlagen.
funestus, a, um, unheilbringend.
fungor, nctus sum, 3, verwalten; voto fungi, das Gelübde lösen; officio fungi, der Pflicht genügen, die Pflicht erfüllen.
funus, ĕris, die Leiche; die Beerdigung, das Leichenbegängniß.
fur, furis, der Dieb.
furcĭfer, i, der Schurke.
furibundus, a, um, wüthend.
furiōsus, a, um, wüthend; toll, unsinnig.
Furius, ein römischer Geschlechtsname. 1) P. Furius, einer von den nach Fäsulä geschickten Kolonisten des Sulla, und Theilnehmer an der Catilinarischen Verschwörung. 2) Furius Leptīnus, kämpfte als Gladiator in einem vom Cäsar veranstalteten Fechterspiel.
furo, ui, 3, rasen.
furor, ōris, die Wuth, Raserei: unsinniges Streben; Tollheit, Tollkühnheit.
furor, 1., stehlen.
furtim, verstohlen.
furtīvus, a, um, verstohlen.
furtum, i, der Diebstahl.
futurus, a, um, künftig; in futura, für die Zukunft.

Gabinius, ein römischer Geschlechtsname. 1) P. Gabinius Capito, ein röm. Ritter, Mitverschworner des Catilina, heißt S. 59. Cimber Gabinius. 2) A. Gabinius, im J. 58. Consul mit L. Calpurnius Piso.
Gades, ium. (Cadix) Stadt auf einer Insel an der Südküste des transiberischen Spaniens (Bätica).
galĕa, ae, der Helm.
Gallia, ae, Gallien. Gallia cisalpina oder citerior (wegen der Lage diesseit der Alpen) auch togata (wegen der Toga, welche die Einwohner, seitdem sie römische Bürger waren, trugen) das heutige Oberitalien — Gallia transalpina, ulterior oder comata (s. auch bracata) wurde zu Cäsars Zeit nach den vorzüglichsten Völkerschaften in drei Theile getheilt: 1) Aquitania, 2) Celtica und 3) Belgica: mit Ausnahme der südlichen Theile, welche schon seit d. J. 125. nach und nach von den Römern erobert waren und vorzugsweise Provincia Romana hießen. Unter Augustus zerfiel das ganze Land bis östlich zu dem Rhein von der Quelle bis zur Mündung in vier Provinzen 1) G. Narbonénsis, 2) Aquitania, 3) G. Lugdunensis und 4) G. Belgica.
Gallicanus, a, um, in oder aus Gallien; legiones Gallicanae, römische Legionen, welche zur Besatzung in Gallien lagen; ager Gallicanus, ein Distrikt im östlichen Umbrien, nördlich von dem ager Picenus; derselbe heißt S. 47. auch ager Gallicus.
Gallĭcus, a, um, gallisch; bellum Gallicum, S. 24. verwechselt Sallust den gegen die Gallier im J. 361. geführten Krieg, in welchem der dort erwähnte T. Manlius den Beinamen Torquatus erhielt, mit dem später im J. 340. gegen die Latiner geführten Kriege, in welchem derselbe T. Manlius Torquatus die Strenge des Gesetzes gegen den eigenen Sohn übte; S. 292. ist der von Cäsar in Gallien (58—50.) geführte Krieg gemeint, den derselbe in seinen Commentarien selbst beschrieben hat; triumphus Gallicus, der über die besiegten Gallier gehaltene Triumphzug des Cäsar S. 284.
Gallus, i, der Gallier.
ganĕo, ōnis, der Wüstling.
Garumna, ae, ein Fluß in Gallien; die Garonne.
gaudeo, gavīsus sum, 2., sich freuen.
gaudium, i, die Freude.
gaza, ae, der Schatz.
Gaza, ae, Stadt und Festung im Süden von Palästina, nicht fern (20 Stadien) vom Meere.
Gebenna, ae, gewöhnlicher Cebenna

ein Gebirg in Gallien, die Sevennen.
gelĭdus, a, um, kalt.
gelu, u, Frost, Kälte, Eis.
geminatus, a, um, doppelt.
gemĭno, 1., verdoppeln.
gemĭnus, a, um, doppelt; fratres gemini, Zwillingsbrüder.
Gemĭnus, i, ein römischer Zuname. Tanusius Geminus, ein römischer Geschichtsschreiber.
gemĭtus, us, das Geseufze, das Schluchzen; gemĭtus edere, Seufzer ausstoßen.
gemma, ae, der Edelstein, der geschnittene Stein.
gemo, ui, ĭtum, 3., seufzen.
gener, ĕri, der Schwiegersohn.
generātim, nach den einzelnen Völkerschaften.
generōsus, a, um, edel.
Genēva, ae, Stadt der Allobroger, Genf.
Genĭtrix, īcis, die Mutter; Venus Genitrix, Venus als Stammmutter des Julischen Geschlechts, welcher Cäsar einen Tempel erbaute.
genĭtus, a, um, geboren s. gigno.
gens, tis, das Geschlecht; das Volk, der Volksstamm, die Völkerschaft; das Land S. 165.
gentilicius, a, um, das Geschlecht betreffend; hereditas gentilicia, die Geschlechtserbschaft.
genu, u, das Knie; ad genua accidere alicui, vor Jem. auf die Kniee fallen.
genus, ĕris, das Geschlecht, die Familie, die Abkunft; der Stand; die Klasse, die Art; genus ducere, abstammen; genus facere, das Geschlecht fortpflanzen.
Gergovĭa, ae, Stadt der Arverner im Aquitanischen Gallien.
Germania, ae, Germanien, Deutschland.
Germānus, i, ein Deutscher.
gero, ssi, stum, 3., tragen, thun, ausführen; bellum gerere, Krieg führen; res gerere, Thaten verrichten; consulatum, rempublicam gerere, das Consulat, den Staat verwalten; inimicitias gerere, in Feindschaft leben; se gerere, sich benehmen; geri, geschehen, vorgehen; res geritur, die Sache wird entschieden.
gestio, 4., Lust haben.
gesto, 1., tragen.
gestus, us, die Geberde, die Bewegung mit der Hand.
gigno, genui, genĭtum, 3., Kinder zeugen; hervorbringen.
glacies, ēi, das Eis.
gladiator, ōris, der Gladiator (Fechter bei den römischen Schauspielen), der Klopffechter (Schimpfwort).
gladiatorius, a, um, die Gladiatoren betreffend; munus gladiatorium, das Fechterspiel; familia gl., eine Gladiatorentruppe.
gladius, i, das Schwert; gladium educere, stringere oder destringere, das Schwert ziehen.
Glaucia, ae, ein röm. Familienname s. Servilius.
gleba, ae, der Erdkloß.
gloria, ae, der Ruhm.
glorior, 1., sich rühmen, prahlen.
gloriosus, a, um, rühmlich, rühmenswerth.
gnarus, a, um, kundig.
Gobryas, ae, ein vornehmer Perser; einer von den sieben gegen Pseudo-Smerdis Verschworenen.
Gordaei montes, ein Gebirge in Armenien.
Gordium, i, Stadt in Phrygien.
Gordius, i, König von Phrygien, Vater des Midas.
Gortūae, arum, eine Völkerschaft in Asien.
Gracchus, i, ein röm. Familienname des Sempronischen Geschlechts. Bekannt sind die Brüder Tiberius Sempronius Gracchus, (stirbt im J. 133. als Volkstribun), und C. Sempronius Gracchus, (stirbt im J. 121.) und die durch sie verursachte Unruhen (133—121).
gracĭlis, e, dünn.
gradus, us, der Schritt; die Stufe, der Grad, der Rang; gradum sistere, Halt machen; citato gradu, eiligen Schrittes.
Graecus, a, um, griechisch; Subst. der Grieche.
Graecia, ae, Griechenland.

Graiocĕli, orum, ein gallisches Volk in den Alpen.
grandis, e, groß.
Granīcus, i, Fluß in Mysien, wo Alexander im J. 334. die Feldherrn des Darius schlug.
graphium, i, der Griffel.
grassātor, ōris, der Straßenräuber.
grassor, 1., wüthen.
grates, Plur. der Dank; grates habere, Dank sagen.
gratia, ae, die Annehmlichkeit; die Gunst, Gewogenheit, Gefälligkeit, Beliebtheit; der Dank. Ablativ. gratia, wegen; probri gratia, zum Schimpf; gratiam facere alicuius rei, etwas nachsehen; gratiam habere, Dank wissen; gratiam referre, Dank erweisen; gratias agere, Dank sagen, danken; gratiam capere, Dank erndten; gratiam iuire alicuius oder apud aliquem, sich bei Jemandem beliebt machen; in gratiam regis, um sich beim Könige beliebt zu machen.
gratis, unentgeltlich.
gratuītus, a, um, umsonst; gratuīto aliquem obstringere, Jemandem Geld ohne Zinsen leihen.
gratulabundus, a, um, glückwünschend.
gratulatio, ōnis, eigentl. der Glückwunsch; die Freude, das Dankfest.
gratŭlor, 1., Glück wünschen, Freude bezeugen.
gratus, a, um, angenehm, erfreulich; beliebt, in Gunst stehend; gratum facere, einen Gefallen thun.
gravĭdus, a, um, schwanger.
gravis, e, schwer; wichtig, bedeutend, angesehen, ansehnlich; würdig, ernst, streng, hart, nachdrücklich; beschwerlich, schwerfällig; graves rumores, niederschlagende Gerüchte; gravius habere aliquid, etwas schmerzlich erdulden; gravem pati aliquem, Jemandes Härte erdulden müssen. Adv. gravĭter
gravĭtas, atis, der würdevolle Ernst.
gravo, 1., beschweren. Pass. gravor, es fällt mir schwer, ich trage Bedenken.
gregarius, a, um, eigentl. zur Heerde gehörig; gregarius miles, der gemeine Soldat.
gremium, i, der Schooß.
grex, gis, die Heerde, die Schaar; gregem facere, einen Trupp bilden.
gubernatio, ōnis, die Leitung.
gubernātor, ōris, der Steuermann.
gula, ae, die Kehle; gulam frangere, die Kehle zuschnüren.
gurges, ĭtis, der Strudel.
guttur, ŭris, die Kehle.
Gylippus, i, ein Lacedämonischer Feldherr, im J. 414. den Syracusanern zur Hülfe geschickt.
gyrus, i, der Kreis; in gyrum, rings herum.

habēna, ae, der Zügel; laxatis habenis, mit verhängtem Zügel.
habeo, 2., haben, inne haben; für etwas halten; se habere, beschaffen sein; sibi habere, seinen Willen haben S. 267.; habere pro, wofür halten; pro certo habere, für gewiß glauben; graviter habere, schmerzlich erdulden; eodem loco habere, eben so behandeln; pensi habere, in Erwägung ziehen; in numero habere, zu etwas zählen, wofür halten; in spe habere, hoffen; orationem habere, eine Rede halten; sermones habere, Reden führen; senatum habere, eine Senatsversammlung halten; concionem, comitia habere, eine Volksversammlung, eine Wahlversammlung anstellen; delectum habere, eine Aushebung veranstalten; vigilias habere, Wachen ausstellen; opem habere, Hülfe finden; gratiam habere, Dank wissen; non habeo quo discedam, ich weiß nicht, wohin ich mich begeben soll; acceptum h., zu verdanken haben; occultum h., verborgen halten; compertum h., wissen; notum h., kennen.
habĭlis, e, eigentl. was sich gut behandeln läßt; gewöhnt an etwas.
habitatio, onis, der Miethszins.
habĭto, 1., bewohnen, wohnen.
habĭtus, us, die Gestalt, Form, (körperliche) Haltung; die Tracht, Kleidung, der Aufzug; pro habitu, gemäß.

haereo, si, sum, 2, (alicui rei oder in aliqua re) haften an etwas, stecken, sitzen bleiben, befestigt sein, fest sitzen, sich aufhalten; in Verlegenheit sein; in tergis haerere, auf dem Fuße nachsetzen.

haesĭto, 1., stocken, schweben; in Zweifel, unschlüssig sein.

Halicarnassus, i, eine dorische Stadt an der Küste von Karien.

Halys, ȳos, Fluß in Kleinasien, der durch Kappadocien und Galatien fließt, sich in den Pontus Euxinus ergießt und Paphlagonien von Pontus trennt.

Hammon, ōnis, ein Beiname des Jupiter, der in Afrika (auf der jetzigen Oase Siwah) in Gestalt eines Widders verehrt wurde, und einen berühmten Tempel nebst Orakel hatte. Hammonii, die Bewohner des Tempels.

Hannibal, ălis, der bekannte karthagische Feldherr, welcher den zweiten punischen Krieg gegen die Römer führte und endlich von P. Cornelius Scipio Africanus, im J. 202. bei Zama überwunden wurde.

hariŏlus, i, der Wahrsager.

Harpăgus, i, Freund des Astyages, bekannt wegen der Erhaltung des Cyrus.

Harūdes, um, ein germanisches Volk.

haruspex, ĭcis, der Wahrsager; Opferschauer (der aus den Eingeweiden der Opferthiere, aus dem Blitze und anderen ungewöhnlichen Begebenheiten weissagte).

hasta, ae, der Spieß, die Lanze.

hastatus, i, der Lanzenträger.

haud, nicht, gar nicht.

haudquaquam, durchaus nicht.

haurio, si, stum, 4., schöpfen, ausleeren; verschlingen; von etwas abbekommen.

haustus, us, der Trunk.

have, sei gegrüßt.

hebes, ĕtis, stumpf.

hebesco, 3., stumpf werden.

hebĕto, 1., stumpf machen.

Hecatompy̆los, i, eigentl. die Stadt mit 100 Thoren; eine Stadt in Parthiene, einer Landschaft Parthiens.

Hegelŏchus, i, ein Freund des Parmenio.

Hellanĭcus, i, ein tapferer Anführer im Heere Alexanders.

Hellespontus, i, der Hellespont (jetzt Straße der Dardanellen); die Gegend am Hellespont in Europa und Asien.

Helvetĭi, orum, die Helvetier, ein gallisches Volk zwischen der Rhone, dem Rhein, dem Jura und den rhätischen Alpen.

Helvius, ein röm. Geschlechtsname; s. Cinna Nr. 3.

Hephaestio, ōnis, General und Freund Alexanders.

herba, ae, das Kraut.

Hercūles, is, Herkules, ein griech. (böotischer) Heros, Sohn des Jupiter und d. Alcmena (der Gemahlinn des Amphitryo von Theben), der sich durch Verrichtung der ihm vom Eurystheus auferlegten zwölf Arbeiten berühmt und um seine Zeitgenossen verdient gemacht hat. Außer ihm wurden mehrere Heroen von den Alten unter diesem Namen göttlich verehrt, z. B. der Herkules der Tyrier S. 173., der Aegypter, welcher bei Gades einen Tempel hatte S. 269. Ein Herakl͏ide (Nachkomme des Herkules) Namens Caranus aus Argos wird als Stifter des Macedonischen Reiches genannt; daher Alexander sein Geschlecht von väterlicher Seite vom Herkules ableitete. Wenn aber Justin S. 141. sagt, das Geschlecht der Aeaciden stamme vom Herkules, so beruht dies auf einer Verwechselung.

hercŭle, eigentl. Vokativ von Hercules; Betheuerungswort: wahrlich; s. mehercule.

Hercynio, ōnis, König von Aegypten, welcher die Lacedämonier gegen Artaxerxes Mnemon unterstützt.

heres, ēdis, der Erbe; heredem scribere, zum Erben ernennen.

hesternus, a, um, gestrig.

hibernus, a, um, winterlich; hiberni saltus, die Wintertriften; hiberna, näml. castra, das Winterlager.

hic, haec, hoc, dieser, e, es; folgender, e, es.

hic, Adv. hier.
hicce, haecce, hocce, dieser, e, es hier.
hiĕmo, 1., überwintern.
Hiempsal, ălis, König von Numidien, dessen Sohn der bekannte vom Cäsar besiegte Juba war.
hiems, ĕmis, der Winter.
Hiĕras, ae, einer von den Gesandten des Dejotarus an den Cäsar.
hinc, von hier; daraus; hinc — inde oder illinc, von oder auf der einen Seite — von oder auf der anderen Seite.
hinnītus, us, das Wiehern; hinnitum edere, wiehern.
hio, 1., offen stehen.
Hippolŏchus, i, einer von den dreißig Tyrannen in Athen.
Hirtius, i, ein röm. Geschlechtsname. A. Hirtius, Geschichtsschreiber und im J. 43. Consul mit C. Vibius Pansa: beide fielen in der Schlacht bei Mutina, in welcher Antonius geschlagen wurde.
hirtus, a, um, zottig.
hisco, 3., den Mund öffnen.
Hispania, ae, Spanien, auch Hispaniae, arum; denn es zerfiel in Hispania citerior, diesseit und Hispania ulterior, jenseit des Ebro (Ibērus). Unter Augustus wurde es in drei Provinzen getheilt: 1) Baetica, 2) Lusitania und 3) Tarraconensis.
Hispaniensis, e, Spanien betreffend: bellum H., der Krieg, den Cäsar in Spanien im J. 45. gegen den Anhang des Pompejus führte.
Hispānus, i, der Spanier.
historia, ae, die Geschichte.
histrio, ōnis, der Schauspieler.
hodiernus, a, um, heutig.
homo, ĭnis, der Mensch; homo novus, ein Emporkömmling, aus dessen Familie noch keiner die hohen Staatsämter bekleidet hatte.
honestas, ātis, die Ehre.
honesto, 1., ehrenwerth machen; beehren, verherrlichen, auszeichnen.
honestus, a, um, achtbar, anständig, ansehnlich, angesehen, ehrenvoll. Adv. honeste, mit Anstand.
honor, ōris, die Ehre, das Ansehen, die Würde; die Ehrenbezeugung, die Ehrenstelle; Plur. die Ehrenstellen; in honore esse, in Ehren gehalten werden; honoribus colere, Ehre erweisen; honorem servare oder habere, eine Ehrenbezeugung erweisen; funeri omnem honorem servare, die Leiche mit allen Ehrenbezeugungen bestatten.
honorātus, a, um, ehrenvoll.
honorifĭcus, a, um, ehrenvoll.
hora, ae, die Stunde; hora suprema, die letzte Stunde.
horreo, 2., schaudern; aliquid h., vor etwas schaudern.
horribĭlis, e, fürchterlich.
horrĭdus, a, um, wild.
horror, ōris, das Schaudern, der Schauer, der Fieberschauer.
hortor, 1., antreiben, ermuntern, ermahnen, auffordern.
hortus, i, (Sing. und Plur.) der Garten.
hospes, ĭtis, der Gastfreund.
hospitālis, e, gastfreundschaftlich. Iupiter hospitalis, Jupiter als Beschützer des Gastrechts.
hospitium, i, die Gastfreundschaft; hospitio alicuius uti, mit Jem. Gastfreundschaft halten.
hostĭa, ae, das Opferthier.
hostīlis, e, feindlich; pavor hostilis, Angst vor dem Feinde; bellum hostile (im Gegensatz zu civile) ein auswärtiger Krieg. Adv. hostiliter.
hostis, is, der Feind, der Kriegsfeind, Vaterlandsfeind; die Feindinn.
huiusmŏdi, von folgender Art.
humanĭtas, ātis, die Menschheit; Menschenfreundlichkeit; Gewandtheit, Bildung.
humānus, a, um, menschlich; res humanae, die Welt.
humĕrus, i, die Schulter.
humĭdus, a, um, feucht.
humĭlis, e, niedrig.
humilĭtas, ātis, die Niedrigkeit; der niedrige Stand.
humo, 1., begraben.
humor, ōris, die Feuchtigkeit, das Wasser.
humus, i, die Erde, der Boden, der Erdboden.
Hydaspes, is, ein Fluß in Indien,

welcher auf der Ostseite in den Indus fällt.
Hyrcania, ae, ein Land an der Südostküste des Caspischen Meeres.
Hyrcāni, orum, die Bewohner Hyrkaniens.

ibi, daselbst, hier, darin.
ibīdem, ebendaselbst.
ico, ici, ictum, 3., treffen.
ictus, us, der Schlag, Stoß, Wurf.
idcirco, darum.
idem, eādem, idem, eben derselbe, dieselbe, dasselbe.
identĭdem, mehrmals, wiederholt.
ideo, deshalb.
idoneus, a, um, passend, geeignet; idoneus auctor, ein glaubwürdiger Gewährsmann.
Idus, uum, der 15te März, Mai, Juli, Oktober; in den übrigen Monaten der 13te. Der Zahlungstermin der bei den Römern monatlich entrichteten Zinsen war an den Kalenden eines jeden Monats: doch gaben die Kapitalisten auch wohl bis zu den Idus Frist; blieb aber dann die Zahlung aus, so kündigten sie den Schuldnern an, daß an den nächsten Kalenden das Kapital nebst den Zinsen entrichtet werden müsse. S. 36.
igĭtur, daher; also (dient auch dazu, den unterbrochenen Faden der Erzählung wieder aufzunehmen: also)
ignārus, a, um, unwissend, unkundig, unbekannt; haud ignarus, recht gut wissend; ignarum esse, nicht wissen; non ignarum esse oder exstare, recht gut wissen.
ignavia, ae, Trägheit, Unthätigkeit; Feigheit, Muthlosigkeit.
ignāvus, a, um, träg; feig, muthlos.
ignis, is, das Feuer. Plur. Feuer, Feuerbrände, Wachtfeuer. S. 226.
ignobĭlis, e, unberühmt; schimpflich; gemein, unbedeutend.
ignominia, ae, der Schimpf.
ignoratio, ōnis, das Nichtkennen, die Unbekanntschaft.
ignōro, 1., nicht wissen, nicht kennen, nicht merken; ignorari, unbekannt sein; non ignorare, recht gut wissen.
ignosco, ōvi, otum, 3., verzeihen.
ignotus, a, um, unbekannt.
ile, is, Plur. ilia, um, der Bauch.
Ilerda, ae, Stadt in Spanien, wo Cäsar im J. 49. gegen die Legaten des Pompejus kämpft.
Ilium, i, Stadt und Gebiet in Troas.
illacrĭmo, 1., über etwas weinen.
ille, a, ud, jener, e, es; der, die, das; folgender, e, es S. 295.
illecĕbra, ae, die Lockung, Verführung.
illic, dort; hier.
illĭcio, exi, ectum, 3., locken, anlocken.
illĭco, sogleich.
illīdo, si, sum, 3., anschlagen, gegen schleudern.
illinc, eigentl. von dort, s. hinc.
illĭno, ēvi, ĭtum, 3., bestreichen.
illuc, dorthin.
illucesco, uxi, 3., hell werden; dies illucescit, der Tag bricht an; nox, cui illuxit dies caedis, die Nacht, auf welche der Tag des Mordes erschien.
illūdo, si, sum, 3., verspotten.
illumĭno, 1., ins Licht setzen.
illustris, e, hell; angesehen; merkwürdig.
illustro, 1., ans Licht bringen, aufhellen.
illuvies, ēi, der Unflath.
Illyrĭcum, i, Illyrien, Küstenland an der Ostseite des adriatischen Meeres von Istria (in Italien) bis zu den Ceraunischen Gebirgen und nach dem inneren Land bis zu den Flüssen Savus und Drinus. Im J. 228. kam der größte (nördliche) Theil an die Römer und hieß Illyris barbara oder Romana; der südliche hieß Illyris Graeca oder Macedonica.
Illyrii, orum, Bewohner von Illyrien; trieben Seeräuberei auf dem adriatischen Meere.
imagĭnor, 1., träumen.
imāgo, ĭnis, das Bild.
imbecillĭtas, ātis, die Schwäche.
imbecillus, a, um, schwach.
imbellis, e, unkriegerisch, feige.
imber, bris, der Regen, der Regenguß.
imberbis, e, unbärtig.

imbuo, ui, ūtum, 3., eigentl. eintauchen; beibringen, gewöhnen an etwas; aures imb. aliqua re, etwas hören lassen.
imĭtor, 1., nachahmen, gleich zu kommen suchen; ähnlich sein.
immānis, e, unmenschlich, ungeschlacht; abscheulich.
immanĭtas, ātis, die Abscheulichkeit, Rohheit.
immatūrus, a, um, zu früh, unreif; nicht mannbar.
immĕmor, ŏris, uneingedenk, nicht bedenkend.
immensus, a, um, unermeßlich.
immerĭto, mit Unrecht, ohne Grund.
immĭneo, 2., an oder auf etwas emporragen, hineinragen; drohen, bevorstehen; occasioni imm., auf eine Gelegenheit lauern.
imminuo, ŭi, ūtum, 3., schmälern.
immixtus, a, um, vermischt.
immitto, īsi, issum, 3., hineinlassen, loslassen; anstellen.
immo und imo, ja, sogar, ja sogar: immo vero oder immo etiam, ja sogar; immo hercule, ja fürwahr.
immobĭlis, e, unbeweglich.
immoderātus, a, um, unmäßig, übermäßig; heftig.
immodĭcus, a, um, unmäßig, übermäßig.
immŏlo, 1., opfern.
immortalis, e, unsterblich. Immortales hieß eine Reiterabtheilung bei den Macedoniern von 10000 Mann, weil sie immer vollzählig gehalten wurde.
immortalĭtas, ātis, die Unsterblichkeit.
immunĭtas, atis, die Befreiung von Abgaben.
immūto, 1., umwandeln.
imo s. immo
impar, ăris, eigentlich ungleich; zu schwach.
imparatus, a, um, unvorbereitet.
impatiens, tis, der etwas nicht vertragen kann.
impedimentum, i, das Hinderniß; bes. Plur. das Gepäck (des ganzen Heeres, welches auf Wagen oder Lastthieren fortgeschafft wird.)
impĕdio, 4., hindern, unzugänglich machen; impeditus, a, um, der seine Hände nicht frei hat; unzugänglich.
impello, ŭli, ulsum, 3., eigentl. in Bewegung setzen; wozu bewegen, verleiten, antreiben, reizen; über den Haufen werfen.
impendeo, 2., herüber ragen; bevorstehen, bedrängen.
impendium, i, der Verlust; Plur. die Kosten.
impendo, di, sum, 3., verwenden.
impensa, ae, der Aufwand, die Ausgabe, die Kosten; auch Plur. die Unkosten.
impense, mit Kosten; impensius colere, besondere Achtung beweisen.
imperator, ōris, der Befehlshaber, der Feldherr; ein Ehrentitel, den ein Feldherr nach einem ansehnlichen Siege vom Heer und Senate erhielt.
imperatorius, a, um, den Feldherrn betreffend; imperatoria ars, virtus, Feldherrnkunst, Feldherrntugend.
imperfectus, a, um, unbeendigt.
imperium, i, der Befehl; die Gewalt, die militärische Gewalt, militärische Würde; der Oberbefehl; das Reich; imperium accipere, sich der Herrschaft unterwerfen S. 172.
imperĭto, 1., die Herrschaft führen.
imperītus, a, um, unerfahren.
impĕro, 1., intrans. gebieten, befehlen, kommandiren; herrschen; sibi imp., sich zwingen; trans. auflegen.
impertio, 4., zu Theil werden lassen.
impĕtro, 1., erlangen.
impĕtus, us, der Anfall, der Angriff, der Andrang; die Anstrengung, die Heftigkeit, die erste Hitze; impetus fluminis, das Austreten des Flusses; impetus animorum, die Begeisterung; impetum facere, einen Einfall machen. S. 339.
impiĕtas, ātis, die Pflichtvergessenheit.
impĭgre, thätig, hurtig, sogleich.
impĭus, a, um, gottlos, ruchlos, lieblos, ungerecht; homo impius, ein Bösewicht.
implecto, xi, xum, 3., verflechten.
impleo, ēvi, ētum, 2., anfüllen, erfüllen, ausfüllen; vices impl,

einem Wechsel unterliegen; aures impl., zu den Ohren dringen.
implĭco, avi, atum und ui, ĭtum, 1., verwickeln, verflechten.
implōro, 1., anflehen, erbitten.
impōno, ŏsui, osĭtum, 3., hineinlegen, auflegen, aufsetzen, aufdringen, aufdrücken; aufsitzen lassen; imponi, sich aufsetzen; iugum imp., unterjochen; pontem flumini imp., eine Brücke über den Fluß schlagen; navi militem imp., ein Schiff bemannen; invidiam imponere, Gehässigkeit aufbürden, verhaßt machen; necessitudinem oder necessitatem imponere alicui, Jem. in die Nothwendigkeit versetzen.
importo, 1., einführen, bringen.
importunitas, atis, die Ungeschliffenheit.
importūnus, a, um, eigentl. unschicklich; gefühllos; heillos.
impŏtens, tis, eigentl. unmächtig; sui impotens oder blos impotens, ohnmächtig; wandelbar; zügellos.
impotentia, ae, der Despotismus.
imprīmis, vorzüglich.
imprĭmo, essi, essum, 3, aufdrücken.
improbĭtas, ătis, Ruchlosigkeit, Bosheit.
imprŏbo, 1., mißbilligen.
imprŏbus, a, um, schlecht denkend, boshaft, widerrechtlich, ruchlos.
improvĭde, unvorsichtig.
improvīsus, a, um, unvermuthet; de improviso, plötzlich.
imprūdens, tis, unvorsichtig, unüberlegt.
imprudentia, ae, die Unerfahrenheit.
impūbes, is, noch nicht mannbar.
impŭdens, tis, unverschämt. Adv. impudenter.
impudentia, ae, die Unverschämtheit.
impudīcus, a, um, schamlos, unkeusch.
impugno, 1., bekämpfen.
impūne, ungestraft, ohne gestraft zu werden, ohne Gefahr; ohne zu strafen; ohne sich wehren zu können. S. 180.
impunĭtas, atis, die Straflosigkeit; Erlaß der Strafe.
impunītus, a, um, ungestraft; imp. esse, ungestraft bleiben.
impūrus, a, um, unrein.
in, mit dem Abl. in, bei, auf, an, in Betreff; mit dem Akkus. in, an, gegen, zum Lobe S. 338.
inānis, e, leer, menschenleer; nichtig, eitel.
inardesco, arsi, 3., zu brennen anfangen.
inaudītus, a, um, unerhört, unbekannt.
inaurātus, a, um, vergoldet.
incalesco, ui, 3., erhitzt werden.
incassum, vergebens.
incautus, a, um, unvorsichtig; ohne daß man etwas vermuthet.
incēdo, ssi, ssum, 3., marschiren, vorrücken.
incendium, i, der Brand, das Feuer, die Feuersbrunst; die Brandstiftung; incendium parare, Brandstiftung vorbereiten; in incendium mittere, in Brand stecken; incendium meum, das Feuer, das mich verzehrt.
incendo, di, sum, 3., in Brand stecken, entflammen, ansengen.
incensio, ōnis, die Anzündung.
inceptum, i, das Unternehmen, das Vorhaben.
incertus, a, um, ungewiß, unsicher; nicht ausgemacht, unentschieden; nicht recht wissend; in incerto habere, ungewiß sein.
incesso, ivi und i, 3., angreifen, ergreifen; überfallen, befallen.
incessus, us, der Gang.
inchŏo, 1., beginnen, anlegen.
incĭdo, ĭdi, asum, 3., fallen, auf etwas fallen; auf etwas stoßen; hineingerathen.
incīdo, īdi, īsum, 3., eingraben, zerschneiden.
incĭpio, ēpi, eptum, 3., anfangen, unternehmen.
incitamentum, i, die Anreizung.
incĭto, 1., ermuntern, reizen; aufbringen.
inclementia, ae, die Rauhigkeit.
inclinatio, ōnis, die Veränderung.
inclīno, 1., neigen, sich neigen; inclinari, sich neigen, wanken, sich zu Ende neigen.
inclĭtus, a, um, berühmt.
inclūdo, si, sum, 3., einschließen, einfassen; verschließen.

incŏla, ae, der Einwohner, Bewohner.
incŏlo, olui, ultum, 3., bewohnen, wohnen.
incolŭmis, e, unverletzt, unversehrt, wohlbehalten; am Leben.
incolumitas, atis, die Erhaltung.
incommŏdum, i, der Nachtheil, das Unglück.
incommŏdus, a, um, unbequem.
incompositus, a, um, nicht geordnet, zerstreut.
inconditus, a, um, nicht oder schlecht geordnet, wild; carmen inconditum, ein unmelodisches Lied.
inconsultus, a, um, unbedachtsam.
incorruptus, a, um, unverfälscht, unbestochen.
incredibĭlis, e, unglaublich.
incrementum, i, das Wachsthum, der Zuwachs, die Größe; infima incrementa, der niedrigste Zustand.
incrĕpo, ui, ĭtum, 1., intrans. ein Geräusch machen; trans. auf Jemand losfahren, schelten, vorwerfen.
incruentus, a, um, unblutig.
incumbo, ubui, ubĭtum, 3., auf etwas liegen; inc. ad aliquid, sich etwas angelegen sein lassen; inc. in aliquem, sich auf Jem. stützen.
incurro, curri und cucurri, cursum, 3., hinstürzen, hineinstürzen.
incursio, ōnis, der Einfall, Angriff.
incūso, 1., tadeln.
incŭtio, ssi, ssum, 3., verursachen, einjagen, auferlegen; Paſſ. anprallen.
inde, von da, von hier; darauf.
indecōrus, a, um, unanständig, schimpflich. Adv. indecōre.
indemnatus, a, um, unverurtheilt.
index, ĭcis, der Angeber, der Anzeiger; das Zeichen.
India, ae, Land in Asien, welches gegen Osten an die terra incognita, gegen Norden an den Emōdus, Imāus und Paropamĭsus, gegen Westen an das Land der Paropamisaden, an Arachosia und Gedrosia, gegen Süden an das indische Meer gränzte.
Indus, i, ein Indier, Bewohner des eben genannten Landes.
indicium, i, die Anzeige, Angabe; der Beweis; indicium dare, etwas verrathen.
indĭco, 1., anzeigen, Anzeige machen; aussagen.
indīco, xi, ctum, 3., ansagen, ankündigen.
indictus, a, um, eigentl. ungesagt; indicta causa, unverhörter Sache.
indiffĕrens, tis, gleichgültig.
indignatio, ōnis, der Unwillen.
indignĭtas, ātis, die Unwürdigkeit.
indignor, 1., unwillig sein.
indignus, a, um, unwürdig.
indo, dĭdi, dĭtum, 3., beilegen.
indŏles, is, die Eigenschaft, Gemüthsart, die Anlagen.
indomĭtus, a, um, wild.
indormio, 4., einschlafen; sorglos, sicher sein.
induciae, arum, der Waffenstillstand.
indūco, xi, ctum, 3., hineinführen, aufführen, aufheben; verleiten, reizen; animum inducere, sich entschließen; ceram inducere, das Wachs auswischen.
indulgentia, ae, die Nachsicht, das Nachgeben.
indulgeo, si, tum, 2., willfahren, begünstigen.
indŭo, ui, ūtum, 3., anziehen, bekleiden, anlegen, annehmen.
indūro, 1., härten, abhärten, stählen.
industria, ae, die Thätigkeit; de industria, absichtlich.
industrius, a, um, thätig.
inedia, ae, das Hungern.
ineo, ii, ĭtum, 4., hineingehen, betreten, antreten, sich einlassen; beginnen, vornehmen.
ineptus, a, um, närrisch.
inermis, e, auch inermus, a, um, waffenlos, unbewaffnet.
iners, rtis, lässig.
inertia, ae, die Unthätigkeit, Nachsicht.
inevitabĭlis, e, unausweichbar.
inexpertus, a, um, unversucht, unerprobt.
inexpiabĭlis, e, unversöhnlich.
infamia, ae, schlechter Ruf, übles Gerücht, Schande.
infāmis, e, ehrlos.
infans, ntis, das Kind.
infelix, īcis, unglücklich.
infensus, a, um, aufgebracht.
infĕro, intŭli, illatum, inferre, her-

einbringen, bringen: beisetzen. Pass. hineingerathen, gelangen; se inferre, hineinkommen; bellum inf., bekriegen, Krieg anfangen; ignes inf., Feuerbrände anlegen; manum inf., Hand anlegen; vim inf., Gewalt anthun; terrorem inf., Schreck einjagen; signa inf., angreifen; causam inf., einen Vorwand gebrauchen; rationibus inf., in die Rechnungen eintragen.

inferus, a, um, unten; inferi, orum, die Unterwelt; Comparativ: inferior, nachstehend, schwächer; inferiora, die unteren Theile; Superl.: imus und infimus, ganz unten, niedrigst.

infestus, a, um, unsicher, feindlich, feindselig, befeindet, aufgebracht, erbittert, wüthend; hartherzig.

inficio, ēci, ectum, 3., eingeben.

infidus, a, um, treulos.

infīgo, xi, xum, 3., einprägen; infixus, haftend.

infimus s. inferus.

infinītus, a, um, endlos, unabsehbar.

infirmĭtas, atis, die Unpäßlichkeit.

infirmus, a, um, schwach, kraftlos; infirma valetudo, die Unpäßlichkeit.

infitiātor, oris, der Leugner, der üble Bezahler.

infitior, 1., leugnen.

inflammo, 1., anzünden; entbrennen.

inflecto, xi, xum, 3., umbiegen.

inflo, 1., aufblasen; spem inflare, die Hoffnung beleben; animum inflare, die Begierde vergrößern.

influo, xi, xum, 3., einströmen.

infra, Präp. unter; Adv. unten.

infringo, ēgi, actum, 3., niederschlagen.

infundo, ūdi, ūsum, 3., hineingießen; Pass. sich ergießen.

ingĕmo, ui, 3., über etwas seufzen.

ingenĭtus, a, um, angeboren.

ingenium, ii, die Natur, Gesinnung, Gemüthsart, der Charakter; das Talent, die Geisteskraft; der Verstand; more ingenii sui, seinem Charakter gemäß.

ingens, ntis, sehr groß, außerordentlich, gewaltig.

ingenŭus, a, um, frei geboren.

ingĕro, ssi, stum, 3., auf etwas werfen, werfen, aufdringen; verbera ingerere, peitschen; ignem ingerere, brennen.

ingrātus, a, um, unangenehm, undankbar.

ingravesco, 3., zunehmen.

ingrĕdior, ssus sum, 3., hineinschreiten, gehen, einrücken, eindringen, betreten; bellum ingr., einen Krieg anfangen; in bellum ingr., in den Krieg ziehen: in spem sententiamque ingr., zu einer Hoffnung und Meinung kommen; iter oder viam ingr., einen Weg antreten.

ingrŭo, ŭi, 3., einreißen, andringen.

inhaereo, si, sum, 2., an etwas hangen.

inhĭbeo, 2., Einhalt thun, zurückhalten, verhindern, zurücklassen; cursum inhibere, Halt machen; remis inhibere, zurücksteuern.

inhĭo, 1., den Mund nach etwas aufthun.

inhorresco, rŭi, 3., aufschaudern, sich zitternd bewegen.

inhumanĭtas, ātis, die Unmenschlichkeit.

inhumānus, a, um, unmenschlich, roh.

inimicitia, ae, und Plur. die Feindschaft.

inimīcus, a, um, feind, feindselig. Subst. der Feind, der Widersacher.

iniquĭtas, ātis, die Unbilligkeit, Ungerechtigkeit.

inīquus, a, um, ungerecht; fortuna iniqua, die unglückliche Lage. Adv. inique, mit Unrecht; iniquissime ferre, sehr ungehalten sein.

initio, 1., einweihen.

initium, ii, der Anfang, der Regierungsanfang. Plur. der Götterdienst. Cereris initia, der Ceresdienst; initio oder inter initia, im Anfang.

inĭcio, ēci, ectum, 3., hineinwerfen, aufwerfen, auf etwas werfen, anlegen; tumultum iniicere, einen Schrecken einjagen; metum iniicere, in Furcht setzen; cupidinem (alacritatem, studium) iniicere, Lust erregen.

iniūria, ae, das (erlittene) Unrecht, die ungerechte Behandlung, Unbill, Beleidigung, Gewaltthätigkeit; iniuriam inferre, Unrecht zufügen; iniuria oder per iniuriam, mit Unrecht.
iniussu, ohne Befehl, ohne Bewilligung.
iniustus, a, um, ungerecht; unrecht, tadelhaft.
inmortalis s. imm.
innascor, natus sum, 3., entstehen.
innītor, ixus und īsus sum, 3, sich stützen.
innŏcens, tis, unschuldig.
innocentia, ae, die Unschuld, Uneigennützigkeit.
innoxius, a, um, unschuldig; ohne zu schaden.
innumerabĭlis, e, unzählbar.
inopia, ae, der Mangel, die Armuth.
inopīnans, tis, nicht vermuthend, wider Vermuthen.
inopinatus, a, um, unvermuthet.
inops, ŏpis, Mangel habend, arm.
inordinatus, a, um, ungeordnet.
inp. s. imp.
inquam, Defektivum: ich sage.
inquilīnus, a, um, fremdbürtig; so wird Cicero vom Catilina genannt, weil er nicht aus Rom, sondern aus Arpīnum gebürtig war.
inquĭno, 1., beschmutzen, besudeln.
inquīro, isivi, isitum, 3., eine Untersuchung anstellen, erkennen.
inquisitio, ōnis, das Aufsuchen.
inquisītor, ōris, der Aufsucher, Untersucher.
inridicŭle, ohne Witz.
insatiabĭlis, e, unersättlich.
insciens, tis, ohne Wissen.
inscitia, ae, der Unverstand.
inscrībo, psi, ptum, 3., aufschreiben, überschreiben.
insector, 1., verfolgen.
insepultus, a, um, unbestattet.
insĕquor, cutus sum, 3., verfolgen, folgen.
insĕro, rui, rtum, 3., hineinstecken; einfließen lassen.
insĕro, sēvi, sĭtum, 3., einpflanzen.
insĭdeo, ēdi, essum, 2., sitzen, besetzt halten; in animo alicuius ins., Eindruck auf Jem. machen.
insidiae, arum, ein Hinterhalt, Nachstellungen, heimliche Gefahren; die Hinterlist; insidias parare, comparare, praeparare, componere, facere, Nachstellungen bereiten, nachstellen; insidias tendere, Fallstricke legen.
insidiātor, oris, der Laurer.
insidior, 1., nachstellen.
insidiōsus, a, um, hinterlistig, gefahrvoll.
insigne, is, das Zeichen, das Ehrenzeichen; Zierrath; insigne regium, die königliche Kleidung; capitis insigne, der Kopfputz.
insignis, e, ausgezeichnet, sich auszeichnend, außerordentlich; geschmückt, prächtig.
insĭlio, ilui und ilii, ultum, 4., hinaufspringen.
insimŭlo, 1., wider einen etwas vorgeben; beschuldigen.
insinŭo, 1., eigentl. in den Busen stecken; se insinuare mari, sich ins Meer ergießen; se alicui ins., sich bei Jem. einschmeicheln.
insolenter, verschwenderisch; übermüthig.
insolentia, ae, die Ungewöhnlichkeit; der Hochmuth, Stolz, Uebermuth.
insolĭtus, a, um, ungewöhnlich.
insomnia, ae, die Schlaflosigkeit.
inspecto, 1., zusehen.
insperātus, a, um, unverhofft.
inspĭcio, exi, ectum, 3., in Augenschein nehmen.
inspīro, 1., einflößen.
instans s. insto.
instar, indekl. das Bild; Adv. so viel als.
instinctu, auf Antrieb.
instinguo, nxi, nctum, 3., anreizen, reizen.
instituo, ui, ūtum, 3., einsetzen, eine Einrichtung treffen, anfangen, errichten; unterrichten, erziehen; sich vornehmen; vitam instituere, einen Lebenswandel führen; ordinem instituere, eine Ordnung beobachten.
institūtum, i, die Einrichtung, Verfassung; der Plan.
insto ĭti, 1., bevorstehen, drängen, bedrängen; in Jem. dringen, andringen; nachsetzen, fortfahren.

instrumentum, i, das Werkzeug; der Vorrath; das Beförderungsmittel, die Veranstaltung; das Handwerk. S. 80.

instrŭo, xi, ctum, 3., ordnen, aufstellen, einrichten, ausrüsten, versehen; exercitum, aciem instruere, ein Heer in Schlachtordnung stellen; bellum, victoriam instr., sich zu einem Kriege, Siege rüsten; odia instr., Haß erregen; instructus, geeignet.

insuētus, a, um, der an etwas nicht gewöhnt ist.

insŭla, ae, die Insel; eine Häuserreihe S. 287.

insulto, 1., über etwas spotten.

insum, fui, esse, in etwas sein, verborgen sein; inest mihi, ich besitze, ich habe.

insŭper, oberwärts; dazu noch, überdies.

intactus, a, um, unberührt, unbeschädigt.

intĕger, gra, grum, unverletzt, ganz, vollständig; frisch, nicht verwundet; ex integro, von Neuem; in integrum restituere, wieder in den vorigen Zustand setzen.

integrĭtas, ātis, die Unbescholtenheit.

intellĕgo s. intelligo.

intellĭgo, exi, ectum, 3., einsehen, ersehen, verstehen: erkennen, vernehmen, bemerken, wissen.

intempestīvus, a, um, unzeitig.

intempestus, a, um, zur Unzeit; intempesta nocte, in unheimlicher Nacht.

intendo, di, sum und tum, 3., eigentl. anspannen; anstrengen, streben, verbreiten; einschlagen; mit und ohne animum worauf denken; fugam int., die Flucht ergreifen.

intento, 1., ausstrecken.

intentus, a, um, gespannt, angestrengt; aufmerksam, auf etwas lauernd.

inter, unter, zwischen, während, bei, in.

intercalarius, a, um, eingeschaltet; intercalarius mensis, der Schaltmonat.

intercălo, 1., einschalten.

intercēdo, ssi, ssum, 3., dazwischen treten, sich verwenden; dazwischen vergehen, dazwischen sein, statt finden.

intercessio, ōnis, die Vermittlung, der Einspruch.

intercessor, ōris, der Vermittler.

intercĭdo, ĭdi, 3., zu Grunde gehen.

intercĭpio, epi, eptum, 3., auffangen, aus der Welt nehmen; usum aurium interc., die Ohren betäuben.

interclūdo, si, sum, 3., verhindern, abschneiden.

interdīco, xi, ctum, 3, verbieten; terra alicui interd., Jem. aus einem Lande verbannen.

interdictum, i, das Verbot.

interdĭu, bei Tage.

interdum, zuweilen, manchmal.

interĕa, unterdessen.

intereo, ii, ĭtum, 4., umkommen.

interequĭto, 1., dazwischen reiten, durchreiten.

interfector, ōris, der Mörder.

interfĭcio, ēci, ectum, 3., nieder machen, tödten.

interflŭo, xi, xum, 3., dazwischen fließen, hindurch fließen.

intĕrim, unterdessen.

interĭmo, emi, emtum, 3., aus dem Wege räumen, tödten, hinrichten lassen.

interior, der innere.

interĭtus, us, der Untergang.

interiĭcio, ēci, ectum, 3., einschieben; interiecto tempore, nach einiger Zeit; interiectis diebus, nach Verlauf einiger Tage.

interlĭno, lēvi, lĭtum, 3., verkitten, (eigentl. dazwischen streichen.)

intermitto, si, ssum, 3., einen Zwischenraum lassen, verstreichen oder vorbei lassen; iter interm., den Marsch unterlassen.

intermŏrior, rtuus sum, 3., ersterben.

internecio, onis, das Niederhauen, die Niederlage; ad internecionem, bis auf den Tod.

internecīvus, a, um, mörderisch.

internĭteo, ui, 2., dazwischen schimmern, hervor leuchten.

internuntius, i, der Unterhändler.

interpello, 1., unterbrechen, stören; widersprechen; zur Last fallen.

interpōno, sui, sĭtum, 3., eigentl. dazwischen setzen; causam interp., einen Vorwand gebrauchen; ius iurandum interp., einen Eid anwenden.
interpres, ĕtis, der Dolmetscher.
interpretatio, ōnis, die Erklärung.
interrĭtus, a, um, unerschrocken.
interrŏgo, 1., fragen; gerichtlich belangen.
interrumpo, rupi, ruptum, 3., unterbrechen, abbrechen.
intersterno, stravi, stratum, 3., dazwischen streuen.
intersum, fui, esse, dazwischen sein, beiwohnen: interest, es findet ein Unterschied statt; mea interest, es betrifft meinen Vortheil, mir ist daran gelegen.
intervallum, i, der Zwischenraum, die Entfernung.
intervĕnio, ēni, entum, 4., ins Mittel treten.
interventus, us, die Dazwischenkunft, die Vermittlung.
intestīnus, a, um, innerlich.
intexo, ui, tum, 3., einweben.
intĭmus, a, um, der innerste.
intolerabĭlis, e, unerträglich.
intolerandus, a, um, unerträglich.
intonsus, a, um, ungeschoren.
intorqueo, rsi, rtum, 2., herumdrehen.
intra, innerhalb.
intro, 1., hineingehen, hineinkommen, betreten, einrücken, hineindringen.
introdūco, xi, ctum, 3., hereinführen.
introeo, ivi und ii, itum, 4., eintreten, betreten.
introĭtus, us, der Eingang.
intueor, ĭtus sum, 2., hinblicken, anblicken, sehen.
intumesco, ui, 3., anschwellen.
intus, im Inneren, im Hause.
inundo, 1., überschwemmen.
inultus, a, um, ungerächt, ungestraft, ohne zu rächen.
inūro, ssi, stum, 3., eigentlich einbrennen; einprägen; notam inurere, ein Brandmal aufdrücken; calamistro inurere aliquid, das Brenneisen an etwas setzen.
inusitatus, a, um, ungewöhnlich.
inutĭlis, e, unnütz, untauglich.
invādo, si, sum, 3., angreifen, befallen, sich bemächtigen; barbam invadere, in den Bart fallen.
invalĭdus, a, um, krank.
invĕhor, ectus sum, 3., eindringen, angreifen; invehi in aliquem, auf Jem. losziehen; daher fahren.
invĕnio, ēni, entum, 4., finden, antreffen; erfinden.
inventio, ōnis, die Erfindung.
investīgo, 1., aufspüren, dechiffriren.
inveterasco, ravi, 3., verewigt werden.
inveteratus, a, um, alt, eingewurzelt.
invĭcem, abwechselnd, unter einander, gegenseitig, hin und her, wieder.
invictus, a, um, unbesiegt, unbesiegbar, unerschütterlich.
invĭdeo, ĭdi, ĭsum, 2., beneiden, nicht gönnen, ungünstig sein.
invidia, ae, der Neid, die Mißgunst; das Gehässige, die Erbitterung, der Haß, der Volkshaß; in invidia esse, verhaßt sein; invidiam imponere, afferre, inferre, Gehässigkeit aufbürden, verhaßt machen.
invidiōsus, a, um, gehässig.
invĭdus, a, um, neidisch; auch Subst. der Neider.
inviolatus, a, um, unverletzt, unversehrt.
invisitatus, a, um, noch nicht gesehen.
invīso, si, sum, 3., besuchen.
invīsus, a, um, verhaßt.
invīto, 1., einladen, bewirthen.
invītus, a, um, wider Willen, gegen den Willen; ungern.
invĭus, a, um, unwegsam.
invŏco, 1., nennen, anrufen.
Ioccus, i, im Heer Alexanders, Theilnehmer an der Verschwörung gegen denselben.
Iŏnes, um, die Jonier, Bewohner der Zwölfstädte auf dem Küstenstrich von Lydien und dem nördlichen Karien.
Ionia, ae, Jonien, der Küstenstrich von Lydien und dem nördlichen Karien.
Ionĭus, a, um, ionisch; Subst. der Jonier.
Iphicrătes, is, ein geschickter Feld-

herr der Athener gegen das Ende des 4ten Jahrhunderts v. Chr.
ipse, a, um, selbst, gerade, von selbst; is ipse, gerade der; et ipse, gleichfalls.
ira, ae, der Zorn, die Erbitterung.
iracundia, ae, der Zorn, der Jähzorn, die Erbitterung.
iracundus, a, um, jähzornig.
irascor, atus sum, 3., zürnen, zornig sein, aufgebracht sein; iratus, erzürnt, aufgebracht.
irrētio, 4., ins Netz locken.
irrīdeo, si, sum, 2., verlachen.
irrīto, 1., reizen, anreizen.
irrĭtus, a, um, vergeblich.
irrumpo, ūpi, uptum, 3., einbrechen, eindringen, sich hineinstürzen, sich ergießen.
irrŭo, ui, 3., eindringen auf etwas.
is, ea, id, er, sie, es; derjenige, diej., dasj; solcher, e, es.
Isaurĭcus, i, s. Servilius.
Ismenĭas, ae, ein Thebaner, unterstützt den Thrasybul gegen die 30 Tyrannen.
Issos, i, Seestadt in Cicilien, am Pinarus, wo im J. 333 Alexander den Darius schlug.
iste, a, ud, jener, dieser; dieser dein.
Ister, stri, die Donau, besonders der untere Theil.
Isthmus, i, die Landenge, besonders die korinthische.
Istriāni, orum, die Istrianer, Bewohner des unteren Theiles von Mösien.
ita, so, so sehr, auf folgende Art, unter der Bedingung; ita — ut, so wahr — so gewiß, S. 76; zwar — aber, S. 79.
Italia, ae, die bekannte apenninische Halbinsel.
ităque, daher, also.
item, ebenso, desgleichen.
iter, inĕris, der Weg, die Straße; die Reise, der Marsch; ex itinere, von der Reise aus, vom Marsche aus; iter facere, sich den Weg bahnen, marschiren; iter manu facere, sich mit der Faust den Weg bahnen; iter aperire, den Weg bahnen. Iter heißt ein Gedicht des Cäsar.
iterato, wiederholentlich, von Neuem.
itĕro, 1., erzählen.
itĕrum, zum zweiten Male.
Iūlus, i, Sohn des Aeneas (heißt auch Askanius).

*I. consonans.*

iaceo, 2., liegen, da liegen, ohnmächtig sein.
iacio, ēci, actum, 3., werfen, wegwerfen; verbreiten, S. 78. fundamenta iac., den Grund legen; molem iac., einen Damm aufwerfen.
iactatio, ōnis, das Schütteln; die Eitelkeit.
iacto, 1., werfen, wegwerfen; schütteln, durchschütteln; reden, für etwas ausgeben, sich rühmen, sich brüsten; se iactare, sich (öffentlich) sehen lassen; iactare rem, viel Gerede von einer Sache machen.
iactūra, ae, der Verlust; iacturam facere, einbüßen.
iactus, us, das Schleudern; iactus sagittarum, die Pfeilschußweite; teli iactus, die Pfeilwurfsweite; intra teli iactum esse, den Pfeilen ausgesetzt sein; extra teli iactum esse oder procul teli iactu abesse, den Pfeilen nicht ausgesetzt sein.
iaculator, ōris, der Wurfschütz.
iacŭlum, i, der Wurfspieß.
iam, jetzt, nun, schon; und, ferner; sogleich, bald; mit einer Negation: mehr, z. B. nemo iam, niemand mehr; iam diu, schon lange (seit langer Zeit); iam pridem, schon längst (vor langer Zeit); iam dudum, schon lange; iam vero, nun aber; iam primum, zuerst nun.
ianŭa, ae, die Thür.
Ianuarius, a, um, im Januar.
iocus, i, der Scherz; per iocum oder inter iocum, im Scherz.
iuba, ae, die Mähne.
Iuba, ae, ein König von Numidien, gegen welchen Cäsar Krieg führte.
iubeo, ssi, ssum, 2., befehlen, lassen, heißen, auffordern, rathen.
iucundus, a, um, angenehm, vergnügt. Adv. iucunde.

Iudaei, orum, die Juden.
iudex, ĭcis, der Richter; iudices dare, Richter verordnen.
iudicium, i, das Gericht, die gerichtliche Untersuchung, die Gerichtsbarkeit; das Urtheil, die Meinung, der Ausspruch, die Entscheidung, der Urtheilspruch, die Verurtheilung; die gerichtliche Rede; iudicium facere, ein Urtheil aussprechen; iudicia exercere, gerichtliche Untersuchungen anstellen.
iudĭco, 1., verurtheilen, entscheiden; wozu erklären, erklären, für etwas halten, glauben, urtheilen, beurtheilen; iudicare de aliquo, über Jem. aburtheilen.
iugĕrum, i, der Morgen Landes.
iugŭlo, 1., würgen, erdrosseln.
iugŭlum, i, die Kehle.
iugum, i, das Joch; der Bergrücken; sub iugum mittere, durchs Joch schicken. (Die überwundenen Völker mußten zuweilen zur Schande durch ein aus Balken verfertigtes Joch kriechen).
Iugurtha, ae, König von Numidien, endlich 106 vom Marius überwunden.
Iulia, ae, 1) Tochter Cäsars von der Cornelia, an Cn. Pompejus verheirathet; 2) Vaterschwester des Cäsar.
Iuliāni, orum, Anhänger des Julius Cäsar.
Iulius, ein römischer Geschlechtsname. 1) C. Iulius, ein Catilinarier. 2) C. Iulius Caesar, s. Caesar. Nr. 3. — Lex Iulia, die v. C. Iulius Caesar gegebene Bill, nach welcher in den Ager Campanus Colonisten geschickt werden sollten; s. S. 275 u. 303.
iumentum, i, das Lastthier, Zugthier, Pferd.
iungo, nxi, nctum, 3., knüpfen, anknüpfen, verbinden, vereinigen, anschließen, zusammen fügen; pacem iungere, Frieden schließen; fluvium ponte iungere, eine Brücke über den Fluß schlagen.
Iunius, 1) ein römischer Geschlechtsname, s. Silanus; 2) Iunius, a, um, im Monat Juni.
Iupĭter u. Iuppiter, Genitiv Iovis, Jupiter, der höchste Gott der Römer; daher Iuppiter Optimus Maximus, hocherhabner Jupiter; derselbe hatte einen berühmten Tempel auf dem Capitol, daher Iupiter Capitolinus. S. auch Hammon, hospitalis u. Stator.
Iura, ae, ein Gebirge Galliens, nach Helvetien hin.
iurgium, i, der Streit, Wortwechsel; die ehrenrührige Rede.
iurgo, 1., zanken.
iuro, 1., schwören.
ius, iuris, das Recht, das Gesetz, das bürgerliche Recht; iure, mit Recht, billiger Weise; ius dicere, Gericht halten, die Rechtspflege üben; iura petere, Gesetze holen; iuris alicuius haberi oder esse, in Jemandes Gewalt sein.
ius iurandum, der Eid; ad ius iur. adigere, schwören lassen; fidem et ius iur. dare, eine eidliche Versicherung geben.
iussus, us, der Befehl; populi iussus, der Volksbeschluß.
iustitia, ae, die Gerechtigkeit, Milde.
iustus, a, um, gerecht, mild, geziemend; förmlich, ordentlich; iusta solvere oder persolvere, die letzte Ehre erweisen.
iuvĕnis, Adj. jung; Comp. iunior; Subst. der Jüngling.
iuventus, ūtis, die Jugend, als Abstractum u. Concretum.
iuvo, vi, tum, 1., unterstützen.
iuxta, Präp. neben, bei, zufolge; Adv. auf gleiche Weise.

Kal. d. i. Kalendae, arum, der erste Tag im Monat, z. B. Kalendae Ianuariae, der 1ste Januar; an diesem Tage traten die neuen Consuln in Rom ihr Amt an.

L. d. i. Lucius, ein römischer Vorname.
labefacto, 1., wankend machen, schwächen.
Laberius, ein röm. Geschlechtsname. D. Laberius, röm. Ritter und Mimendichter.
Labiēnus, i, ein röm. Familienname.

T. Attius Labienus war während Ciceros Consulat Volkstribun, später Legat des Cäsar in Gallien, und hatte während Cäsars Abwesenheit proconsularische Gewalt; daher S. 322 legatus pro Praetore.
labium, i, die Lippe.
labo, 1., wanken.
labor, lapsus sum, 3., schlüpfen, straucheln; entschlüpfen, weichen; sinken; fließen; memoria lapsus, durch das Gedächtniß getäuscht.
labor, ōris, die Anstrengung, Mühe, Bemühung, Arbeit, Kriegsstrapaze, S. 293.
laboriōsus, a, um, mühsam.
labōro, 1., sich abmühen; bedrängt sein; besorgt sein.
Lacedaemon, ŏnis, Stadt in Lakonien, auch Sparta genannt.
Lacedaemonii, orum, Bewohner von Lakonien.
laceratio, ōnis, die Zerfleischung.
lacĕro, 1., zerreißen, zerfleischen; zerrütten, zerraufen, zertrümmern.
lacertus, i, der Arm.
lacesso, īvi, ītum, 3., reizen, herausfordern; mit und ohne proelio, angreifen.
Laches, ētis, Feldherr der Athener, im J. 426 auf Bitten der Leontiner, nicht der Catinienser, wie Justin S. 106 erzählt, nach Sicilien geschickt.
lacrĭma, ae, die Thräne; lacrimas tenere, sich der Thränen enthalten.
lacrĭmo, 1., weinen.
lacteo, 2., saugen.
lacus, us, ein See, Teich; Wasserbehälter (Bassin) S. 217.
Laeca, ae, ein röm. Familienname. M. Porcius Laeca, Mitverschworner des Catilina, in dessen Hause die Verschwornen in der Nacht vom 6ten zum 7ten November im J. 63 eine Zusammenkunft hielten.
laedo, si, sum, 3., verletzen.
laetitia, ae, die Fröhlichkeit, Freude.
laetor, 1., froh sein, sich freuen.
laetus, a, um, fröhlich, erfreut, zufrieden; erfreulich, schön; frondibus laetus, schön belaubt.
laevus, a, um, links; laeva näml. manus, die Linke.
Lamăchus, i, ein athenischer Feldherr, im J. 415 mit Nicias und Alcibiades nach Sicilien geschickt.
lamentatio, ōnis, das Wehklagen.
lamentor, 1., wehklagen, bejammern.
lamĭna, ae, das Blech; laminarum series, der Panzer.
Lamponius, i, ein Feldherr der Athener, wird im J. 427 nach Sicilien geschickt.
lana, ae, die Wolle.
lancea, ae, die Lanze.
langueo, ui, 2., schlaff sein, ermattet sein.
languesco, ui, 3., erschlaffen, erkalten.
languĭdus, a, um, langsam.
lanio, 1., zerfleischen.
lanista, ae, der Fechtmeister.
lapidĕus, a, um, steinern.
lapis, ĭdis, der Stein.
lapsus, us, das Gleiten, Schwimmen.
laquĕus, i, der Strick.
largior, ītus sum, 4., schenken, verschenken, verleihen.
largitio, ionis, die Spendung, Bestechung; Zugestehung.
largītor, ōris, der Bestecher.
largus, a, um, freigebig. Adv. largĭter, reichlich, viel.
lascivia, ae, die Ausgelassenheit, Ueppigkeit; per lasciviam, aus Muthwillen.
lascīvio, 4., ausschweifen.
lassitudo, ĭnis, die Mattigkeit.
latĕbra, ae, der Schlupfwinkel.
lateo, 2., verborgen sein, geschützt sein; sich verbergen, sich versteckt haben.
later, ĕris, der Ziegelstein.
laterculus, i, der Ziegelstein.
latibŭlum, i, der Schlupfwinkel.
Latīnus, a, um, Latium betreffend; Latinisch, Lateinisch; coloniae Latinae, die das ius Latinitatis haben; s. colonia. S. 269 sind die Colonien in der transpadanischen Gallia cisalpina gemeint, die vom Vater Pompejus des Großen das ius Latii erhalten hatten; latinae näml. feriae, das jährliche Fest, welches von Tarquinius Super-

bus eingesetzt, zum Andenken an den mit den Latinern im J. 334 geschlossenen Bund auf dem Albanischen Berge gefeiert wurde.
latitudo, ĭnis, die Breite.
Latobrĭgi, orum, ein Germanisches Volk im Süden Germaniens, wahrscheinlich in Rhätien, an der Helvetischen Gränze.
lator, ōris (von fero) lator legis, der ein Gesetz vorschlägt.
latro, ōnis, der Räuber.
latrocinium, i, die Räuberei, Räuberbande; latr. castrense, das Raublager.
latrocĭnor, 1., Räuberei treiben.
latruncŭlus, i, der Räuber.
latus, ĕris, die Seite, die Flanke.
latus, a, um, breit, dick; weit.
laudatio, ōnis, die Lobrede; Leichenrede.
laudo, 1., loben, belobigen, rühmen; eine Leichenrede halten.
laureus, a, um, vom Lorbeerbaum; laurea näml. corona, ein Lorbeerkranz, Lorbeerzweig.
laus, dis, das Lob, der Ruhm, die Ehre; Plur. das Lob, die Lobeserhebungen; laus militiae, Kriegsruhm; laudem habere, löblich sein.
lautitiae, arum, die Pracht.
Lavicānum, i, Landgut des Cäsar bei der Stadt Lavīcum in Latium.
lavo, 1., waschen. Pass. sich baden.
laxo, 1., erweitern, nachlassen, lösen; erheitern. Pass. nachlassen (intrans.); laxatis habenis, mit verhängtem Zügel; laxare ordines, die Glieder öffnen.
laxus, a, um, geräumig. Adv. laxe.
lectīca, ae, die Sänfte.
lectŭlus, i, das Bett.
lectus, i, das Bett; das Paradebett S. 306.
lectus, a, um, auserlesen, vortrefflich.
legatio, ōnis, die Gesandtschaft.
legatus, i, der Gesandte, Abgeordnete; der Legat, Unterfeldherr; (die Legaten waren Oberofficiere der Consuln oder Prätoren, und commandirten wenigstens eine Legion. Der Oberbefehlshaber wählte sich dieselben und vertraute ihnen zuweilen das Commando über das ganze Heer an. Sie waren bedeutende Männer, die meist schon öffentliche Aemter bekleidet hatten); legatus pro Praetore, ein Legat mit proconsularischer Gewalt; s. Labienus.
legio, ōnis, die Legion. Bei den Römern bestand die Legion aus 10 Cohorten, jede zu 420 Mann; wozu noch 300 Reiter kamen.
legionarius, a, um, zur Legion gehörig.
lego, 1., vermachen.
lego, gi, ctum, 3, lesen, wählen; milites legere, Soldaten werben.
Lemannus und Lemānus lacus, der Genfer See.
lenio, 4., mildern, lindern.
lenis, e, gelind, sanft, sanftmüthig.
lenĭtas, ātis, die Gelindigkeit, Milde; Ruhe.
leno, ōnis, der Unterhändler.
Lentŭlus, ein römischer Familienname, zur ruhmvollen gens Cornelia gehörig. 1) P. Cornelius Lentulus, ein angesehener Staatsmann, war im J. 162 Consul u. zeichnete sich später im Kampfe gegen C. Gracchus aus. 2) P. (Cornelius) Lentulus Sura, Enkel des vorigen, gehörte zu den Häuptern der Catilinarischen Verschwörung, war im J. 72 Consul, wurde aber wegen seiner schlechten Lebensweise aus dem Senat gestoßen. Später war er im J. 63 Prätor, um die Senatorwürde wieder zu erhalten, wurde aber im Kerker hingerichtet; s. auch Cornelius. 3) P. (Cornelius) Lentulus Spinther war Aedil im J. 63.
lentus, a, um, zähe, biegsam; langsam; infitiator lentus, ein schlechter Bezahler.
leo, ōnis, der Löwe.
Leonĭdas, ae, König der Spartaner, der bei Thermopylä fällt, im J. 480.
Leonnātus, i, ein Feldherr u. Hofmann bei Alexander.
lepĭdus, a, um, angenehm.
Lepidus, ein röm. Familienname der gens Aemilia. 1) M. Aemilius Lepidus, S. 68 u. 268, Con-

sul im J. 78: s. Catulus. 2) M'. Aemilius Lepidus, Consul mit L. Volcatius Tullus im J. 66, wo fürs Jahr 65 P. Cornelius Sulla und P. Autronius Paetus designirt wurden; da aber beide der Stimmenerschleichung überführt wurden, designirte man L. Aurelius Cotta und L. Manlius Torquatus mit Uebergehung des Catilina, welcher aus Rache mit M. Crassus, C. Iulius Caesar, P. Sulla und Autronius eine Verschwörung zur Ermordung der Consuln eingeht, die aber nicht zur Ausführung kommt. S. 36. 38. 270. 3) M. Aemilius Lepidus, der nachmalige Triumvir, war im J. 44 Cäsars Magister equitum. S. 305. u. 308.

Leptīnus, s. Furius.

lepus, ŏris, der Hase.

letālis, e, tödtlich.

Leuci, ōrum, ein gallisches Volk zwischen der Mosel und Marne.

levis, e, leicht, gering, unbedeutend, von geringem Einfluß S. 347, niedrig; gelind, locker; auctor levis, ein unzuverlässiger Gewährsmann. Adv. leviter.

levĭtas, ātis, die Leichtigkeit, der Leichtsinn.

levo, 1., erleichtern, mildern; heben, erheben; corpus levare, sich stützen, ausruhen.

lex, gis, der Gesetzvorschlag, die Bill; das Gesetz; die Bedingung; legem ferre oder rogare, einen Gesetzvorschlag machen, ein Gesetz dem Volke zur Genehmigung in Vorschlag bringen, ein Gesetz geben (das letztere vom Volke gebraucht); leges exercere, die Gesetze handhaben; leges dicere, Bedingungen stellen; lex belli, das Kriegsrecht; lex fati, der Beschluß des Schicksals; lege, nach gesetzmäßiger Verabredung, S. 311. Die Gesetze der Römer wurden zum Theil nach dem Geschlechtsnamen derer benannt, von welchen sie in Vorschlag gebracht waren; s. Cornelia, Porcia u. s. w.

Libănus, i, der Libanon, ein Gebirge in Syrien; so heißt auch der sogenannte Antilibanon. S. 174.

libellus, i, die Schrift, der öffentliche Anschlag; libellus memorialis, das Tagebuch.

libens und lubens, tis, gern; Adv. libenter u. lubenter.

liber, a, um, frei, ungestört; freimüthig; libera custodia, die weitere Haft; die vornehmeren Römer, die sich eines Staatsverbrechens verdächtig gemacht hatten, wurden statt ins Staatsgefängniß (carcer) geführt zu werden, den einzelnen obrigkeitlichen Personen oder sonstigen rechtlichen Männern zur Beobachtung und Obhut übergeben.

liber, bri, das Buch, die Schrift; das Buch als Abtheilung einer Schrift.

Liber, ĕri, eine italische Gottheit, nachher mit dem griechischen Bacchus verwechselt, Symbol der Anpflanzung. Die Fabel erzählt, daß er, um den Weinbau, dessen Erfinder er war, auszubreiten, einen Zug durch Asien bis in das entlegenste Indien gemacht habe, auf dem er die Völker Wein- und Kornbau, so wie Gottesdienst und Rechtspflege lehrte. Pater war sein gewöhnlichster Beiname bei den Römern.

liberalis, e, eigentl. eines freien Mannes würdig; edeldenkend, großmüthig, freigebig; artes liberales, die freien Künste, (bes. Grammatik, Rhetorik, Philosophie.)

liberalitas, atis, die Freigebigkeit.

liberatio, onis, die Befreiung.

liberator, oris, der Befreier.

libĕri, orum, die Kinder.

libĕro, 1., befreien, freisprechen.

libertas, atis, die Freiheit, die Freimüthigkeit.

libertīnus, a, um, aus dem Stande der Freigelassenen. Subst. der Freigelassene (in Rücksicht des Standes).

libertus, i, der Freigelassene (in Rücksicht des Herrn).

libet und lubet, libuit und libĭtum est, 2., es beliebt; libet mihi, ich möchte.

libidinōse u. lubidinose, willkürlich.
libīdo und lubīdo, ĭnis, die Lust, das Belieben, die Neigung; die Willkür; böse Begierde, Leidenschaft, Ausschweifung; ad libidinem, nach Willkür.
libra, ae, das Pfund.
libro, 1., werfen.
Libўa, ae, Libyen, Land an der Nordküste Afrikas, zwischen Aegypten und den Syrten.
licentia, ae, die Freiheit, Erlaubniß, Ungebundenheit; die Willkür, Frechheit; licentia est, es ist erlaubt; omnem licentiam permittere, völlige Erlaubniß ertheilen; licentiam facere, Frechheit gestatten. S. 167.
liceor, ĭtus sum, 2., auf etwas bieten.
licet, uit u. ĭtum est, 2., es ist erlaubt, es ist vergönnt; man darf; mit dem Conjunktiv eines anderen Verbi: mögen.
Licinius, ein röm. Geschlechtsname, s. Crassus.
lictor, ōris, der Liktor, ein Diener der höheren Magistratspersonen bei ihrem öffentlichen Erscheinen. Vor den Consuln (monatl. abwechselnd) gingen 12 Liktoren mit den Fasces einher, vor dem Prätor (außerhalb der Stadt) deren sechs.
lignĕus, a, um, hölzern.
limen, ĭnis, die Schwelle.
limus, i, der Schlamm.
lineamentum, i, eigentl. die Linie; Plur. der Umriß, die Gesichtszüge.
Lingŏnes, um, ein gallisches Volk an dem Cote d'or, um die Quellen der Maas und Marne
lingua, ae, die Zunge, die Sprache; die Geschwätzigkeit. S. 180.
linquo, liqui, lictum, 3., eigentl. verlassen; animo linqui, in Ohnmacht fallen.
linter, tris, der Kahn.
linum, i, der Bindfaden (eigentl. der Lein, Flachs).
liquefăcio, eci, actum, 3., schmelzen.
liqueo, 2., eigentl. flüssig sein; deutlich sein.
liquor, ōris, die Klarheit.
Liscus, i, ein Richter bei den Aeduern zur Zeit Cäsars.
litera und littera, ae, der Buchstab; Plur. das Schreiben, der Brief; die Wissenschaften; literas dare, einen Brief schreiben.
lito, 1., glücklich opfern, d. i. so, daß man ein gutes Anzeichen bekommt.
littera, s. litera.
litus, ŏris, das Ufer (des Meeres).
lixa, ae, der Marketender. Plur. der Troß.
locatio, ōnis, die Verpachtung.
loco, 1., stellen, aufstellen; in Entreprise geben.
Locrensis, e, aus Lokris, einer Provinz im Hellas. Subst. ein Lokrer.
locŭples, ētis, reich, begütert. Subst. ein Reicher.
locus, i, der Ort, der Platz, die Stelle, die Gegend, die Lage, das Terrain; die Gelegenheit. S. 353. aliquid loci, ein Plätzchen; loco, anstatt; parentis loco, wie eine Mutter. S. 222; hoc loco, in diesem Punkt. S. 351; secundo loco, zweitens; uno loco, in einer Hinsicht; quem in locum, wie weit; quo in loco res sunt, wie die Sachen stehen; locus est rei oder ad rem, eine Sache findet statt; loco movere, aus einer vortheilhaften Stellung verdrängen; locum relinquere, Platz einräumen; locum facere, Anlaß geben; eum locum amicitiae tenere, auf einer so hohen Stufe der Freundschaft stehen; summo, obscuro loco natus, von hohem, niedrigem Herkommen.
longinquus, a, um, lang, entfernt, fern, in der Ferne.
longitūdo, ĭnis, die Länge.
longus, a, um, lang; weit, fern; langdauernd, ewig; in longiorem diem, auf eine spätere Zeit. Adv. longe, weit, bei weitem; longe alius, ganz anders.
loquacĭtas, atis, die Geschwätzigkeit.
loquor, cutus sum, 3., sprechen, reden, sagen; verba loqui, eine Rede halten.
loramentum, i, der Riemen.

lorīca, ae, der Panzer.
lubet, s. libet.
lubidinose, s. lib.
lubide, s. libid.
lubrĭcus, a, um, schlüpfrig.
Luca, ae, eine Stadt in Etrurien (jetzt Lukka).
Lucceius, ein röm. Familienname. L. Lucceius bewirbt sich mit Caesar für d. J. 59 ums Consulat, aber M. Bibulus wird statt seiner gewählt.
Luceium castellum, das Schloß Luceium des Königs Dejotarus.
luctatio, ōnis, der Kampf.
luctor, 1., kämpfen.
luctuōsus, a, um, trauervoll.
luctus, us, die Trauer; luctum alicui afferre, Jemanden in Trauer versetzen.
luculentus, a, um, eigentl. lichtvoll; trefflich.
Lucullus, i, ein römischer Familienname. L. Licinius Lucullus, im J. 74 Consul, kämpfte gegen den Mithridates von 74—67.
ludibrium, i, der Spott, die Verhöhnung; die Täuschung; die Beschimpfung.
ludĭcer oder crus, a, um, kurzweilig; spectaculum ludicrum, ein Schauspiel; artes ludicrae, die Schauspielerkunst.
ludifĭcor, 1., zum Besten haben.
ludo, si, sum, 3., spielen.
ludus, i, das Spiel; ludi (näml. scenici) Schauspiele (auf der Bühne); ludi convivales, Spiele bei Gastmälern; ludus, mit und ohne gladiatorius, die Fechtschule, S. 279; ludos edere, Schauspiele geben.
lugeo, xi, 2., trauern, betrauern.
lugūbris, e, traurig, kläglich.
lumen, ĭnis, das Licht; die Fackel, S. 282.
luna, ae, der Mond.
luo, lui, lutum und luĭtum, 3., büßen; poenas luere, bestraft werden; supplicium luere, Strafe leiden.
Lupercālis, e, den Pan betreffend; Lupercalia, näml. sacra, ein Fest des Pan.
Lupercus, i, ein Priester des Pan.
lupīnus, a, um, dem Wolf gehörig; ubera lupīna, Wolfseuter.
Lusitāni, ōrum, Bewohner von Lusitanien, einem Theile der Hispania ulterior (jetzt Portugall).
lux, ucis, das Licht, Sonnenlicht, Tageslicht; der Tag; das Leben, S. 79; multa lux, heller Tag; luce, bei Tage; prima oder oriente luce, mit Tagesanbruch; ante lucem, vor Tagesanbruch; ad lucem, beim Anbruch des Tages; sub lucis ortum, gegen Tagesanbruch.
luxuria, ae, die Ueppigkeit, der Muthwille; die Schwelgerei, die Verschwendung, verschwenderische Pracht.
luxus, us, die Ueppigkeit, verschwenderische Pracht; der Aufwand.
lychnūchus, i, der Leuchter.
Lycia, ae, Lycien, ein Land an der Südküste Kleinasiens, zwischen Karien und Pamphylien.
Lycius, a, um, aus Lycien.
Lycus, i, ein Nebenfluß des Tigris, in dessen Nähe Arbela liegt.
Lydia, ae, Lydien, ein Land an der Westküste Kleinasiens, zwischen Karien und Mysien.
Lydus, i, ein Lydier.
lymphatus, a, um, betäubt, unsinnig, rasend.
Lyncestes oder Lyncistes, ae, ein Bewohner der Stadt Lyncus und des Gebiets derselben im südlichen Macedonien; s. Alexander Nr. 4 und Amyntas Nr. 4.
Lysander, dri, Feldherr der Spartaner, siegt bei Colophon im J. 407; bei Aegospotamos im J. 405; nimmt Athen ein im J. 404.
Lysias, ae, ein Redner aus Syracus.

M., d. i. Marcus, ein römischer Vorname.
M'., d. i. Manius, ein röm. Vorname.
Macēdo, ŏnis, ein Macedonier.
Macedonia, ae, Macedonien, ein Land im Norden Griechenlands, zwischen Thessalien und Thracien; wurde im J. 148 mit Einschluß

von Illyrien und Epirus römische Provinz.
Macedonicus, a, um, Macedonisch; bellum Macedonicum, S. 18, ist der 2te Macedonische Krieg gegen Perseus; beendigt im J. 168 durch die Schlacht bei Pydna.
macellarius, i, der Speisehändler.
macellum, i, der Speisemarkt.
Macer, cri, ein röm. Beiname; s. Pompeius.
macĕro, 1, plagen.
machĭna, ae, eine Maschine, Belagerungsmaschine.
machinator, ōris, der Anstifter.
machĭnor, 1., anstiften.
macto, 1., bluten lassen.
mactus, a, um, gewöhnlich Vokat. macte oder macti, gepriesen; macti estote, Heil euch wegen u. s. w.
Madates, is, Statthalter des Darius Kodomannus im Lande der Uxier.
madefīo, actus sum, iĕri, naß werden.
maeror und moeror, ōris, die Betrübniß, der Gram.
maestitia und moestitia, ae, die Betrübniß.
maestus und moestus, a, um, betrübt.
Magetobrĭa, ae, Stadt in Gallien an der Saone.
magĭcus, a, um, zauberisch; ars magica, die Zauberkunst.
magis, mehr; non magis, weniger, eben so; non magis quam, eben so gut als; magis magisque in dies, täglich mehr und mehr.
magister, stri, der Lehrer; dicendi magister, Lehrer der Beredsamkeit; magister equitum, Befehlshaber der Reiterei (Amtsgehülfe des Diktators).
magistratus, us, das Staatsamt, die Obrigkeit; der Staatsbeamte, die Magistratsperson; minores magistratus, die niederen Beamten (Quaestores, Aediles, Tribuni plebis, Triumviri nocturni u. s. w.) im Gegensatz gegen die maiores mag. (die Consuln, Prätoren, Censoren); magistratum abdicare oder magistratu se abd., sein Amt niederlegen.
magnanĭmus, a, um, großherzig.
magnificentia, ae, die Pracht.
magnifĭcus, a, um, groß, herrlich, ansehnlich; schmuckvoll, ruhmvoll; prahlerisch; Adv. magnifice.
magnitūdo, ĭnis, die Größe; die Hoheit.
magnopĕre, sehr, gar sehr.
magnus, a, um, groß, wichtig, bedeutend; schwierig, S. 353; maior und maximus natu, der ältere, älteste; maiores, um, die Vorfahren, Ahnen.
Magus, i, ein Magier; ein Weiser bei den Persern.
maiestas, atis, die Hoheit, Majestät, Würde.
maiores, s. magnus.
maledīco, xi, ctum, 3., lästern.
maledictum, i, die Lästerung.
maledĭcus, a, um, schmähend.
Malĕeus, sonst Maliensis, Einwohner der Stadt Malĭa in Thessalia Phthiotis. Maleon S. 203, Genitiv Plur. mit griechischer Endung.
malefactum, i, die Uebelthat.
maleficium, i, die Uebelthat; Zufügung von Schaden.
malevŏlus, a, um, übelwollend.
malignus, a, um, eigentl. bösartig; kärglich.
malleŏlus, i, der Brandpfeil.
Mallos, i, Stadt in Cilicien, östlich am Pyramus.
malo, malui, malle, lieber wollen, vorziehen.
malum, i, das Uebel; die Gefahr; der Unfall, das Unglück.
malus, a, um, schlecht, übel, häßlich; nachtheilig; unglücklich. Adv. male.
Mamercus, i, ein römischer Familienname. Aemilius Mamercus, Consul im J. 77, war ein Verwandter des Julius Cäsar.
mancipium, i, der Sklave; als Schimpfwort: Schurke.
mandatum, i, der Auftrag.
mandatus, us, der Auftrag; mandatu, im Auftrage.
mando, 1., auftragen, übertragen, überlassen; anordnen; penitus mand. animo mentique, tief dem Herzen und Sinne einprägen; fugae se mand., fliehen; vinculis mand., dem Gefängniß übergeben;

insidiis mandare, einen Hinterhalt legen.

mane, früh, morgens; primo mane, ganz früh.

maneo, nsi, nsum, 2., bleiben, fortdauern; trans. erwarten, bevorstehen.

manicatus, a, um, mit Aermeln versehen.

manifesto, 1., offenbaren; manifestatur, es erhellt.

manifestus, a, um, augenscheinlich, offenbar überwiesen. Adv. manifeste.

Manlius, ein röm. Geschlechtsname; 1) C. Manlius focht vormals unter Sulla und leitete als Anhänger des Catilina in Etrurien die Zurüstungen zum Kriege; daher castra Manliana; 2) Q. Manlius Chilo, gleichfalls ein Anhänger des Catilina; s. Torquatus.

mano, 1., fließen, rinnen; sich verbreiten, um sich greifen.

mansuetudo, ĭnis, die Milde.

mansuētus, a, um, mild, sanft.

manubiae, arum, die Beute.

manus, us, die Hand; Handschrift; die Schaar, der Heereshaufen; der Natur entgegengesetzt: Kunst; servus a manu, der Schreiber; in manu esse, zu Gebote stehen; manum inferre, Hand anlegen.

Marăthon, ōnis, Stadt und Ebene in Attika, nicht weit von der Ostküste, wo die Athener unter Miltiades im J. 490 die Perser schlugen.

Marathonius, a, um, Marathonisch, z. B. pugna, campi.

Marăthos, i, Stadt in Phönizien, der Insel Arădus gegenüber.

Marcellus, ein röm. Familienname des Claudischen Geschlechts. 1) M. Marcellus, S. 38, war in die Catilinarische Verschwörung verwickelt, daher vir optimus, ironisch. 2) M. Claudius Marcellus, S. 39 und 280, ein Freund des Cicero, war im J. 51 Consul mit Servius Sulpicius Rufus. 3) C. Claudius Marcellus, Vaterbrudersohn des vorigen und erster Gemahl der Octavia, der Enkelin von Cäsars Schwester, war im J. 50 Consul. S. 279 und 280.

marceo, 2., erschlafft sein.

Marcius, ein röm. Geschlechtsname. 1) Ancus Marcius, der 4te König der Römer, 641—616. 2) Q. Marcius Rex war im J. 68 Consul gewesen und hatte als Proconsul in Cilicien einen Krieg gegen die Seeräuber geführt.

Marcomanni, orum, die Marcomannen, ein germanisches Volk zwischen dem Rhein, Main und der Donau; später in Böhmen.

Mardonius, i, Feldherr des Xerxes, im J. 479 bei Platää geschlagen.

Mardus, i, der Mardier; die Mardier waren ein Volk in Asien, theils in Armenier zwischen dem Flusse Cyrus und Araxes, theils im Süden des Caspischen Meeres, theils auf den Gebirgen Persiens.

mare, is, das Meer, die See.

Mareōtis, ĭdis, der Mareotische See, ein Landsee in Aegypten, nahe bei Alexandria.

margarīta, ae, die Perle.

marīnus, a, um, zur See, z. B. commeatus.

maritĭmus, a, um, am Meere gelegen.

marītus, i, der Gatte; marīta, ae, die Gattin.

Marius, ein röm. Geschlechtsname. C. Marius, 7mal Consul, besiegt die Cimbern in den Raudischen Feldern im J. 101 (im J. 102 die Teutonen bei Aquä Sextiä), dämpft im J. 100 die durch Saturninus und Glaucia gestifteten Unruhen und führt die bekannten Streitigkeiten mit Sulla.

Mars, tis, Mars, der Gott des Krieges; aequo Marte discedere, nach unentschiedenem Kampfe abziehen; aequo Marte contendere, sich in einen billigen Kampf einlassen; Marte decernere, es auf eine Schlacht ankommen lassen.

Martius, a, um, den Mars betreffend; im März z. B. idus Martiae; campus Martius, das Marsfeld zwischen Rom und der Tiber, wo die Comitien gehalten wurden.

Marullus, ein röm. Familienname; s. Epidius.
Masintha, ae, ein afrikanischer Fürst zur Zeit Cäsars.
Massagĕtae, arum, ein Scythisches Volk, nordöstlich vom Kaspischen Meere.
Massilia, ae, eine griechische Colonie in Gallia Narbonensis (jetzt Marseille), von römischen Exulanten gern zum Wohnsitz gewählt, weil sie sich durch griechische Feinheit und eine treffliche Verfassung auszeichnete.
Massilienses, ium, die Bewohner von Massilia.
matăra, ae, ein Wurfspieß (der Gallier).
mater, tris, die Mutter; mater familias, die Hausfrau; matres familiae, S. 342, weissagende Frauen.
materia, ae, und materies, ēi, der Stoff; das Bauholz, Holz; die Gelegenheit; materies alitur, Stoff bietet sich dar; materia est, eine Gelegenheit bietet sich dar.
maternus, a, um, mütterlich.
matrimonium, i, die Ehe; in matrimonium petere, anhalten um; in matr. recipere, heirathen; in matr. dare, tradere, zur Ehe geben.
matrōna, ae, die Frau.
Matrōna, ae, Fluß in Gallien (die Marne).
maturĭtas, atis, die Reife.
matūro, 1., intrans. eilen, sich beeilen; trans. beschleunigen.
matūrus, a, um, reif; Adv. matūre, frühzeitig, früh, schleunig.
matutīnus, a, um, früh (Morgens).
Mauretania, ae, Land in Afrika am mittelländischen Meere, westlich von Numidien.
maxĭme und maxŭme, meist, besonders, hauptsächlich, am besten, recht sehr; ungefähr, S. 170; tum maxime, damals gerade.
Maxĭmus, ein Zuname des Fabischen Geschlechts, s. Fabius.
maxume, s. maxime.
Mazaeus, i, Feldherr des Darius, der sich und Babylon dem Alexander ergiebt.
medēla, ae, das Heilmittel.
Medi, orum, die Meder, ein Volk in Asien, anfangs den Assyriern gehorchend, um das J. 850 durch Arbaces zur Selbstherrschaft erhoben, später den Persern unterworfen.
Media, ae, Medien, ein Land in Asien, vom Kaspischen Meere, Armenien, Assyrien, Susiana, Persis, Parthien und Hyrkanien umschlossen.
medicamentum, i, das Heilmittel.
medicātus, a, um, mit Heilkräften versehen; medicata potio, ein Heiltrank.
medicīna, ae, die Arznei; die Heilkunde.
medĭcus, i, der Arzt.
mediŏcris, e, mittelmäßig, mäßig, ziemlich gering, gering; Adv. mediocrĭter, einiger Maaßen; non mediocriter, heftig.
medĭtor, 1., an etwas denken, auf etwas denken; Particip. meditatus, mit passiv. Sinne: ausgedacht.
medius, a, um, mitten, in der Mitte; neutral; medium tempus, die Zwischenzeit; de medio tollere, aus der Welt schaffen; e medio discedere, sich fortmachen.
Medus, i, ein Fluß in Persis, der nebst dem Araxes in den Lacus Salsus fließt.
mehercŭle und mehercŭles; eine Betheurung: beim Herkules, fürwahr.
Meleăger, gri, Anführer im Heere Alexanders.
Melius, ein röm. Geschlechtsname; Sp. Melius, der durch Austheilung von Getreide zur Zeit der Theurung den Verdacht eines sträflichen Strebens nach der Oberherrschaft erregte, wurde, da er nicht vor Gericht erscheinen wollte, im J. 439 vom C. Servilius Ahala getödtet.
membrum, i, das Glied.
memĭni, Defect. eingedenk sein, sich erinnern, an etwas denken; sich bewußt sein; erwähnen.
Memmius, ein römischer Geschlechtsname. C. Memmius, bewarb sich mit C. Servilius Glaucia im J. 100 um das Consulat, und wurde vom Tribunen L. Saturninus, dem

Freunde des Glaucia ermordet. 2) C. Memmius, im J. 58 Prätor, ein Gegner Cäsars.

Memnon, önis, ein König in Aethiopien (der den Trojanern zu Hülfe zog); er hatte seine Residenz zu Abydus in Oberägypten, wo sich die berühmte Memnonssäule befand, die jedesmal bei Sonnenaufgang geklungen haben soll.

memor, ŏris, eingedenk, der an etwas denkt.

memorabĭlis, e, denkwürdig, merkwürdig.

memoria, ae, das Gedächtniß, das Andenken; die Zeit; memoria tenere, im Gedächtniß haben; in memoriam revocatur aliquid, man erinnert sich an etwas; memoriam repetere, sich erinnern; memoriam deponere, amittere, vergessen; memoriam prodere, ein Andenken auf die Nachwelt bringen; post hominum memoriam, seit Menschen Gedenken.

memoriālis, e, dem Gedächtniß dienend; libellus mem., das Tagebuch.

memŏro, 1., erwähnen, anführen, bemerken, erzählen; memorare de aliquo, Jemandes Erwähnung thun.

Memphis, is, eine Stadt in Mittel-Aegypten.

mendacium, i, die Lüge.

mendicĭtas, ātis, die größte Armuth.

Menes, ĕtis, Anführer Alexanders, den er mit einem Commando nach Babylons Einnahme in den eroberten Ländern zurückließ.

Menĭdas, ae, Anführer im Heer Alexanders.

Mennis, is, Stadt in Assyrien, in deren Nähe die berühmten Asphaltquellen sind.

mens, tis, der Sinn, die Gesinnung; das Herz, die Seele; der Gedanke, die Meinung; ea mente, in der Absicht; mente captus, verstandlos; mente agitare, im Sinn haben; mentem suscipere, auf den Gedanken kommen.

mensa, ae, der Tisch.

mensis, is, der Monat.

mensūra, ae, das Maaß.

mentio, ōnis, die Erwähnung; mentio movetur, es geschieht Erwähnung.

mentior, tītus sum, 4., lügen, erlügen.

meo, 1., gehen.

mercator, ōris, der Handelsmann, der Kaufmann.

mercenarius, i, der für Lohn dient; daher mercenarius, mit und ohne miles, der Miethssoldat, Söldner; mercenarius eques, die in Sold genommene Reiterei.

merces, ēdis, der Lohn, der Sold, das Pachtgeld, der Preis.

mercor, 1., erkaufen.

mereo und mereor, 2., verdienen; merere, näml. stipendia, als Soldat dienen; bene mereri de aliquo, sich um Jem. verdient machen.

mergo, si, sum, 3., versenken.

meridiānus, a, um, um Mittag.

meridies, ēi, der Mittag, als Tageszeit und Himmelsgegend.

meritorius, a, um, zur Miethe.

merĭtum, i, das Verdienst, die Wohlthat; das Vergehen; merĭto, nach Verdienst, mit Recht; durch die Schuld.

merus, a, um, rein; merum, näml. vinum, unvermischter Wein.

merx, cis, die Waare.

Mesopotamĭa, ae, Mesopotamien in Asien, zwischen dem Euphrat, Armenien, dem Tigris und Babylonien.

Messăla, ein röm. Familienname des Valerischen Geschlechts. M. Valerius Messala im J. 61 Consul mit M. Pupius Piso.

Messenii, orum, Bewohner der Landschaft Messenien im Peloponnes, gegen welche die Spartaner drei Kriege führten, 1) von 743 — 724, 2) 685—668, 3) 465—455. S. 104 ist der 3te gemeint.

messis, is, die Erndte.

meta, ae, die Säule am Ende des römischen Circus.

Metellus, ein röm. Familienname des Cäcilischen Geschlechts. 1) Q. Caecilius Metellus, im J. 69 Consul, führte den Beinamen Creticus, weil er als Proconsul innerhalb 3 Jahre Creta unterworfen

hatte. 2) Q. Metellus Celer, im J. 63 Prätor, wurde nach Picenum geschickt, um Truppen gegen den Catilina zu werben. 3) Q. Caecilius Metellus Nepos, der Bruder des vorigen, war im J. 62 Volkstribun. S. 272 und 291.
metior, msus sum, 4., messen, zumessen.
metor, 1., eigentl. abmessen; castra metari, ein Lager aufschlagen.
Metron, ōnis, ein vornehmer junger Macedonier aus der Umgebung Alexanders.
Mettius, ein röm. Familienname. M. Mettius in Cäsars Heer in Gallien, Gastfreund des Ariovist.
metuo, ui, 3., fürchten, scheuen.
metus, us, die Furcht; metus capit me, mich ergreift Furcht.
Mida u. Midas, ae, König v. Phrygien.
migro, 1., wandern.
miles, ĭtis, der Soldat, der gemeine Soldat. Zuweilen steht der Sing. statt des Plur.: das Heer.
militāris, e, die Soldaten betreffend, militärisch, kriegerisch; homo militaris, ein Kriegskundiger, gedienter Kriegsmann; res mil. das Kriegswesen; ars mil., die Kriegskunst; via mil., die Heerstraße.
militia, ae, der Kriegsdienst, die Kriegskunst; der Feldzug; laus militiae, der Kriegsruhm; domi militiaeque, in der Stadt und im Felde.
milĭto, 1., Kriegsdienste thun, dienen.
Milo, ōnis, ein röm. Familienname. T. Annius Milo ermordete im J. 52 seinen Erzfeind P. Clodius, wurde deshalb angeklagt und vom Cicero (vergeblich) vertheidigt, während Bewaffnete das Forum umgaben, damit die Verhandlungen durch die erbitterten Parteien nicht gestört würden.
Miltiădes, is, Feldherr der Athener, besiegt die Perser bei Marathon 490 und stirbt im Gefängniß 489.
mimus, i, der Mimus, ein Schauspiel, in welchem niedrige Charaktere durch Geberden und Deklamation dargestellt wurden; mimum agere, ein mimisches Schauspiel aufführen.
minae, arum, die Drohungen.
minax, ācis, drohend.
Mindărus, i, Feldherr der Lacedämonier, wird im J. 410 von den Athenern bei Cyzikus besiegt.
Minerva, ae, Göttinn der Weisheit, der Künste und Wissenschaften.
minĭme, am wenigsten; durchaus nicht, gar nicht.
minister, stri, der Diener, Helfershelfer; Plur. die Leute; minister impensae, der Schatzmeister.
ministerium, i, der Dienst, die Verrichtung, Ausführung.
minĭtor, 1., drohen, bedrohen.
minor, 1., drohen; minari aliquid, mit etwas drohen.
minor, us, Comparativ von parvus; Adv. minus, weniger; nicht; si minus, wenn nicht.
minuo, ui, ūtum, 3., verringern, vermindern, zu Schanden machen; Pass. sich mindern.
mirabĭlis, e, wunderbar; opus mirabile, das Wunderwerk.
miraculum, i, das Wunderwerk.
miror, 1., sich wundern, bewundern.
mirus, a, um, wunderbar, außerordentlich.
misceo, scui, xtum und stum, 2., mischen, vermischen, zusammenbringen; nova miscere, Verwirrung anrichten.
miser, a, um, elend, unglücklich, arm; jämmerlich, jammervoll.
miserabĭlis, e, beklagenswerth, mitleiderregend, jämmerlich, elend; Adv. miserabiliter.
miserandus, a, um, beklagenswerth.
miseratio, ōnis, das Mitleid.
misereor, erĭtus und ertus sum, 2., Mitleid haben, sich erbarmen, sich annehmen.
miseria, ae, das Leid; Plur. die Leiden.
misericordia, ae, das Mitleid, die Theilnahme, die Barmherzigkeit.
miserĭcors, rdis, mitleidig.
misĕror, 1., Mitleid fühlen, bejammern.
missĭle, is, der Wurfspieß.
missio, ōnis, die Entlassung.
Mithracenes, is, ein Ueberläufer vom Bessus zu Alexander.

Mithrēnes, is, Feldherr des Darius, der dem Alexander Sardes übergab.
Mithres, ae, der Mithres, eine persische Gottheit, als Gefährte und Mitwirker der Sonne gedacht.
Mithridātes, is, Mithridates der Große, König von Pontus, führte Krieg gegen die Römer und wurde endlich von Pompejus im J. 65 besiegt.
mitĭgo, 1., lindern, besänftigen.
mitis, e, mild, sanftmüthig, günstig.
mitto, si, ssum, 3., schicken; pila mittere, Wurfspieße werfen; missum facere, entlassen.
moderatio, ōnis, die Mäßigung.
moderātus, a, um, gemäßigt; Adv. moderate, mit Mäßigung, mit Bescheidenheit.
modĕror, 1., zügeln, regieren.
modestia, ae, die Mäßigung.
modĭcus, a, um, mäßig, mittelmäßig, ziemlich, gering.
modius, i, der Scheffel.
modo, nur; erst, vor kurzem; modo — modo, bald — bald; non modo — sed etiam, nicht nur — sondern auch; ich will nicht sagen — sondern nur; non modo (nach ne — quidem) geschweige.
modus, i, das Maaß, die Menge; die Art, die Art und Weise, das Mittel; pro modo, nach der Größe; modo, nach der Art; in modum, auf die Art.
moenia, ium, die Mauern; die Stadt, S. 99.
moeror, s. maeror.
moest. s. maest.
moles, is, die Last, die Beschwerlichkeit; die Masse, die Steinmasse, Holzmasse, der Damm, eigentl. das Fundament desselben unter dem Wasser; molem iacere, einen Damm aufwerfen.
molestus, a, um, lästig; Adv. moleste, lästig, allzu; moleste fero, es verdrießt mich.
molior, ītum sum, 4., trans. in Bewegung setzen, unternehmen, umgehen mit etwas; intrans. sich in Bewegung setzen; aditum moliri, sich mühsam einen Zugang bahnen; clausum aditum moliri, die verschlossene Thür erbrechen.
mollis, e, weich, sanft, mild, üppig.
mollitia, ae, die Weichlichkeit.
molo, ui, ĭtum, 3, mahlen.
Molo, ōnis, s. Apollonius.
momentum, i, das Gewicht, der Beweggrund, Einfluß, Umstand; Zeitraum, Augenblick; auch momentum temporis, der Augenblick; maximum momentum, die Hauptsache.
moneo, 2., erinnern, warnen, ermahnen, mahnen; rathen.
monēta, ae, das Münzwesen.
mons, tis, der Berg; sub monte, am Fuße des Berges.
monstro, 1., zeigen, bezeichnen.
monstrum, i, das Ungeheuer.
monumentum, i, das Denkmal; das Grabmal; die Schrift; literarum monimenta, die schriftlichen Denkmäler.
mora, ae, der Verzug, die Verzögerung; das Hinderniß; die Dauer; moram facere, zögern, Dauer geben. S. 113.
morator, ōris, der Nachzügler.
morbus, i, die Krankheit.
mordĭcus, Adv. mit den Zähnen.
morior, tuus sum, 3., sterben.
moror, 1., intrans. zaudern, verweilen, bleiben; trans. aufhalten, hemmen.
morōsus, a, um, eigensinnig.
mors, tis, der Tod.
morsus, us, der Biß; morsu detinere, mit den Zähnen festhalten.
mortālis, e, sterblich, menschlich; Subst. der Sterbliche, der Mensch.
mos, ris, die Sitte; Plur. die Gewöhnung, das Betragen, der Charakter; mos vestis u. ohne vestis, die Art der Bekleidung, die Tracht; more, nach Art.
motus, us, die Bewegung, die Beunruhigung, die Unruhe, der Aufstand; motus animorum, die Stimmung; motus terrae, das Erdbeben; motum afferre, Unruhe verursachen.
moveo, ovi, otum, 2., in Bewegung setzen, bewegen, betreiben, erregen, in Anregung bringen S. 299, überreden S. 134; sibi movere,

sich zuziehen; animo moveri, ängstlich werden, S. 349; movere heißt auch im Allgemeinen: eine Gemüthsbewegung verursachen, und ist nach dem Zusammenhang zu übersetzen durch rühren, verdrießen, abschrecken, aufbringen u. s. w.; quieta movere, die Ruhe stören; senatu oder ordine senatorio m., aus dem Senat stoßen; oculos m., die Augen abwenden; bellum m., einen Krieg anfangen; copias m. oder bloß movere, aufbrechen, mit dem Heere aufbrechen; castra m., mit dem Lager aufbrechen; dissensionem m., Uneinigkeit stiften.
mox, bald, darauf.
mucro, ōnis, die Spitze, das Schwert.
mulco, 1., mißhandeln.
muliĕbris, e, weiblich, weibisch; Adv. muliebriter, weibisch, auf Weiberart.
mulier, ĕris, die Frau, das Weib.
multa, ae, die Strafe.
multĭplex, ĭcis, vielfältig, zahlreich.
multiplĭco, 1., vervielfältigen, vermehren.
multitūdo, ĭnis, die Menge, die Anzahl; der Haufen.
multo, 1., strafen, bestrafen, mit einem Verlust bestrafen, für verlustig erklären.
multus, a, um, viel; Adv. multum, viel, sehr; multo vor Comparativen: bei weitem.
mulus, i, das Maulthier.
Mulvius, a, um; pons Mulvius, eine Brücke über die Tiber unweit Roms auf der Flaminischen Straße, welche nach Etrurien führte.
Munatius, ein röm. Geschlechtsname. So heißt ein Catilinarier, S. 46.
Munda, ae, Stadt in Bätica in Spanien, wo Cäsar im J. 45 die Söhne des Pompejus besiegte; daher proelium Mundense, S. 293.
munditiae, arum, die Zierlichkeit.
mundus, i, die Welt.
munĕro, 1., beschenken.
munia, ium, die Geschäfte, Dienste.
munĭceps, ĭpis, Bürger eines Municipiums, Municipalbürger; der Landsmann.
municipatim, in den Municipien.
municipium, i, eine Municipalstadt; eine Stadt in Italien, welche nicht von römischen Colonien gegründet ist, aber römisches Bürgerrecht, eigene Gesetze und Rechte hat.
munificentia, ae, die Freigebigkeit.
munimentum, i, das Schutzmittel; die Befestigung, das Festungswerk, die Mauer, die Vormauer; das Mauerwerk, S. 218.
munio, 4., schützen, sichern, decken; befestigen; an dem Bau arbeiten, S. 174; castra m., ein Lager verschanzen; viam m., einen Weg bahnen.
munitio, ōnis, die Verschanzung, das Befestigungswerk; die Mauer, die Blokade.
munus, ĕris, der Dienst, die Pflicht; das Geschenk, die Gabe, das Leichengeschenk, S. 306; das öffentliche Spiel, Schauspiel.
murex, ĭcis; murices ferrei, eiserne Fußangeln, die viereckig und so beschaffen waren, daß, wenn man sie warf, die Spitzen nach oben gekehrt waren.
murus, i, die Mauer.
mutabĭlis, e, veränderlich.
mutatio, ōnis, die Veränderung.
muto, 1., ändern, verändern, wechseln, vertauschen; vultum mutare, eine Miene verziehen.
mutŭor, 1., borgen, entnehmen.
mutus, a, um, stumm.
mutuus, a, um, wechselseitig, gegenseitig, beiderseitig, unter einander; pecuniae mutuae Schulden; pecuniam mutuam sumere, Geld aufborgen.
Mycăle, es, Vorgebirge Joniens, Samos gegenüber, wo im J. 479 die Persische Flotte von den Griechen geschlagen wurde, an demselben Tage, an welchem in der Schlacht bei Platää das Landheer der Perser besiegt wurde.
Myndii, orum, die Bewohner von Myndus, einer dorischen Stadt in Karien.
Myrtăle, es, so hieß in ihrer Jugend Olympias, die Mutter Alexanders.
mysterium, i, das Geheimniß, eine geheime Ceremonie bei einem Götterdienst.

Mytilēnae, arum, Hauptstadt der Insel Lesbos.

Nabarzanes, is, General des Darius Kodomannus.
nae und ne, wahrhaftig.
nam, denn, nämlich.
namque, denn.
Nameius, ein Gesandter der Helvetier an Cäsar.
nanciscor, nactus sum, 3., erlangen, erhalten, finden.
narro, 1., erzählen, ausplaudern.
Nasamōnes, um, ein syrtisches Volk im mittlern Libyen.
nascor, natus sum, 3., geboren werden, entstehen, aufkeimen; Particip. natus, alt (wenn die Anzahl der Jahre dabei steht).
Naso, ein röm. Familienname; s. Actorius.
Nasŭa, ein Anführer der Sueven, S. 332.
nasus, i, die Nase
natio, ōnis, das Volk, der Völkerstamm.
natura, ae, die Natur, natürliche Beschaffenheit, Beschaffenheit, Gemüthsart.
naturālis, e, natürlich.
natus, us, die Geburt; maior, maximus natu, älter, der älteste.
naufragium, i, der Schiffbruch.
naufrăgus, i, ein Schiffbrüchiger.
naumachĭa, ae, ein Seegefecht.
navālis, e, zu Schiffe; certamen, proelium navale, ein Seetreffen.
navicŭla, ae, das Schifflein, der Nachen.
navigatio, ōnis, die Schiffahrt.
navigium, i, das Fahrzeug, Schiff.
ne und nae, wahrhaftig.
ne, daß nicht, damit nicht; aus Furcht daß; s. v. a. dummodo ne, wenn nur nicht; ne non, nach den Verbis der Furcht s. v. a. ut; ne — quidem, nicht einmal, auch nicht.
nec und neque s. v. a. et non, und nicht, auch nicht, nicht einmal; nec — nec oder neque — neque, weder — noch; necne, oder nicht (im zweiten Gliede der Doppelfrage).
necessarius, a, um, nothwendig, dringend; necessaria, orum, die Bedürfnisse; necessarius, i, der Verwandte, Freund; Adv. necessario, nothwendiger Weise, nothgedrungen.
necesse, nothwendig; necesse est, man muß.
necessĭtas, ātis, die Nothwendigkeit, die Noth; necessitatem imponere alicui, Jemanden in die Nothwendigkeit setzen.
necessitūdo, ĭnis, die Nothwendigkeit, die Noth; die engste Verbindung, Freundschaft, Verwandtschaft; der Verwandte; necessitudinem imponere alicui, Jemanden in die Nothwendigkeit setzen.
necne, s. nec.
neco, avi, atum und ui, ctum, 1., tödten, hinrichten.
nedum, geschweige.
nefandus, a, um, abscheulich.
nefarius, a, um, verrucht, ruchlos, abscheulich.
nafas, indeclin. das Unrecht, Verbrechen.
neglegentia und negligentia, ae, die Nachlässigkeit, Sorglosigkeit.
neglĭgo, exi, ectum, 3., vernachlässigen, nicht beachten, verachten, verschmähen; gleichgültig mit ansehen.
nego, 1., nein sagen, sagen daß nicht, läugnen, verweigern, ablehnen.
negotior, 1., Verkehr treiben, Geldgeschäfte treiben; negotians, tis, der Geschäftsmann.
negotium, i, das Geschäft, der Auftrag; die Unternehmung, das Vorhaben; die Sache, die Angelegenheit, S. 19; atrox negotium, eine mißliche Lage; nullo negotio, ohne Mühe; minimi negotii, von keiner Wichtigkeit; negotium mihi est, ich habe zu thun; in magno negotio habere, für sehr wichtig halten; negotium dare, einen Auftrag geben; negotium exequi, einen Auftrag ausführen, ein Geschäft verrichten; negotium contrahere, Verdruß verursachen; negotium male gerere, schlechte Wirthschaft führen.
Nemetes, um, ein germanisches Volk

am linken Rheinufer in der Gegend von Speier.
nemo, ĭnis, Niemand, Keiner.
Nemorense, is, das Gebiet um Aricia, eine Stadt in Latium, am lacus Nemorensis.
nempe, doch wohl, doch.
nemus, ŏris, der Wald, die Waldung, der Hain.
neo, nevi, netum, 2., spinnen.
nepos, ōtis, der Enkel; der Verschwender.
Nepos, ōtis, ein röm. Familienname; s. Cornelius Nr. 2.
neptis, is, die Enkelinn.
nequam, indeclin. Adj. nichtswürdig.
nequāquam, keineswegs.
neque, s. nec.
nequeo, ivi, ĭtum, 4., nicht können.
nequicquam und nequidquam, vergebens.
nequitia, ae, die Schlaffheit.
Nero, ōnis, ein röm. Familienname des Claudischen Geschlechts; Tiberius (Claudius) Nero, S. 17, ein Senator, Großvater des nachmaligen Kaisers gleiches Namens.
nervus, i, eigentl. der Nerv; die Stärke: der Einfluß.
nescio, ivi und ii, ĭtum, 4., nicht wissen, nicht kennen.
nescius a, um, unwissend; non nescium esse, recht gut wissen.
neu und neve s. v. a. et ne.
neuter, tra, trum, keiner von beiden.
neve, s. neu.
nex, necis, der Tod, die Ermordung.
nexus, us, die Verschlingung, das Band.
ni, s. nisi.
Nicaea ae, eine (von Fremden sehr besuchte) Stadt in Bithynien.
Nicānor, ŏris, General Alexanders, Sohn des Parmenio.
Nicarchĭdes, is, Anführer in Alexanders Heer, den dieser mit einer Besatzung in Persepolis zurückläßt.
Nicĭas, ae, Feldherr der Athener, im J. 415 nach Sicilien geschickt; kämpft anfangs glücklich, wird aber 413 gefangen und getödtet.
Nicomăchus, i, ein junger Macedonier im Heer Alexanders, der die Entdeckung der gegen diesen gestifteten Verschwörung veranlaßt.
Niger, gri, ein röm. Zuname, s. Novius.
niger, gra, grum, schwarz.
nihil, nichts; in keiner Hinsicht, gar nicht, durchaus nicht; nihil dum, noch nichts; nihilo minus, nichts desto weniger.
nihildum, s. nihil.
nihilominus, s. nihil.
Nilus, i, der Nilfluß in Aegypten, der sich in sieben Mündungen ins mittelländische Meer ergießt, von denen die östlichste die pelusische und die westlichste die kanopische heißt.
nimīrum, ohne Zweifel, doch wohl.
nimis, Adv. allzu; allzusehr.
nimius, a, um, allzu sehr, allzu groß, allzu viel; Adv. nimium, allzu.
Ninus, i, Ninus, Gemahl der Semiramis, Stifter des altassyrischen Reiches.
Ninўa und Ninўas, ae, Sohn des Ninus und der Semiramis.
nisi und ni, wenn nicht; nach Negationen: außer, ausgenommen; nisi vero, nisi forte (auch ohne vero und forte), wenn nicht etwa, es sei denn daß, mit ironischem Sinne.
niteo, ui, 2., glänzen.
nitĭdus, a, um, glänzend, hell.
nitor, ŏris, der Glanz.
nitor, nisus und nixus sum, 3., sich stützen, sich bemühen; sich auf etwas verlassen.
nix, nivis, der Schnee.
no, 1., schwimmen.
Nobilior, ein röm. Zuname; s. Fulvius Nr. 2.
nobĭlis, e, bekannt, berühmt; edel, vornehm, angesehen.
nobilĭtas, ātis, die vornehme Geburt, der Adel (abstrakt und concret), die Vornehmen.
nobilĭto, 1., merkwürdig machen.
noceo, 2., schaden; nocens, tis, der Schuldige.
noctu, bei Nacht.
nocturnus, a, um, nächtlich, bei Nacht.
nodus, i, der Knoten.
nolo, nolui, nolle, nicht wollen.

nomen, ĭnis, der Name, Geschlechtsname; die Nation; (nomen Romanum, alles was Römer heißt, das römische Volk); est mihi nomen, ich heiße; nomen tueri, den guten Namen erhalten; nomine, im Namen, Namens; meo, suo nomine, für meine, seine Person; nomine multae, praedae, als Strafe, Beute.
nominatim, namentlich, ausdrücklich.
nomĭno, 1., nennen; ernennen; reden von etwas, S. 22; nominans appellare, bei Namen nennen.
non, nicht; non modo, s. modo.
nondum, noch nicht.
nonne, nicht? meist bei directen Fragen.
nonnisi, nur.
nonnullus, a, um, einiger, e, es.
nonnunquam, zuweilen.
Norēia, ae, eine Stadt in Noricum, dem jetzigen Steiermark.
Norĭca, ae, Gemahlinn des Ariovist.
Norĭcus, a, um, norisch; ager Noricus, später die röm. Provinz Noricum, umfaßte einen Theil von Oestreich, Salzburg, Steiermark und Kärnthen, zwischen dem Inn, der Sau, den carnischen Alpen, dem Mons Cetius (Kahlenberg) und der Donau.
noscĭto, 1., bemerken.
nosco, ovi, otum, 3., kennen lernen, Kenntniß nehmen.
nota, ae, das Kennzeichen, die Bezeichnung, das Zeichen, die Chiffer; notam dare, etwas merken lassen; notam inurere, ein Brandmal aufdrücken.
notabĭlis, e, merkwürdig; notab. esse, sich auszeichnen.
noto, 1., bezeichnen, bemerken, sich merken; angeben; Pass. sich auszeichnen.
notus, a, um, bekannt.
November, bris, bre, im November.
noverca, ae, die Stiefmutter.
novi, novisse, kennen.
novĭtas, atis, der Stand des homo novus; s. homo.
Novius, ein röm. Familienname; Novis Niger, S. 273, war Vorsteher eines von den fortwährenden Kriminal-Gerichten (quaestiones perpetuae) in Rom, als quaestor, d. i. praetor quaesitor.
novo, 1., einen Aufruhr machen.
Novumcōmum, i, Stadt in Gallia cisalpina.
novus, a, um, neu, frisch; ungewöhnlich, unerhört; novissimus, der letzte; homo novus, s. homo; res novae, Neuerungen, die Empörung, die Unruhe; novissimum agmen, der Nachtrab; Adv. novissime, zuletzt.
nox, ctis, die Nacht; noctem agere, die Nacht hinbringen; in oder ad multam noctem, bis spät in die Nacht.
noxa, ae, der Schaden, das Unglück.
nubes, is, die Wolke.
nubo, psi, ptum, 3., heirathen (von Frauen gesagt).
Nucerīnus, aus Nuceria, einer Stadt Campaniens, s. Sittius.
nudius tertius, vor drei Tagen.
nudo, 1., entblößen; opere censorio nudari, durch die Censoren der Vorzüge eines Standes verlustig erklärt werden.
nudus, a, um, nackt, entblößt, kahl, leer; natürlich; unbewaffnet, unbeschützt.
nullus, a, um, kein, nichtig.
num, Fragewort in negativ gemeinten Sätzen.
Numantia, ae, Stadt in Spanien; im J. 133 vom jüngeren Scipio Africanus zerstört.
numen, ĭnis, die göttliche Macht, die Gottheit.
numĕro, 1., zählen, rechnen; zahlen, bezahlen.
numĕrus, i, die Zahl; die Gesellschaft; numero, an Zahl; in numero habere, für etwas halten, zu etwas zählen; numerum inire, eine Zählung vornehmen.
Numidĭcus, a, um, aus Numidien; lapis Numidĭcus, eine Art Marmor.
nummus und numus, i, die Münze; Plur. das Geld; numus heißt auch der Sesterz, an Werth ungefähr $15\frac{1}{4}$ Pfennige.
numquam u. nunquam, nie, niemals.
nunc, jetzt, nunc — nunc, bald — bald.

nuncio und nuntio, 1., melden, hinterbringen.
nuncius und nuntius, i, der Verkündiger, der Bote; die Botschaft, die Nachricht.
nunquam, s. numq.
nuntio, s. nuncio.
nuntius, s. nuncius.
nuper, kürzlich, vor Kurzem; jüngst, unlängst.
nuptiae, arum, die Hochzeit, Verheirathung, Ehe; nuptiis sibi adiungere, zur Frau nehmen.
nusquam, nirgends.
nuto, 1., wanken.
nutrio, 4., ernähren; groß ziehen.
nutrix, īcis, die Amme.
nutus, us, der Wink, der Wille.

ob, wegen.
obaeratus, a, um, verschuldet; Subst. der Schuldner.
obdūco, xi, ctum, 3., überziehen.
obeo, ii, itum, 4., bis wohin kommen, sich einer Sache unterziehen, unternehmen; durchziehen; diem non obire, an dem Tage nicht erscheinen.
obequĭto, 1., heranreiten.
oberro, 1., herumirren.
obf., s. off.
obiectus, us, das Vorliegen.
obiĭcio, ēci, ectum, 3., vorwerfen, davorstellen, entgegen stellen, entgegen bringen; stellen; preis geben; fossam obiicere, einen Graben aufwerfen.
oblĭgo, 1., verbinden, verpflichten, sich Jemanden verbindlich machen, schuldig machen.
oblīquus, a, um, seitwärts.
oblivio, ōnis, die Vergessenheit; Amnestie; oblivio est, man vergißt.
obliviscor, lītus sum, 3., vergessen, nicht mehr an etwas denken; oblitus, a, um, uneingedenk, ohne zu denken an.
oblŏco, 1., verdingen.
obluctor, 1., sich wehren.
obnoxius, a, um, preis gegeben.
obnuntio, 1., der Versammlung ein böses Anzeichen melden; Einspruch thun.
oborior, ortus sum, 4., erstehen; lacrimae oboriuntur, Thränen kommen in die Augen.
obp, s. opp.
obrŏgo, 1., aufheben (ganz oder theilweise).
obrŭo, ŭi, ŭtum, 3., bedecken, überschütten; zermalmen, vernichten; saxis obruere, steinigen; vino se obruere, sich in Wein berauschen.
obscurĭtas, ātis, die Dunkelheit; obscuritatem afferre alicui, verdunkeln.
obscūro, 1., verfinstern, verbergen.
obscūrus, a, um, dunkel; unbekannt, unberühmt, ruhmlos; obscura luce, in der Dunkelheit; obscuro loco, S. 94, im Dunkeln; Adv. obscure, dunkel, im Dunkeln.
obsĕcro, 1., beschwören.
obsequium, i, der Gehorsam.
obsĕquor, cūtus sum, 3., zuvorkommen; nachgiebig sein.
obsĕro, 1., verriegeln.
obsĕro, ēvi, ĭtum, 3., bedecken.
observo, 1., betrachten, erblicken, auf etwas achten.
obses, ĭdis, der Geißel, der Bürge, das Unterpfand.
obsessio, ōnis, die Einschließung.
obsĭdeo, ēdi, essum, 2., umringen, besetzt halten.
obsidio, ōnis, die Einschließung, Belagerung, Gefangenschaft, nahe Gefahr; obsidione cingere, belagern.
obsīdo, ēdi, essum, 3., besetzen, umstellen, umgeben, einschließen, belagern.
obsigno, 1., besiegeln, versiegeln.
obsisto, stĭti, stĭtum, 3., sich entgegen stellen, Widerstand leisten.
obsolētus, a, um, abgenutzt.
obsonium, i, die Speise.
obstinatus, a, um, fest entschlossen, hartnäckig.
obsto, stĭti, statum, 1., entgegen stehen, hindern, Widerstand leisten.
obstrĕpo, ui, ĭtum, 3., lärmend unterbrechen, übertönen, tönen.
obstringo, nxi, ctum, 3., binden, befestigen; tropisch: fesseln, verpflichten.
obstrŭo, xi, ctum, 3., davor mauern, vermauern.

obstupefăcio, eci, actum, 3., stutzig machen, in Erstaunen setzen.
ŏbstupesco, pŭi, 3., erstaunen.
obsum, fui, esse, nachtheilig sein.
obtempĕro, 1., gehorchen.
obtendo, di, tum, 3., vor Jemandem ausspannen.
obtentus, us, der Vorwand.
obtĕro, trīvi, trītum, 3., zermalmen, vernichten.
obtestor, 1., beschwören, bitten.
obtĭneo, inui, entum, 2., behaupten, durchsetzen, durchdringen; inne haben; darthun; sich wo halten.
obtingo, ĭgi, 3., widerfahren, zu Theil werden, zustoßen.
obtrectator, ōris, der Neider, Feind.
obtrunco, 1., niederhauen.
obumbro, 1., beschatten.
obvĕnio, ēni, entum, 4., zufallen.
obverto, ti, sum, 3., wenden; obverti, sich wenden.
obvĭam, entgegen; obviam ire, entgegen treten; obviam habere, begegnen.
obvĭus, a, um, der mir aufstößt, entgegen kommt; obvius sum, ich begegne.
obvolvo, vi, ūtum, 3., verhüllen.
occasio, ōnis, die Gelegenheit, die günstige Gelegenheit; per occasionem, ex occasione, gelegentlich, bei Gelegenheit; minor occasio, ungünstigere Zeitumstände.
occăsus, us, der Untergang.
occidio, ōnis, das Niederhauen; occidione caedere, gänzlich niedermetzeln.
occĭdo, ĭdi, āsum, 3., fallen; occĭdens, näml. sol, der Westen; ab occidente, im Westen.
occīdo, īdi, īsum, 3, erschlagen, ermorden, tödten.
occlūdo, si, sum, 3., verschließen.
occŭlo, ui, tum, 3., verbergen.
occulto, 1., verbergen.
occultus, a, um, verborgen, geheim, heimlich; Adv. occulte.
occumbo, ubui, ubĭtum, 3., fallen; mit und ohne mortem, sterben.
occŭpo, 1., sich bemächtigen, nach etwas greifen; erobern, einnehmen, besetzen; beschäftigen; überfallen, überraschen, zuvorkommen.
occurro, rri, rsum, 3., entgegen laufen, entgegen kommen (helfend und feindlich); begegnen, auf einen stoßen; herbei eilen, sich zeigen; entgegen arbeiten; occurrit mihi, ich treffe an; es kommt mich an.
occursus, us, die Dazukunft.
Oceănus, i, eigentl. das Weltmeer; (bei Curtius) das indische Meer; (bei Cäsar) das atlantische Meer.
Ocĕlum, i, Stadt auf den kottischen Alpen im cisalpinischen Gallien.
Ochus, i, 1) Artaxerxes III. Ochus, König der Perser vom J. 362—338. 2) Ochus, der Sohn des Darius Kodomannus.
ocior, us, schneller, schnell.
Octavius, ein röm. Geschlechtsname. 2) Cn. Octavius im J. 87 Consul mit L. Cornelius Cinna; s. Cinna Nr. 1. 2) C. Octavius, Enkel der Schwester Cäsars, der nachmalige Kaiser Augustus, von Cäsar zum Erben eingesetzt und adoptirt; daher C. Iulius Caesar Octavianus. 3) Octavia, Enkelin der Schwester Cäsars; s. Marcellus Nr. 3.
ocŭlus, i, das Auge; in oculis, vor Augen; oculis subiicere, mit Augen sehen.
odi, odisse, hassen.
odium, i, der Haß; Plur. die Feindschaft (auch als Concretum); odia interneciva, die Todfeindschaft.
odor, ōris, der (üble oder gute) Geruch; odores, um, Wohlgerüche.
Oedĭpus, i, König von Theben, löste das Räthsel der Sphinx, tödtete unwissend seinen Vater Lajus, heirathete seine Mutter Jokaste, von der er die Kinder Eteokles, Polynices, die Ismene und Antigone hatte.
offendo u. obfendo, di, sum, 3., anstoßen, antreffen; off. aliquem oder animum alicuius, Jem. beleidigen; Pass. Anstoß nehmen.
offensa, ae, der Haß.
offensio, ōnis, die Abneigung; sine offensione animi, ohne im Herzen Anstoß zu nehmen.
offensus, a, um, anstößig, verhaßt; dem etwas mißfällt, aufgebracht, erbittert.
offĕro, obtŭli, oblatum, offerre, dar-

bieten, anbieten, sehen lassen, aussetzen, ausliefern; dextram off., die Hand reichen; discrimini off., aufs Spiel setzen.
officīna, ae, die Werkstätte.
offĭcio, ēci, ectum, 3., entgegen arbeiten, entgegen stehen; auribus off., taub machen.
officium, i, die Gefälligkeit, Dienstleistung, der Dienst, Liebesdienst; die Ehrerweisung; die Pflicht; das Pflichtgefühl; officium exsequi oder officio fungi, eine Pflicht erfüllen; officia in aliquem, die Jemandem erzeigten Dienste; officium relinquere oder ab officio discedere, die Ehrerweisung unterlassen; suprema officia celebrare, die letzte Ehre erweisen; de officiis, unter diesem Titel hat Cicero ein Werk in 3 Büchern geschrieben.
olĕum, i, das Oel.
olim, einst; früher, längst.
Olympias, ădis, Gemahlin des Philippus von Macedonien, Alexanders Mutter.
Olynthus, i, Seestadt in Macedonien auf der Halbinsel Chalcidice, am toronaischen Meerbusen; von Philippus im J. 348 zerstört; Olynthii, orum, die Einwohner derselben.
omen, ĭnis, das Vorzeichen, die Vorbedeutung; die Prophezeihung.
omitto, īsi, issum, 3., weglassen, wegwerfen, außer Acht lassen, lassen, bei Seite lassen; übergehen, unterlassen; spem, proelium om. eine Hoffnung, ein Gefecht aufgeben; omisso ordine, ohne alle Ordnung.
omnīno, im Ganzen, überhaupt, durchaus.
omnis, e, jeder, all, ganz.
Onchae, arum, eine Stadt in Syrien.
onĕro, 1., belasten, überhäufen; vino, mero on., berauschen.
Onomarchus, i, Feldherr der Phokenser.
onus, ĕris, die Last.
onustus, a, um, beladen.
opăcus, a, um, schattig.
opĕra, ae, die Mühe, die Bemühung; der Dienst, die Arbeit; Plur. opĕrae, arum, die Arbeiter; operam polliceri, seine Dienste verheißen: opera alicuius uti, sich der Dienste Jemandes bedienen; operam dare, Sorge tragen, Unterricht nehmen, alicui, bei Jemandem.
opĕrio, rui, rtum, 4., bedecken.
opĭfex, ĭcis, der Handwerker.
Opimius, ein röm. Geschlechtsname. L. Opimius, Consul im J. 121, ließ mit Vollmacht des Senats den C. Gracchus und viele seiner Anhänger tödten; s. Fulvius Nr. 1.
opīmus, a, um, ansehnlich.
opinio, ōnis, die Meinung, das Gerücht; praeter opinionem, wider Vermuthen; opinione beim Comparativ: als man vermuthen sollte.
opīnor, 1., meinen, muthmaßen.
opitŭlor, 1., zu Hülfe kommen.
oportet, man muß, man soll, man darf.
oppĕrior, rtus sum, 4., warten, erwarten.
oppĕto, ivi und ii, ītum, 3., entgegen gehen; mortem opp., den Tod leiden.
oppidānus, a, um, aus der Stadt; Subst. der Stadtbewohner.
oppĭdum, i, die Stadt.
Oppius, ein röm. Geschlechtsname. C. Oppius, röm. Geschichtsschreiber und Freund Cäsars.
oppōno, osui, ositum, 3., entgegen stellen; oppositus, feindlich.
opportunĭtas, atis, die (günstige) Gelegenheit, die günstige Lage; opportunitatem corrumpere, dimittere, eine Gelegenheit vorüber gehen lassen.
opportūnus, a, um, gelegen, passend, günstig; zu gehöriger Zeit.
opprĭmo, essi, essum, 3., unterdrükken, niederdrücken; überwältigen; überfallen, umstürzen.
opprobrium, i, der Schimpf.
oppugnatio, ōnis, die Belagerung, Bestürmung.
oppugno, 1., angreifen, belagern, bestürmen.
(ops) opis, die Macht; die Hülfe, Unterstützung, der Beistand; Plur. opes, die Macht, die Mittel, die

Schätze, der Reichthum, der Vortheil.

optĭmas, ātis, der Vornehme, der Patriot, der von der Partei des Senats ist.

optĭmus, a, um, Superl. v. bonus, rechtschaffen, S. 359; der angesehenste, S. 11; s. auch Iupiter.

opto, 1., wünschen.

opŭlens, tis und opulentus, a, um, wohlhabend, reich.

opulentia, ae, der Wohlstand, Reichthum.

opulentus, s. opulens.

opus, ĕris, die Arbeit, das Werk, Befestigungs-, Belagerungs-, Bauwerk; die That, die Ausführung; das Handwerk; tanto opere, so eifrig; magno opere, sehr, viel; opus diurnum, das Tagewerk; muri ingentis operis, ungeheure Mauern.

opus, Adv. opus esse, nöthig sein, bedürfen.

ora, ae, die Küste.

oracŭlum, i, das Orakel, der Orakelspruch.

oratio, ōnis, die Rede, der Ausdruck, die Aeußerung; die Beredsamkeit, S. 348; orationem habere, eine Rede halten.

orator, ōris, der Redner.

oratorius, a, um, rednerisch.

orbis, is, der Kreis; orbis terrae oder terrarum, der Erdkreis; orbes temporum, der Kreislauf der Zeit; orbes rotarum, die Felgen.

orbĭtas, ātis, die Kinderlosigkeit; der Verlust (des Sohnes), S. 89.

orbo, 1., berauben.

orbus, a, um, kinderlos.

orchestra, ae, der vorderste Platz im Theater, der für die Senatoren bestimmt war, hinter welchem 14 Reihen Bänke für die Ritter standen.

Orchomenii, orum, die Bewohner von Orchomĕnus, einer Stadt in Böotien.

ordĭno, 1., ordnen, anordnen, anstellen.

ordior, orsus sum, 4., beginnen; sententiam ord., seine Meinung sagen.

ordo, ĭnis, die Reihe, Ordnung, der Stand, Rang, die Stufe; der Hergang; Reihe und Glied, Glied der Schlachtordnung; ordo senatorius, equester, der Senator-, Ritterstand; in hoc ordine, S. 22., in diesem Collegium (des Senats); ordine, nach der Reihe, in der Ordnung.

Orestae, arum, eine Völkerschaft in Epirus.

Orestilla, ein röm. Zuname. Aurelia Orestilla, die zweite Frau des Catilina.

Orgetorix, igis, ein vornehmer Helvetier.

Oriens, tis, das Morgenland, der Orient.

orĭgo, ĭnis, der Ursprung, die Herkunft; originem trahere ex oder referre ad, den Ursprung ableiten.

orior, ortus sum, 4., aufgehen, entstehen, ausgehen, anfangen, den Anfang nehmen, entspringen; ortum esse, stammen; oriens, näml. sol, Osten; ad orientem, nach Osten.

ornamentum, i, die Zierde, der Schmuck; die Ehre, die Auszeichnung, der Rang; die Rüstung, S. 54.

ornātus, us, der Schmuck, der Anzug.

orno, 1., ausstatten, versehen; schmücken, erheben; Ehre erweisen; vir ornatus, ein angesehener Mann, (der die vorzüglichsten Ehrenstellen im Staate bekleidet oder bekleidet hat); ornare provincias, Anordnungen für die Provinzen treffen.

oro, 1., bitten.

Oron, ein Fluß (Kanal) in Aegypten.

Orontobates, is, ein persischer Feldherr.

Oropasta, ae, ein Magier, der nach Kambyses Tode im J. 522 als Pseudosmerdis 7 Monate lang König von Persien war.

Orpheus, ĕi, ein berühmter alter Sänger.

Orsilos, i., ein Perser, der zum Alexander übergeht.

Orsines, is, ein vornehmer Perser,

Feldherr im Heere des Darius Kodomannus.
ortus, us, der Aufgang; ortus lucis oder diei, der Anbruch des Tages.
os, ossis, der Knochen; ossa, die Gebeine.
os, oris, das Gesicht; der Mund; die Sprache; die Unverschämtheit, S. 347; in ore est, man redet von etwas; in ore habere, im Munde führen.
oscŭlor, 1., küssen.
Ostanes, is, ein vornehmer Perser zur Zeit Darius Hystasp.
ostendo, di, sum und tum, 3., zeigen, entdecken, eröffnen, mittheilen, andeuten.
ostentatio, ōnis, die Prahlerei.
ostento, 1., zeigen, sehen lassen.
ostentum, i, das Wunderzeichen.
ostium, i, die Mündung.
otiosus, a, um, müßig, ruhig, friedlich.
otium, i, die Muße, Geschäftslosigkeit, Ruhe, Gemächlichkeit.
ovo, 1., frohlocken.
Oxathres, is, Bruder des Darius Kodomannus.

P., d. i. Publius, ein römischer Vorname.
P. C., d. i. Patres conscripti, s. pater.
pabulatio, onis, das Fouragiren (Futterholen).
pabŭlum, i, das Futter.
pacifico, 1., Frieden machen.
paciscor, pactus sum, 3., einen Vertrag machen, übereinkommen, verabreden, sich ausbedingen.
paco, 1., beruhigen, zur Ruhe bringen (ein bereits unterjochtes Volk); pacatus, friedlich.
pactio, ōnis, der Vergleich, die Uebereinkunft; pactio provinciae, die vertragsmäßige Ueberlassung der Provinz.
pactum, i, die Uebereinkunft; nullo, isto pacto, auf keine, auf eine solche Weise.
Pacuvius, i, ein röm. Tragödiendichter zur Zeit des 2ten und 3ten punischen Krieges.
paene, beinahe, fast.
Paeŏnes, um, die Päonier, die Einwohner von Päonien.
Paeonia, ae, Päonien, eine Landschaft im nördlichen Macedonien.
pagĭna, ae, die Blattseite.
pagus, i, der Gau, Bezirk.
Palaetўros, i, Alt-Tyrus, Stadt in Phönicien auf dem festen Lande, 30 Stadien von dem auf einer Insel erbauten Neu-Tyrus.
palam, öffentlich, offen.
Palatium, i, der palatinische Hügel in Rom, an dessen Fuß der Tempel des Iupiter Stator sich befand. S. 30.
palla, ae, der Mantel.
palliatus, a, um, mit dem Pallium, dem griechischen Nationalkleide, bekleidet.
pallor, ōris, die Todtenbleiche.
palmes, ĭtis, der Zweig (eigentl. des Weinstocks); der Ast (am Baum).
palor, 1., umherschweifen.
paludamentum, i, der Mantel.
palus, ūdis, stehendes Wasser, der Sumpf.
Pamphylia, ae, Pamphylien, eine Provinz an der Südküste von Klein-Asien.
pando, ndi, nsum und ssum, 3., ausbreiten; passis crinibus, mit fliegendem Haar.
pango, pepĭgi, pactum, 3., eigentl. befestigen; pacem p., Frieden schließen; p. cum aliquo, mit Jem. in Unterhandlung treten.
panis, is, das Brot.
Paphlagonia, ae, Paphlagonien, eine Provinz an der Nordküste Klein-Asiens.
par, is, Adj. gleich; billig; gewachsen; Subst. das Paar; Adv. parĭter, gleich, zugleich, gleichfalls; pariter et oder ac, ebensowohl als.
parabĭlis, e, leicht anzuschaffen.
parātus, a, um, bereit, gerüstet, bei der Hand, zu Gebote stehend, sich darbietend; gefaßt, thätig.
parco, peperci, parsum, 3., schonen, verschonen.
parcus, a, um, sparsam, mäßig, nicht begierig; Adv. parce, karg, wenig.
pardălis, is, der Panther.

parens, tis, der Vater, die Mutter; Plur. die Eltern.
parento, 1., ein Todtenopfer bringen.
pareo, 2., gehorchen, willfahren, dienen.
paries, ĕtis, die Wand, die Mauer.
pario, pepĕri, partum, 3., erzeugen; erwerben, erlangen.
Parmenio, ōnis, Feldherr und Vertrauter Alexanders.
paro, 1., bereiten, vorbereiten; verschaffen, anschaffen, veranstalten; sich anschicken; bellum p., Krieg bereiten, sich zum Kriege rüsten; insidias p., Nachstellungen bereiten, nachstellen; incendia p., Feuersbrünste vorbereiten; legem p., ein Gesetz aufstellen; multitudinem, manum, exercitum p., einen Haufen, eine Schaar, ein Heer anwerben; scelus, dolum p., einen frevelhaften, hinterlistigen Anschlag fassen; praesidia, defensionem p., Schutzwachen, eine Vertheidigung veranstalten; vim p, sich zu Gewaltthätigkeit anschicken.
parricīda, ae, eigentl. der Vatermörder; Mörder; Hochverräther, Verräther.
parricidium, i, eigentl. Vatermord; der Bruder-, Gatten-, Königsmord; die Mordthat; der Hochverrath; parricidium patriae, der Untergang des Vaterlandes; parr. facere, einen (Bruder-) Mord begehen, S. 93.
pars, tis, der Theil, die Abtheilung; die Seite; die Partei; Plur. die Rolle; pars — pars, oder alii — pars, einige — andere; magna ex parte, großentheils; ex maxima parte, größtentheils; in utramque partem, dafür und dawider; in eam partem, in sofern; in eam partem accipere, so aufnehmen; in partibus stare, auf der Partei stehen; partibus adesse, sich anschließen; mearum partium est, es ist meine Pflicht; diversarum partium, von der Gegenpartei.
Parthi, orum, die Parther, Bewohner von Parthia oder Parthiene, stammen von den Scythen, sind den Persern unterworfen, kommen nach Alexander des Großen Tode unter den Arsaciden zu großer Macht und sind später furchtbare Feinde der Römer.
Parthiēne, es, Parthien oder Parthiene, eine durch Hyrkanien von der Südostküste des kaspischen Meeres getrennte Provinz des persischen Reiches.
Parthiēni, orum, die Parthiener, Bewohner der Provinz Parthiene.
Parthyaei, orum, ein asiatischer Volksstamm im Südosten des kaspischen Meeres.
partĭceps, ĭpis, eigentl. Adj. theilnehmend; Subst. der Theilnehmer, Mitwisser.
partim, theils: partim — partim, theils — theils.
partior, tītus sum, 4., theilen, vertheilen.
partus, us, eigentl. die Geburt; das Kind.
parum, Adv. zu wenig, nicht genug, nicht recht.
parvŭlus, a, um, klein, ganz klein.
parvus, a, um, klein, gering; zu klein, zu gering.
Pasitigris, ĭdis, Fluß in Susiana, der in den persischen Meerbusen fällt.
passim, hier und da; an und nach verschiedenen Orten.
passus, us, der Schritt.
pastor, ōris, der Hirt.
pastus, us, die Weide.
patefăcio, ēci, actum, 3., öffnen; aufdecken, entdecken.
pateo, 2., offen stehen, zugänglich sein; bloß gestellt sein; offenbar sein, sich offenbaren, sich zeigen, sich öffnen, sich erstrecken; patens, offen; loca patentia, unbefestigte Gegenden.
pater, tris, der Vater; pater familias, der Hausvater; patres, der Senat, die Patrizier; patres conscripti, abgekürzt P. C., die förmliche Benennung des Senats: versammelte Väter, indem durch patres die von Patriziern herstammenden Senatoren und durch conscripti diejenigen bezeichnet werden, welche nach des Brutus Ein-

richtung aus dem Ritterstande dem Senat beigefügt wurden.

patĕra, ae, die Schale, Opferschale.

paternus, a, um, väterlich.

patiens, tis, der leicht tragen oder ertragen kann; geduldig; navium patiens, schiffbar; Adv. patienter.

patientia, ae, die Erduldung, Geduld; Genügsamkeit; Standhaftigkeit; patientia ferre aliquid, sich in etwas schicken.

patior, passus sum, 3., leiden, dulden, aushalten, erdulden müssen; lassen, zulassen; consilia pati, Rathschläge annehmen; animo pati aliquid, sich in etwas schicken.

patria, ae, das Vaterland, die Vaterstadt.

patricius, a, um, patrizisch; Subst. der Patrizier (aus der Familie derjenigen Senatoren, welche Romulus und Tarquinius Priscus eingesetzt hatten).

patrimonium, i, das Vatergut, Erbgut; Erbland; Vermögen.

patrius, a, um, väterlich; vaterländisch.

patro, 1., durchsetzen.

patrocinium, i, der Schutz; die Schutzherrschaft, das Patronat. Die den Römern unterworfenen auswärtigen Völker wählten sich in Rom einen Patron, der dort ihre Sache vertrat, meist aus der Familie dessen, der sie unterworfen hatte; s. Allobrox und Fabius.

Patron, onis, Befehlshaber der griechischen Truppen beim Darius Kodomannus.

patrōnus, i, der Patron, Schutzherr; Sachwalter; s. patrocinium.

patruēlis, e, eigentl. von des Vaters Bruder abstammend; frater patruelis, des Vaters Brudersohn, der Vetter.

patrŭus, i, Vaterbruder, Oheim.

paucĭtas, ātis, die geringe Anzahl.

paucus, a, um, wenig, wenige, einige; pauca exempla, seltne Beispiele; paucis, näml. verbis, in einer kurzen Rede.

paullatim und paulatim, allmählig, nach und nach.

paullisper und paulisper, ein Wenig, eine Zeit lang.

paullō u. paulo, bei Comparativen: etwas; paullo ante, kurz vorher.

paullŭlum und paululum, ein klein Wenig, kurze Zeit, eine Zeit lang.

paullum u. paulum, wenig, ein Wenig.

Paullus, ein röm. Familienname des Aemilischen Geschlechts. 1) L. Aemilius Paullus Macedonicus, Vater des jüngeren Scipio Africanus, schlug im J. 168 den macedonischen König Perseus bei Pydna, nimmt ihn gefangen und führt ihn im Triumph auf. 2) L. Aemilius Paullus, der im J. 63 den Catilina nach dem Plautischen Gesetze wegen Gewaltthätigkeit anklagte, und im J. 50 mit C. Claudius Marcellus Consul war.

paul., s. paull.

paupertas, ātis, die Armuth.

Pausanias, ae, 1) Feldherr (König) der Spartaner, erobert Byzanz im J. 477, wird wegen Verrätherei getödtet im J. 471. 2) ein vornehmer macedonischer Jüngling, der im J. 336 den König Philippus ermordete.

paveo, avi, 2., ängstlich sein.

pavĭdus, a, um, angstvoll, zaghaft, scheu.

pavimentum, i, der Fußboden.

pavor, ōris, die Angst, Bestürzung; pavor hostilis, Angst vor dem Feinde.

pax, cis, der Friede; pacem iungere, facere, Frieden schließen; pacem dare, Frieden gewähren.

peccatum, i, der Irrthum.

pecco, 1., sündigen; p. in aliquo, sich an Jem. vergreifen.

pecto, xi, xum, 3., kämmen.

pectus, ŏris, die Brust, das Herz.

pecuarius, a, um, das Vieh betreffend; pecuarius, i, der Viehzucht treibt; pecuaria facere, Viehzucht treiben.

peculātus, us, die Veruntreuung öffentlicher Gelder.

peculiaris, e, eigen.

pecunia, ae, das Geld; Plur. Geld, Reichthum; pecunias accipere ab aliquo, von Jemandem Gelder erpressen, S. 290.

pecus, ŏris, im Sing. u. Plur. das Vieh.
pecus, ŭdis, das (Stück) Vieh, das Thier.
pedes, ĭtis, zu Fuß, der Fußsoldat.
pedester, stris, stre, zu Fuß; exercitus, acies, copiae ped., das Fußheer; pedestre praelium, die Landschlacht.
Pedius, ein röm. Geschlechtsname. Q. Pedius, Enkel der Schwester Cäsars.
pellis, is, das Fell.
pello, pepŭli, pulsum, 3., treiben, jagen, verjagen, verdrängen, verbannen; schlagen, zurückschlagen.
Pelopĭdas, ae, Feldherr der Thebaner, Zeitgenoß des Epaminondas.
Peloponnenses, ium, die Peloponnesier, Bewohner des Peloponnes.
Peloponnesius, a, um, peloponnesisch; Subst. der Peloponnesier.
Peloponnēsus, i, der Peloponnes, die durch den korinthischen Isthmus mit Hellas verbundene Halbinsel Griechenlands.
Pelusium, i, Stadt im nordöstlichen Aegypten am mittelländischen Meere.
penātes, ium, auch dii penates, die Penaten, Schutzgötter, Hausgötter, denen im Impluvium (dem innern Hofe) jedes Hauses ein Altar geweihet war.
pendeo, pependi, pensum, 2., hangen, herabhangen, schweben; p. ex aliquo, von Jemandem abhangen.
pendo, pependi, pensum, 3., eigentl. abwägen, erwägen; zahlen; parvi pendere, gering achten; poenam, supplicia pendere, Strafe (zahlen) leiden, bestraft werden; pensi est alicui, Jem. nimmt Rücksicht; nihil pensi habere, gar nicht in Erwägung ziehen, gar keine Rücksicht nehmen.
penes, Präp. in der Gewalt.
penĕtro, 1., durchdringen, eindringen, vordringen.
penĭtus, Adv. tief, gänzlich, gründlich; penitus mandare animo mentique, tief dem Herzen und Sinne einprägen.
penna, ae, eigentl. die Feder; der Flügel.
pensĭlis, e, schwebend.
pensĭto, 1., erwägen.
penso, 1., erwägen; aufwiegen.
pensum, i, die Tagarbeit.
pensus, s. pendo.
penuria, ae, der Mangel.
per, durch, hindurch, während; bei z. B. per ignava aut vana ingenia, bei Muthlosigkeit und Flattersinn; bei (in Bitten und Betheurungen); mit Hülfe, durch Vermittelung, mit Zustimmung (bei Personen); auf, in (auf die Frage wo? wenn von einem großen Umfang die Rede ist), z. B. per muros turresque, auf den Mauern und Thürmen; per somnum, im Schlaf, im Traum; per se, persönlich, S. 294.
perăgo, ēgi, actum, 3., hinbringen conventus p., Gerichtstage halten.
perăgro, 1., durchziehen.
perarmo, 1., wohlbewaffnen.
percello, ŭli, ulsum, 3., niederwerfen, erschüttern, bestürzen; muthlos machen.
percenseo, ui, 2., anführen.
percĭpio, ēpi, eptum, 3., vernehmen, wahrnehmen, begreifen, verstehen; genießen.
percontor und percunctor, 1., fragen, sich erkundigen, ab aliquo, bei Jemandem.
percrebresco, brui, 3., sich verbreiten.
percunctatio, auch percontatio, onis, die Erkundigung.
percūro, 1., völlig heilen.
percurro, urri, ursum, 3., durchlaufen.
percussor, ōris, der Mörder.
percŭtio, ussi, ussum, 3., durchbohren, morden; durchdringen; securi p., köpfen; de coelo percuti, vom Blitz getroffen werden.
Perdiccas, ae, 1) Perdikkas III., König von Macedonien 365—360, Bruder des Philippus von Macedonien, soll nach Einigen in einer Schlacht gegen die Illyrier gefallen, nach Andern von seiner Mutter Eurydike ermordet worden sein, S. 265. 2) Ein General Alexanders des Großen.

perdĭtus, a, um, eigentl. Partic. von perdo; verloren, verworfen, unglücklich; ratio perdita, eine schlechte Sache.
perdo, dĭdi, dĭtum, 3., verderben, zu Grunde richten, vernichten; verlieren; Altes Praes. Conj. perduim; perditum ire, ins Verderben stürzen.
perdŏmo, uj, ĭtum, 1., bezwingen.
perdūco, xi, ctum, 3., wohin führen; weiter führen; murum fossamque p., eine Mauer und einen Graben ziehen.
perduellio, ōnis, der Hochverrath, bestehend in feindseligen Handlungen gegen Staat und Mitbürger, (S. 271. Ermordung eines sakrosankten Volkstribunen).
perĕgre, aus dem Lande.
peregrinatio, ōnis, die Wanderung.
peregrīnus, a, um, fremd, ausländisch; Subst. der Fremdling, Ausländer.
pereo, ii, ĭtum, 4., umkommen, zu Grunde gehen; sterben.
perfacĭlis, e, sehr leicht.
perfĕro, tŭli, lātum, ferre, überbringen, hinüber nehmen; dulden; tumultus, clamor perfertur ad me, der Lärm, das Geschrei dringt zu mir.
perfĭcio, ēci, ectum, 3., zu Stande bringen, vollführen, durchführen, beendigen; sich bestreben, S. 70.
perfidia, ae, die Treulosigkeit, Untreue.
perfŏdio, ōdi, ossum, 3., durchgraben.
perfŏro, 1., durchbohren, durchlöchern.
perfringo, ēgi, actum, 3., durchbrechen, zerbrechen, zerhauen, trennen.
perfrŭor, etus sum, 3., genießen.
perfŭga, ae, der Ueberläufer.
perfŭgio, ūgi, ugĭtum, 3., fliehen.
perfugium, i, die Zuflucht.
perfundo, ūdi, ūsum, 3., benetzen, bedecken.
pergo, perrexi, perrectum, 3., gehen, hingehen, weiter gehen, fortfahren.
perhorresco, rui, 3., vor etwas schaudern.

Perĭcles, is, ein berühmter Feldherr und Staatsmann der Athener.
pericĭitor, 1., aufs Spiel setzen.
periculosus, a, um, gefahrvoll.
pericŭlum, i, die Gefahr; p. facere, Gefahr bereiten; p. alicuius facere, Jem. auf die Probe stellen; p. sui facere, einen Versuch machen; p. adire, in eine Gefahr gerathen; p. est, es ist zu besorgen; causa periculi sum alicui, ich stürze Jem. in Gefahr.
perĭmo, ēmi, emtum, 3., zu Grunde richten, einstürzen.
perinde, ebenso.
perītus, a, um, erfahren, geschickt, kundig; Subst. ein Kenner.
periurium, i, der Meineid; p. contrahere, einen Meineid begehen.
perlĕgo, ēgi, ectum, 3., durchlesen.
permagnus, a, um, sehr groß.
permăneo, nsi, nsum, 2., bleiben, verharren, Stand halten.
permisceo, scui, xtum und stum, 2., vermischen, verwirren.
permitto, si, ssum, 3., überlassen, zulassen, erlauben, gestatten, zugestehen.
permodestus, a, um, sehr bescheiden.
permŏveo, ōvi, ōtum, 2., bewegen, in Bewegung bringen, erschüttern, wozu bewegen.
permulceo, si, sum, 2., beruhigen.
permultus, a, um, sehr viel.
permūnio, 4., befestigen.
permūto, 1., vertauschen.
pernicies, ēi, das Verderben, die Vernichtung.
perniciosus, a, um, verderblich, schädlich.
perōsus, a, um, hassend.
perparvus, a, um, sehr klein.
perpaucus, a, um, sehr wenig.
perpello, ŭli, ulsum, 3., antreiben; Jem. wozu vermögen.
perpendo, di, sum, 3., erwägen.
perpĕram, unrichtig.
perpes, ĕtis, s. v. a. perpetuus; perpeti nocte, die ganze Nacht hindurch.
perpĕtior, ssus sum, 3., ertragen.
perpĕtro, 1., vollbringen, vollführen, verrichten.
perpetŭus, a, um, ununterbrochen, immerwährend, beständig, ewig;

in perpetuum, auf immer; perpetua vita, Abl. das ganze Leben hindurch.
perrumpo, ūpi, uptum, 3., durchbrechen.
Persa, ae, der Perser. Die Perser, die früher den Medern unterworfen waren, kommen 558 durch Cyrus zur Oberherrschaft in Asien und behalten sie bis zum Tode des Darius Kodomannus 330.
persaepe, sehr oft.
perscrībo, psi, ptum, 3., schreiben, verschreiben, abfassen.
Persepŏlis, is, Stadt in Persis am Araxes; eine der Residenzstädte der persischen Könige.
persĕquor, cūtus sum, 3., folgen, verfolgen; ahnden; erklären; spem persequi, einer Hoffnung nachhängen.
Perses, ae, und Perseus, ĕi, letzter macedonischer König, von L. Aemilius Paullus im J. 168 bei Pydna besiegt.
persevēro, 1., verharren, beharren, fortfahren.
Persĭcus, a, um, persisch; bellum Persicum, Krieg gegen die Perser; mare Persicum, der persische Meerbusen.
persimĭlis, e, sehr ähnlich.
Persis, ĭdis, Persis oder Persien, bald das persische Reich, bald die Provinz Persis an der Ostküste des persischen Meerbusens.
persolvo, olvi, olūtum, 3., bezahlen; poenam persolvere, bestraft werden.
persōna, ae, die Maske, die Person.
perspecŭlor, 1., genau durchforschen.
perspĭcio, exi, ectum, 3., durchschauen, erkennen, anerkennen; perspectum mihi est, ich kenne.
persto, ĭti, ātum, 1., stehen bleiben.
perstringo, nxi, ctum, 3., streifen; animos horrore p., die Gemüther mit Schauer durchdringen.
persuādeo, si, sum, 2., überreden, überzeugen.
persuasio, ōnis, die Ueberzeugung.
pertaesus, a, um, überdrüssig.
pertendo, di, tum, 3., wohin gehen, eilen.
perterreo, 2., in Schrecken setzen, bestürzen, erschüttern.
pertĭca, ae, eine Stange.
pertimesco, mui, 3., fürchten, sehr fürchten, erbeben.
pertinacia, ae, die Hartnäckigkeit.
pertĭnax, ācis, hartnäckig, anhaltend.
pertĭneo, ui, 2., sich erstrecken, bis zu etwas führen; pertinere ad aliquid, etwas bezwecken, etwas betreffen, zu etwas gehören, zu etwas nöthig sein, Einfluß auf etwas haben; eodem pertĭnet, es läuft eben darauf hinaus.
pertracto, 1., behandeln.
perturbatio, ōnis, die Beunruhigung, Unruhe.
perturbo, 1., beunruhigen, in Verwirrung bringen; zerrütten.
pervĕnio, ēni, entum, 4., wohin kommen, gelangen; ad aliq. p., Jem. treffen, erreichen.
pervĭus, a, um, gehbar, gangbar.
pes, edis, der Fuß; collato pede, Fuß an Fuß; pedem referre, weichen; pedibus in sententiam alicuius ire, Jemandes Meinung beitreten.
pestis, is, die Pest, Seuche; das Verderben, Unheil, Unglück.
petitio, ōnis, der Angriff, die Bewerbung; petitionem coniicere, einen Angriff anbringen.
petītor, ōris, der Bewerber.
peto, ivi und ii, ītum, 3., zu erreichen suchen, suchen, nach etwas streben; verlangen, bitten; wohin gehen, auf etwas losgehen, heimsuchen; auxilium p., Hülfe suchen, um Hülfe bitten; ab aliquo p., Jem. bitten; p. ab senatu, beim Senat nachsuchen; p. consulatum, pontificatum, sich um das Consulat, Pontificat bewerben; p. aliquem, einen Angriff auf Jem. machen; telis p., mit Wurfspießen schießen; imperium petitur, es ist auf das Reich abgesehen.
petra, ae, der Fels.
Petreius, ein röm. Geschlechtsname. M. Petreius, Legat des Antonius, der im J. 62 bei Pistorium die Catilinarier schlug; später Legat des Pompejus in Spanien.

petulantia, ae, der Muthwille.
Peucestes, ae, ein Macedonier, der von Alexander zur Aufsicht in Aegypten zurückgelassen wurde.
Peucolāus, i, General Alexanders, welcher an der gegen denselben gestifteten Verschwörung Theil genommen haben soll.
Phagīta, ae, s. Cornelius Nr. 3.
phalanx, gis, die Phalanx, eine Schlachtordnung der Macedonier, gewöhnlich aus 16000 schwerbewaffneten Fußgängern bestehend, die in 10 Abtheilungen getheilt waren, deren jede 100 Mann in der Front und 16 Mann in der Tiefe enthielt; doch so, daß nach Umständen das Verhältniß der Fronte zur Tiefe geändert wurde. Die Soldaten hatten ein langes Schwert, den großen Schild und eine 21 Fuß lange Lanze, die aus dem 5ten Gliede noch über die Stirn des ersten hervorragte. Das Wesen und die große Wirkung der Phalanx bestand in den dicht geschlossenen Gliedern von der angegebenen Tiefe, und in der durch die fest und dicht gehaltenen Lanzen und Schilde gesicherten Stellung. — Auch die Helvetier und Germanen hatten eine dicht geschlossene Schlachtordnung mit über die Köpfe gehaltenen Schilden, welche S. 324 und 348 Phalanx genannt wird.
Pharmacūsa, ae, eine von den kleinen Inseln, die vor dem Meerbusen von Milet liegen.
Pharnabāzus, i, Satrap des Darius Nothus in Mysien, im J. 409 in einer Landschlacht bei Abydus geschlagen; Satrap des Artaxerxes Mnemon in Bithynien.
Pharnăces, is, Sohn des Mithridates, König in Pontus, von Cäsar bei Zela im J. 47 geschlagen und vernichtet.
Pharsalĭcus, a, um, bei Pharsălus, einer Stadt Thessaliens, wo Cäsar im J. 48 den Pompejus schlug; daher acies Pharsalica, die Schlacht bei Pharsalus.
Pharus, i, eine Insel in Aegypten, Alexandria gegenüber.
Phidippus, i, Arzt und Leibeigner des Königs Dejotarus, dessen Zeugniß sich Castor, der Enkel des Dejotarus, bei der Anklage seines Großvaters bediente; s. Castor Nr. 2.
Philēmon, ŏnis, ein Schreiber des Cäsar.
Philippus, i, 1) König von Macedonien 360—336; als Geißel in Theben 365—361, nimmt Theil an dem heiligen Krieg, schlägt die Phocier 352 und wird vom weitern Eindringen in Hellas durch die Athener bei Thermopylä abgehalten. Er greift 349 Olynth an und zerstört es 348; schließt Frieden mit Athen 347; dringt durch Therm. in Hellas ein und zerstört Phocis 346; mischt sich in die peloponnesische Angelegenheiten, belagert vergeblich Byzanz 340; führt Krieg gegen die Scythen, und wieder nach Griechenland zurückgekehrt, besiegt er die verbündeten Athener und Thebaner bei Chäronea 338; rüstet sich zum Kriege gegen die Perser und wird 336 ermordet. 2) Arzt Alexanders. 3) Sohn des Balakrus, Feldherr Alexanders. 4) Ein Anführer im Heere Alexanders, S. 203.
Philomēlus, i, Feldherr der Phocier im heiligen Kriege, fällt im J. 353.
Philōtas, ae, 1) Sohn des Parmenio, General Alexanders, wurde wegen Mitwissens um eine Verschwörung, die er nicht angezeigt hatte, hingerichtet. 2) Philotas Augaeus, ein Anführer im Heer Alexanders.
Phocensis, e, aus Phocis, einem Staate in Hellas; Subst. der Phocier.
Phoenīce, es, Phönizien, Küstenstrich zwischen dem Libanon und dem mittelländischen Meere, nördlich von Palästina.
Phradātes, is, Anführer im Heer Alexanders, den dieser über die Mardier setzte, nachdem sie sich ergeben hatten.

Phryges, um, die Phrygier, Bewohner von Phrygien in Kleinasien.
Phrygia, ae, Phrygien, ein Land im Innern von Kleinasien, das in Groß= und Klein=Phrygien zerfiel.
Phyle, es, Castell in Attika.
piacŭlum, i, das Sühnopfer; piacula exigere, bestrafen.
Picēnum, i, Provinz in Mittel=Italien, zwischen dem adriatischen Meere und den apenninischen Gebirgen, südlich von Umbrien, vom Aesis bis zum Matrinus; heißt auch ager Picēnus.
piĕtas, ātis, Pflichtliebe; zärtliche Liebe; Kindesliebe, Bruderliebe, Vaterlandsliebe.
piger, gra, grum, verdrossen.
piget, uit oder ĭtum est, 2., es verdrießt; piget me, ich trage Bedenken, S. 272.
pignus, ŏris, das Pfand, Unterpfand; die Verbindlichkeit; der Beweis; Plur. Unterpfänder der Liebe (Frauen und Kinder).
pila, ae, der Pfeiler.
pilum, i, der Wurfspieß.
Pinarius, ein röm. Geschlechtsname. L. Pinarius, ein Enkel von Cäsars Schwester.
Pinărus, i, Fluß in Cilicien, an dessen Ausfluß Issus lag.
pinguis, e, fett.
pinna, ae, die Feder, der Flügel.
Piraeeus, ĕi, der Piräeus, der berühmteste Hafen von Athen, war durch die doppelte lange Mauer mit der Stadt verbunden.
pirāta, ae, der Seeräuber.
piratĭcus, a, um, seeräuberisch; piratica, näml. ars, Seeräuberei; piraticam exercere Seeräuberei treiben.
Pisandrus, i, Pisander, Feldherr der Lacedämonier, der in der Seeschlacht bei Knidus 394 von Konon besiegt wurde.
piscatorius, a, um, dem Fischer eigen; scapha pisc., der Fischernachen.
Pisĭda, ae, ein Pisidier, Bewohner von Pisidien, einer Landschaft in Kleinasien, nördlich von Pamphylien, vom Taurus bedeckt.
Piso, ōnis, ein röm. Familienname des Calpurnischen Geschlechts 1) L. (Calpurnius) Piso, Großvater des unter Nr. 3 genannten, fällt als Legat im J. 107 gegen die Tiguriner, S. 316. 2) Cn. (Calpurnius) Piso, Freund des Catilina, war Proprätor in Spanien im J. 64, S. 5 und 270. 3) L. Calpurnius Piso, Schwiegervater Cäsars, war Consul im J. 58 mit A. Gabinius, S. 276, 305, 313. 4) M. Pupius Piso Calpurnianus (adoptirt von M. Pupius) im J. 61 Consul mit M. Valerius Messala, S. 316.
Pistoriensis, e, zu Pistorium, einer Stadt Etruriens, gehörig; ager P., das pistorische Gebiet.
pistrīnum, i, die Mühle.
Pitholāus, i, ein Dichter zur Zeit Cäsars, der Epigramme schrieb.
pius, a, um, fromm.
Placentia, ae, Stadt in Gallia Cispadana, am Einfluß des Trebia in den Padus.
placeo, 2., gefallen, für gut halten; placet, man beschließt; fieri placet, es soll geschehen; placĭtus, a, um, beschlossen, verabredet.
placĭdus, a, um, ruhig; Adv. placide.
placĭtus, s. placeo.
placo, 1., besänftigen, versöhnen, beruhigen.
plūga, ae, der Stich.
plăga, ae, die Gegend; recta plaga attinere, sich in gerader Linie erstrecken.
planctus, us, das Wehklagen.
plane, deutlich; gänzlich, ganz.
planities, ēi, die Ebene.
Plataeae, arum, Stadt in Böotien, wo im J. 479 Mardonius geschlagen wurde.
Plataeenses, ium, die Platäer, Einwohner von Platää.
platănus, i, die Platane.
Platon, ōnis, ein Athener, Anführer in Alexanders Heere.
plaudo, si, sum, 3., Beifall klatschen.
plaustrum, i, der Wagen.
plausus, us, das Beifallklatschen.
Plautius oder Plotius, ein röm. Geschlechtsname. 1) die Lex Plau-

tia, gegeben von M. Plautius Silvanus, der im J. 89 Volkstribun war, bestimmte, daß der zur Untersuchung gezogen werden sollte, der sich gegen den Staat oder eine Privatperson Gewaltthätigkeit erlaubt hätte. 2) die rogatio Plautia enthielt die Erlaubniß zur Rückkehr nach Rom für die Anhänger des Lepidus, S. 269.
plebes und plebs, is, das Volk; der Stand der Plebejer; daher patres dem plebs entgegengesetzt, S. 276.
plebiscītum, i, der Volksbeschluß.
plebs, s. plebes.
plenus, a, um, voll, angefüllt.
plerīque, aeque, ăque, die meisten, sehr viele. Der Singular steht nur bei Collektivbegriffen; pleraque iuventus, nobilitas, die Mehrzahl der jungen Leute, der Vornehmen.
plerumque, meistens, meist immer; gewöhnlich, oft.
Plotius, s. Plautius.
plurimum, am meisten.
plus, mehr.
pluteus, i, das Sturmdach.
pluvius, a, um, regnicht.
Pnytagŏras, ae, einer von den Königen in Cyprus, der dem Alexander bei der Belagerung von Tyrus Hülfe leistete.
pocŭlum, i, der Becher.
poëma, ătis, das Gedicht.
poena, ae, die Strafe, Bestrafung; Mißhandlung, S. 229; ultima poena, die Todesstrafe; poenas dare, luere, pendere, solvere, persolvere, eigentl. Strafe bezahlen; Strafe leiden, bestraft werden; poenas exigere, expetere, repetere, eigentl. Strafe einziehen; zur Strafe ziehen, bestrafen.
poenitentia, ae, die Reue; p. subit me, Reue ergreift mich.
poenĭtet, uit, 2., bereuen; persönlich construirt, S. 140.
poëta, ae, der Dichter.
polio, 4., schmücken.
polītus, a, um, kenntnißreich.
polleo, 2., etwas ausrichten können, mächtig sein.
polliceor, ĭtus sum, 2., verheißen, versprechen, zusagen; Versprechungen machen; operam suam p., seine Dienste zusagen.
Pollio, ōnis, ein röm. Familienname, s. Asinius.
polluo, ui, ūtum, 3., beflecken.
Pollux, ŭcis, Zwillingsbruder des Castor; s. Castor Nr. 1.
Polydămas, antis, ein Anführer in Alexanders Heer.
Polypercon, ntis, ein General Alexanders.
Polystrătus, i, ein Macedonier im Heere Alexanders.
pompa, ae, der festliche Aufzug.
Pompeia, ae, s. Pompeius Nr. 6.
Pompeianus, a, um, den Pompejus betreffend; Pompeiana curia, S. 304, ein von Pompejus dem Großen zu Senatsversammlungen bestimmtes Gebäude in Rom; Pompeianum bellum civile, der gegen Pompejus d. Gr. von Cäsar geführte und beschriebene Bürgerkrieg.
Pompeius, ein röm. Geschlechtsname. 1) Q. Pompeius (Rufus), Sohn des Q. Pomp., welcher mit Sulla im J. 88 Consul war, hatte Sullas Tochter zur Gemahlin, S. 269. 2) Q. Pompeius Rufus, Sohn des vorigen, also Enkel (Tochtersohn) des Sulla, war im J. 63 Prätor. 3) Cn. Pompeius Magnus, in Asien mit Besiegung des Mithridat und Einrichtung der dortigen Provinzen beschäftigt 66—62, schließt ein Triumvirat mit Crassus und Cäsar 60, wird 55 Consul mit Crassus, 52 alleiniger Consul, flieht, als Cäsar 49 über den Rubicon geht, nach Griechenland, während sein Heer in Spanien besiegt wird; wird bei Dyrrhachium von Cäsar belagert, bei Pharsalus 48 von ihm geschlagen, flieht nach Aegypten, wo er getödtet wird. 4) Cn. und Sextus Pompeius, die Söhne des vorigen, werden bei Munda 45 besiegt. 5) Pompeius Macer, ein Gelehrter, der von Augustus den Auftrag zur Anordnung seiner Bibliotheken erhielt. 6) Pompeia, die Tochter des unter Nr. 1 genannten Q. Pompe-

ius Rufus, Enkelin des Sulla, war die 2te Gemahlin Cäsars.

Pomptīnus, ein röm. Familienname. C. Pomptinus war im J. 63 Prätor in Rom.

Pomptīnus, a, um, eine Gegend in Latium bezeichnend; Pomptinae paludes, die Pomptinischen Sümpfe, entstanden durch die stockenden Gewässer einiger kleiner Küstenflüsse am Tyrrhenermeer, haben ihren Namen von der ehemals dort befindlichen Stadt Suessa Pometia.

pondo, Subst. indekl. das Pfund.

pondus, ĕris, das Gewicht, die Masse; die Summe, Menge.

pone, Adv. hinten nach.

pono, osui, ositum, 3., setzen, legen, stellen; arma ponere, die Waffen ablegen; praemium p., einen Preis aussetzen; tabernaculum p., ein Zelt aufschlagen; munimenta p., Festungswerke errichten; in coelo ponere, in den Himmel versetzen; positum esse, liegen; positum esse in aliqua re, auf etwas beruhen, in etwas bestehen.

pons, tis, die Brücke; ponte iungere fluvium, über einen Fluß eine Brücke schlagen; pontem solvere oder recidere, eine Brücke abbrechen.

ponticŭlus, i, ein Brückchen.

Pontĭcus, a, um, s. Pontus.

pontĭfex, ĭcis, ein Priester. Die Pontifices hatten die Aufsicht über die Religion und ihre Gebräuche, die Sorge für das Kalenderwesen 2c. Ihr Vorsteher, der Pontifex maximus, Oberpriester, wurde, wiewohl seine Würde nicht zu den obrigkeitlichen Aemtern gehörte, (die nur auf ein Jahr behalten werden konnten, wogegen das Oberpriesteramt lebenslänglich dauerte, und mit der Befugniß, nebenbei ein obrigkeitliches Amt zu bekleiden, verbunden war), dennoch vom Volk in den Comitien gewählt.

pontificatus, us, das Priesteramt; p. maximus, die Oberpriesterstelle.

Pontius, ein röm. Geschlechtsname. Pontius Aquila, Volkstribun im J. 45.

Pontus, i, 1) das schwarze Meer (Pontus Euxinus) und die Gegend um dasselbe, S. 85, 289; 2) eine Provinz Kleinasiens am schwarzen Meere zwischen Paphlagonien und Armenien. Ponticus triumphus, der Triumph, den Cäsar im J. 46 über den Pharnaces, den König von Pontus, hielt.

popīna, ae, das Speisehaus.

popularis, e, eigentl. das Volk betreffend; via popularis, der Weg, auf dem die Volksgunst erlangt wird. Subst. der Landsmann; der Theilnehmer; der Volksfreund.

populatio, ōnis, die Plünderung, Verheerung.

populātor, ōris, der Verheerer.

popŭlor, 1., plündern, verheeren.

popŭlus, i, mascul. das Volk.

popŭlus, i, femin. die Pappel.

Porcius, ein röm. Geschlechtsname; s. Laeca u. Cato; die Lex Porcia, deren Urheber der Volkstribun P. Porcius Laeca im J. 197 war, verbot, einen röm. Bürger zu binden, zu geißeln oder zu tödten.

porrĭgo, exi, ectum, 3., reichen, darreichen.

porro, ferner; sodann; hingegen.

porta, ae, das Thor.

portendo, di, tum, 3., vorher verkündigen, weissagen; Pass. portendi, bevorstehen.

portentum, i, das Wunderzeichen.

portĭcus, us, ein bedeckter Säulengang.

portio, ōnis, der Theil, der Antheil; in portionem vocare, Theil nehmen lassen.

porto, 1., tragen, sich mit etwas tragen, bringen; secum portare, mit sich führen.

portorium, i, die Abgabe, Zollabgabe.

portus, us, der Hafen.

posco, poposci, 3., fordern.

possessio, ōnis, der Besitz, die Besitzung; das Grundstück.

possessor, ōris, der Besitzer.

possĭdeo, ēdi, essum, 2., Besitz nehmen, besitzen, inne haben.

possum, potui, posse, können, vermögen.

post, Präp. nach, hinter, seit; Adv. s. v. a. postea.
postĕa, nachher.
posteāquam, s. v. a. postquam.
posterĭtas, ātis, die Zukunft, Nachwelt.
postĕrus, a, um, folgend; postĕri, orum, die Nachkommen; posterum tempus, die Zukunft; in posterum, für die Zukunft; Comparat. posterior, später; Superlat. postremus, der letzte.
posthac, nachher, in Zukunft.
postquam, nachdem, als, da.
postremo, zuletzt; endlich; kurz, überhaupt.
postridĭe, am folgenden Tage.
postŭlo, 1., verlangen, fordern, bitten; gerichtlich belangen, vor Gericht fordern.
potens, tis, mächtig; angesehen, bedeutend; potens esse alicuius rei, Herr sein über etwas; potens sui non esse, außer sich sein; rerum potens esse, Macht erlangt haben.
potentātus, us, der Vorrang.
potentia, ae, die Macht, die Uebermacht, Obergewalt; der Einfluß.
potestas, ātis, die Gewalt, Macht; Gelegenheit, Erlaubniß; potestatem dare, facere, Erlaubniß, Gelegenheit geben, anbieten; in potestatem redigere, (wieder) in die Gewalt bringen; non sui potestatem facere, sich nicht angreifen lassen, einer Schlacht ausweichen.
potio, ōnis, das Getränk; potio medicata, ein Heiltrank.
potior, ītus sum, 4., sich bemächtigen, Herrscher werden; rerum p., sich der Obergewalt bemächtigen; ultionem potiri, der Rache genießen.
potior, us, vorzüglicher; Adv. potius, lieber, eher, vielmehr.
potissĭmum, am meisten, gerade.
prae, vor (vom Orte); prae se ferre, blicken lassen.
praeacūtus, a, um, vorn zugespitzt.
praealtus, a, um, sehr hoch, sehr tief.
praebeo, 2., darreichen, darbieten, gewähren, geben; se praebere, sich zeigen, sich hergeben; speciem alicuius rei praebere, aussehen wie etwas.
praecăveo, āvi, autum, 2., Vorsicht gebrauchen; verhüten.
praecēdo, ssi, ssum, 3., voran gehen; vorrücken; übertreffen.
praeceps, cipĭtis, kopfüber, jäh, jählings; steil, sich neigend; voreilig; gefährlich; praeceps agi, in den Abgrund gestürzt werden; in praeceps iacĕre, hinabstürzen; praeceps animus, kühner Sinn; praecipiti senectute, bei hohem Alter.
praeceptum, i, die Vorschrift, Weisung.
praecīdo, di, sum, 3., abschneiden.
praecingo, nxi, nctum, 3., gürten; male praecinctus, nachlässig gegürtet.
praecĭpio, ēpi, eptum, 3., vorweg nehmen; eine Weisung geben, anrathen; auftragen, verordnen, befehlen.
praecipĭto, 1., stürzen, hinab und herab stürzen.
praecipŭus, a, um, vorzüglich, besonders, der vorzüglichste. Adv. praecipue, vorzüglich.
praeclārus, a, um, herrlich, trefflich; gepriesen, S. 41.
praeco, ōnis, der Herold.
praecurro, rri, rsum, 3., übertreffen.
praeda, ae, die Beute.
praedātor, oris, der Freibeuter.
praedīco, 1., sagen, aussagen.
praedīco, xi, ctum, 3., vorher sagen, vorher nennen; vorschreiben.
praedĭtus, a, um, begabt.
praedium, i, das Landgut.
praedo, onis, der Seeräuber.
praedor, 1., Beute machen.
praeeo, ii, itum, 4., vordringen; preces pr., Gebete vorsagen.
praefectūra, ae, eig. das Amt des Vorgesetzten; praefectura morum, das Sittenrichteramt (welches den Haupttheil des Censoramtes ausmachte); praefectura, S. 58, eine Präfectur (die Städte Italiens waren entweder Municipien, Colonien oder Präfecturen), d. h. eine Stadt, die keine eigene Obrigkeit hatte, sondern von Rom aus Gesetze und jährlich einen Präfectus erhielt, der sie regierte.

praefectus, i, eigentl. ein Vorgesetzter. Bei den Römern: praefectus (urbi), S. 301, Stadtpräfect. (Zur Zeit der Könige und der Republik gab es nur einen praefectus urbi, der jedesmal während der feriae latinae ernannt wurde; Cäsar ernannte sechs, um in seiner Abwesenheit die Oberaufsicht in Rom zu führen); praefectus (alarum), S. 26, Befehlshaber der zu einer Legion gehörigen Reiterei (die auf beiden Flügeln derselben aufgestellt war). — Bei anderen Völkern: 1) der Statthalter, Satrap, Gouverneur; 2) Anführer, Feldherr, Befehlshaber (besonders der Reiterei).

praefĕro, tŭli, lātum, ferre, vortragen, bringen; vorziehen; verrathen; titulum praeferre alicui rei, hinter einem Vorwande etwas verbergen.

praefĕrox, ōcis, sehr übermüthig.

praefĭcio, ēci, ectum, 3., Jemanden über etwas setzen, zum Anführer machen; imperiis praeficere, zu Befehlshabern machen.

praefīgo, xi, xum, 3., (vorn) anstecken; vorn versehen.

praefor, 1., vorher sagen, bekannt machen.

praefringo, ēgi, actum, 3., vorn abbrechen.

praegrăvis, e, schwerfällig; weitläufig.

praegrăvo, 1., überwiegend sein.

praeiudicium, i, ein Urtheil, welches einem anderen vorher geht und bei dem folgenden zur Richtschnur genommen wird; die vorläufige Untersuchung; s. arripere.

praelĭgo, 1., eigentl. vorn anbinden; umwinden.

praelium, s. proelium.

praemitto, īsi, issum, 3., vorausschicken.

praemium, i, die Belohnung, der Preis; der Vortheil; praemio afficere, eine Belohnung ertheilen.

praemŏneo, 2., vorher erinnern.

Praeneste, is, eine uralte und feste Stadt in Latium, die durch Sulla sehr litt, weil sie sich an den jüngern Marius angeschlossen hatte.

praenĭteo, ui, 2., vorglänzen.

praenōmen, ĭnis, eigentl. der (vor dem Geschlechtsnamen stehende, gewöhnlich abgekürzte) Vorname; der Titel, S. 300.

praenuntio, 1., vorher ankündigen.

praeopto, 1., lieber wollen, vorziehen.

praepăro, 1., vorbereiten, in Bereitschaft setzen, anschaffen; praeparatus, a, um, in Bereitschaft.

praepōno, osui, ositum, 3., voran setzen; zum Schutz vor etwas stellen, S. 297; vorziehen; pr. aliquem, Jemandem die Leitung übertragen, zum Statthalter machen.

praeposĭtus, i, der Statthalter, Befehlshaber.

praepŏtens, tis, sehr viel vermögend.

praerĭpio, ipui, eptum, 3., vorweg nehmen.

praeruptus, a, um, steil.

praesāgio, 4., in die Zukunft schauen.

praescrībo, psi, ptum, 3., vorschreiben; Vorschriften machen.

praescriptum, i, die Vorschrift, das Gesetz.

praes, praedis, der Bürge.

praesens, tis, gegenwärtig, anwesend, persönlich; wirksam, kräftig; augenscheinlich; ad praesens tempus, für den Augenblick; ex praesentibus, bei den gegenwärtigen Umständen.

praesentia, ae, die Anwesenheit; helfende Gegenwart; in praesentia, in der gegenwärtigen Lage.

praesentio, si, sum, 4., vorher merken, ahnen.

praesertim, zumal.

praeses, ĭdis, eigentl. vor etwas (zum Schutz) sitzend; mit und ohne Deus, der Schutzgott; der Statthalter, S. 284.

praesĭdeo, ēdi, essum, 2., zum Schutz, zur Sicherheit stehen, schützen, besetzt halten; beaufsichtigen; custodiae pr., Wache halten.

praesidium, i, der Schutz, die Hülfe; das Schutzmittel, die Schutzwache, Bedeckung, Besatzung, der Posten, die Truppen, S. 178; praesidio esse, schützen; praesidio tenere, besetzt halten; praesidia collocare, disponere, Posten, Wachen ausstellen.

praesto, Adverb. bei der Hand; praesto esse oder adesse, zur Seite stehen, bei der Hand sein; praesto esse alicui, sich Jemandem zeigen.

praesto, ĭti, ātum und ĭtum, 1., intrans. Vorzug haben, übertreffen; trans wofür haften; bewerkstelligen, leisten, zeigen; se praestare, sich als etwas zeigen; multum pr., viel Ehre erweisen; tutum pr. aliquid, etwas sichern; praestans, vorzüglich, trefflich.

praestōlor, 1., alicui, auf Jem. warten.

praesum, fui, esse, vorstehen, leiten, verwalten, beaufsichtigen, commandiren, Statthalter sein.

praesūmo, mpsi, mptum, 3., vorher etwas thun.

praesumptio, ōnis, die Vorstellung.

praeter, Präp. außer: bei — vorbei; gegen (wider); abgesehen von; nihil praeter, nichts als. Adverb.: s. v. a. praeterquam.

praeterĕa, außerdem.

praeterĕo, ii, ĭtum, 4., vorbei gehen, vorüber gehen, übergehen; durchlaufen, zurücklegen; praeterĭtus, a. um, früher.

praetergrĕdior, essus sum, 3., vorbei gehen.

praetermitto, īsi, issum, 3., vorbei lassen, unterlassen; übergehen.

praeterquam, ausgenommen.

praetervĕhor, ectus sum, 3., vorbei fahren.

praetervŏlo, 1., vorbei fliegen.

praetexta, ae (eig. Particip. von praetexere), näml. toga, die Prätexta, das mit Purpur verbrämte Oberkleid, welches in Rom die höheren obrigkeitlichen Personen (Consul, Prätor, Aedil) und die Knaben bis zum männlichen Alter trugen.

praetextātus, a, um, in der Prätexta; s. praetexta.

praetextum, i, der Vorwand.

praetor, ōris, 1) Bei den Römern: ein Prätor, eine obrigkeitliche Person, welche im J. 366 anfänglich aus den Patriciern, seit d. J. 337 aber auch aus den Plebejern mit oberrichterlicher Gewalt gewählt wurde, welche den höchsten Rang nach dem Consul und außerhalb Roms 6 Lictoren hatte. Anfangs wählte man nur einen Prätor, seit d. J. 242 aber zwei, unter denen die Geschäfte so vertheilt waren, daß der eine (praetor urbanus) die Rechtspflege in Privatprozessen zwischen römischen Bürgern, der andere (praetor peregrinus) zwischen Nichtbürgern und zwischen diesen und römischen Bürgern ausübte. Bei seiner Amtsverrichtung saß der Prätor auf dem Forum auf einem Tribunal, d. h. einer Erhöhung, worauf seine sella curulis stand. Nach und nach wurde die Zahl der Prätoren vermehrt, bis Sulla im J. 81 deren 8 einsetzte und ihnen die Leitung der seit d. J. 149 eingeführten stehenden Gerichte (quaestiones perpetuae) in öffentlichen Angelegenheiten übertrug. Cäsar hob die Zahl der Prätoren auf sechszehn. Ihr Amt dauerte ein Jahr, nach welchem sie in die ihnen durchs Loos zugefallene Provinz als Statthalter zur Handhabung der Gerechtigkeit unter dem Namen Proprätoren (auch wohl Prätoren) gingen. — 2) Bei anderen Völkern: Befehlshaber, Anführer, Feldherr, Statthalter.

praetorius, a, um, zum Prätor gehörig, prätorisch; vir praetorius, ein Mann, der Prätor gewesen; stirpe praetoria, aus der Familie eines Prätors; Cohors praetoria, die Leibcohorte des Feldherrn, eine Schaar, die derselbe aus den Tapfersten des Heeres um sich bildete, und die auf mancherlei Weise begünstigt, zunächst seine Person beschützte; praetorium, näml. tabernaculum, das Feldherrnzelt; (mit und ohne regis) das Königszelt; vestibulum praetorii, der Vorplatz vor dem Zelt des Königs.

praetūra, ae, die Prätur, das Amt des Prätors.

praevĕnio, ēni, entum, 4., zuvorkommen.

praevertor, sus sum, 3., sich vorher an etwas machen.
prandium, i, die Morgenmahlzeit.
pravus, a, um, verderbt.
preces, um (häufiger als der Sing. prex? precis), die Bitten, das Flehen; die Gebete.
precor, 1., bitten, erflehen.
prehendo und prendo, di, sum, 3., ergreifen, aufgreifen, festnehmen.
premo, ssi, ssum, 3., drücken, bedrängen; unterdrücken, stürzen; luna sole premitur, der M. wird von der S. verdunkelt; in altitudinem pressus, tief ausgegraben.
prendo, s. prehendo.
pretiosus, a, um, kostbar; Adv. pretiose.
pretium, i, der Werth, Preis; das Geld, Lösegeld; der Lohn, die Belohnung; operae pretium est, es ist der Mühe werth.
pridem, längst; ehemals.
pridie, Tags zuvor.
primo, Adv. zuerst, anfangs (Zeitbegriff).
primōris, e, der erste, vorderste.
primum, Adv. zuerst (bei Aufzählungen zur Angabe der Reihenfolge); iam primum, S. 2, zuerst nun; S. 152, schon im Anfang; quam primum, so bald als möglich; ut primum, sobald als.
primus, a, um, der erste; prima, orum, der Anfang.
princeps, ĭpis, der Erste; ein Vornehmer, Großer; das Haupt, die Hauptperson; ein Häuptling, Fürst, Vorgesetzter; principes (des Senates), S. 62, sind besonders die designirten Consuln, Consularen und Prätoren, welche zuerst um ihre Meinung befragt wurden, und nach welchen dann die übrigen Senatoren ihre Meinungen abgaben.
principātus, us, die erste Stelle; die Oberherrschaft; principatum tenere, die erste Stelle einnehmen.
principium, i, der Anfang, Ursprung; principio, zuerst, im Anfang; a principio, von Anfang an; principia castrorum, der Versammlungsplatz der Officiere im Lager.
prior, us, vorig; Adv. prius, vorher; prius quam oder priusquam, ehe, bevor.
priusquam, s. prior.
priscus, a, um, alt.
pristĭnus, a, um, früher.
privatus, a, um, was einzelne Personen betrifft, eigen, besonder; Subst. privatus, ein Privatmann (der kein öffentliches Amt bekleidet); privatum consilium, eigene Maaßregel, privata domus, Privathaus; res privatae, Privatangelegenheiten; privata ignominia, persönlicher Schimpf.
privignus, i, der Stiefsohn.
privilegium, i, das Vorrecht (eigentl. eine Verordnung, wodurch eine einzelne Person von einer allgemeinen Bestimmung ausgenommen wird).
privo, 1., berauben.
pro, für, anstatt; auf (pro tribunali, S. 300); gemäß, angemessen, nach Beschaffenheit, im Verhältniß zu, nach (pro consuetudine mea), pro tempore, wie es die Umstände erfordern; pro habitu, gemäß; pro temerario cautus factus, aus einem Verwegenen ein Vorsichtiger geworden.
proăvus, i, eigentl. Vater des Großvaters; überhaupt: Ahnherr.
probabĭlis, e, wahrscheinlich.
probĭtas, atis, die Rechtschaffenheit.
probo, 1., gut heißen, billigen, genehmigen; Beifall schenken; beurtheilen; probare alicui, Jem. überzeugen; probatur mihi res, ich bin von der Sache überzeugt; die Sache gefällt mir; probatus, a, um, bewährt.
probrum, i, der Schimpf, die schimpfliche That; der Ehebruch, S. 288.
probus, a, um, gut, brav, rechtschaffen.
procēdo, ssi, ssum, 3., vorrücken, gehen, marschiren; herausgehen, aufbrechen; von Statten gehen.
procella, ae, der Sturm.
procerĭtas, ātis, die Höhe.
Procillus, ein röm. Familienname; C. Valerius Procillus, Sohn des C. Valerius Caburus, ein Gallischer Fürst in der römischen Provinz; s. Caburus.

proclāmo, 1., ausrufen; Befehl geben.
proconsul, ūlis, Proconsul, der nach Bekleidung des Consulats in Rom als Statthalter eine Provinz verwaltete.
procrĕo, 1., erzeugen.
procul, fern, weit davon, in der Ferne, aus der Ferne; procul abesse, weit entfernt sein.
proculco, 1., niedertreten.
procumbo, ubui, ubitum, 3., niederstürzen, liegen; sich ausdehnen.
procuratio, ōnis, die Fürsorge, Besorgung, Verwaltung.
procurro, rri, rsum, 3., hervor stürzen, losgehen; fortlaufen.
prodeo, ii, itum, 4., vorrücken; heraus kommen.
prodigium, i, die Vorbedeutung, das Anzeichen; das Unthier.
prodĭgus, a, um, verschwenderisch; Subst. der Verschwender.
proditio, ōnis, der Verrath.
prodĭtor, ōris, der Ausliefrer, Verräther.
prodo, ĭdi, ĭtum, 3., ausliefern, überliefern, erzählen; memoriae prodere, erzählen; memoriam pr., ein Andenken auf die Nachwelt bringen.
prodūco, xi, ctum, 3., vorführen, heraus führen, wohin locken, erweitern.
proelior, 1., kämpfen.
proelium und praelium, i, das Treffen, der Kampf; pr. committere, facere, edere, ein Treffen liefern.
profectio, ōnis, der Zug, der Abzug; der Abmarsch.
profecto, fürwahr, gewiß.
profĕro, tŭli, lātum, ferre, hervor bringen, herbei bringen; veranstalten; erweitern; aufschieben.
professio, ōnis, das Bekenntniß.
professus, a, um, öffentlich.
profĭcio, ēci, ectum, 3., etwas ausrichten.
proficiscor, ectus sum, 3., gehen, reisen, marschiren, ziehen, aufbrechen, ausgehen, abreisen.
profiteor, essus sum, 2., bekennen, frei aussprechen; sich mit etwas beschäftigen.
proflīgo, 1., zu Boden schlagen, schlagen, in die Flucht schlagen.
proflŭo, xi, xum, 3., entspringen.
profŭgio, ūgi, ugĭtum, 3., entfliehen.
profŭgus, a, um, flüchtig; Subst. der Flüchtling.
profundo, ūdi, ūsum, 3., vergießen.
profundus, a, um, tief, unermeßlich.
profūsus, a, um, verschwenderisch.
prognātus, i, der Sprößling.
progrĕdior, essus sum, 3., vorschreiten, vorrücken, gehen, fortgehen, auf etwas ausgehen; eo progreditur, er geht so weit.
prohĭbeo, 2., hindern (mit d. Abl. oder ab: an etwas); abwehren, abweisen, verbieten.
proinde, demnach, daher.
proiĭcio, ēci, ectum, 3., hinwerfen, werfen.
prolābor, psus sum, 3., fallen.
prolāto, 1., aufschieben; dies pr., von einem Tage zum andern aufschieben.
promercālis, e, verkäuflich; promercale dividere, feil bieten lassen.
promĭneo, ui, 2., empor ragen.
promissio, ōnis, das Versprechen.
promissum, i, das Versprechen.
promitto, ĭsi, issum, 3., herab hangen lassen; versprechen.
promŏveo, ōvi, ōtum, 2., ausrichten; gradum pr., einen Schritt vorrücken; castra pr., mit dem Lager vorrücken.
promptus und promtus, a, um, bereit, rasch, schnell, tapfer; manu promptus, zum Zuschlagen bereit, tapfer.
promtus, s. promptus.
promulgo, 1., bekannt machen.
pronuntio, 1., bekannt machen, ansagen, Befehl geben; aussagen, erklären; versprechen; ernennen; vortragen.
pronus, a, um, vorwärts gekehrt, vorn über, sich neigend; via ad regnum prona, der zur Herrschaft führende Weg; prona montium, der Abhang der Berge.
propāgo, 1., fortpflanzen, erhalten.
propălam, öffentlich.
prope, Adv. nahe, fast, beinahe.
propedĭem, Adv. nächster Tage, ehestens.

propello, uli, ulsum, 3., fort treiben, verjagen; herab werfen.
propemŏdum, beinahe.
propensus, a, um, sich hinneigend.
propĕre, eiligst.
propĕro, 1., eilen.
propinquĭtas, ātis, die Nähe, Verwandtschaft; arcta propinquitate coniunctus, ein naher Verwandter.
propinquus, a, um, nahe; Subst. der Verwandte.
propitio, 1., sich geneigt machen.
propōno, osui, ositum, 3., vorstellen, aufstellen; bekannt machen, öffentlich anschlagen; vortragen; sich vorsetzen; praemia proponere, Belohnungen aussetzen; condicionem pr., die Wahl lassen; fortuna proponitur, ein Geschick steht bevor.
propositum, i, der Vorsatz; vitae pr., der Lebensplan.
proprius, a, um, eigenthümlich; ganz ergeben.
propter, Präp. nahe bei; wegen.
proptereā, deswegen.
propugnator, ōris, der Verfechter, Vertheidiger.
propugno, 1., verfechten; propugnans, tis, ein Belagerter; e muris propugnare, von den Mauern herab kämpfen; absentiam alicuius pr., Jemanden in seiner Abwesenheit vertheidigen.
propulso, 1., abwehren, abwenden.
prora, ae, das Vordertheil des Schiffs.
prorĭpio, ipui, eptum, 3., fort reißen; se pr., stürmen.
prorŏgo, 1., verlängern.
prorsus, Adv. gerade, gerade zu; wirklich; ganz; mit einem Worte, überhaupt.
prorŭo, ŭi, ŭtum, 3., hinstürzen, niederreißen.
proscrībo, psi, ptum, 3., anschreiben; in die Acht erklären; proscriptus, i, ein Geächteter.
proscriptio, ōnis, die Achtserklärung; pr. bonorum, die Einziehung der Güter.
prosĕquor, cutus sum, 3., geleiten, begleiten, entlassen; verbis pr., eine glückliche Reise wünschen; lacrimis prosequi, beweinen.
prosĭlio, ilui, 4., hinspringen, aufspringen.
prospectus, us, die Aussicht.
prosper, a, um, glücklich, günstig; res prosperae, das Glück; Adv. prospere.
prospĭcio, exi, ectum, 3., voraus sehen, übersehen, sehen; mit d. Dat. für etwas sorgen; animo prospicere, im Geiste sehen.
prosterno, strāvi, strātum, 3., hinstrecken, zu Boden strecken.
prosum, fui, desse, nützen, Nutzen bringen.
protĕgo, xi, ctum, 3., beschützen, schützen.
protĕro, trīvi, trītum, 3., zermalmen.
protervus, a, um, muthwillig; Adv. proterve.
protĭnus, Adv. sofort, sogleich.
prout, je nachdem.
provĕho, xi, ctum, 3., empor bringen, heben.
providentia, ae, die Fürsorge.
provĭdeo, īdi, īsum, 2., vorher sehen, sehen; für etwas sorgen, besorgen, Anstalten treffen, vorbeugen.
provincia, ae, 1) die Provinz, ein von den Römern außerhalb Italiens unterjochtes Land, welches sie durch einen jährlich dahin gesandten Statthalter verwalten ließen. 2) Provincia Romana, der südöstliche Theil Galliens (Langedoc, Provence und Dauphiné enthaltend), der seit dem J. 125 nach und nach von den Römern unterjocht und zur röm. Provinz gemacht worden war; s. Gallia; 3) das Amt; der Auftrag Krieg zu führen, S. 271.
provinciālis, e, die Provinz betreffend; clientelae et hospitia provincialia, die Klientschaften und Gastfreundschaftsbündnisse in den Provinzen (wodurch das Ansehen und die Macht eines vornehmen Römers bedeutend gehoben wurde).
provŏco, 1., herausfordern; appelliren.
provolvo, olvi, olūtum, 3., eigentl. hinwälzen; Pass. sich hinwerfen.
proxĭmus u. proxŭmus, a, um, der nächste, letzte, letzt vergangen; Adv. proxime, vor Kurzem.

prudens, tis, vorsichtig, klug.
prudentia, ae, die Vorsicht, Klugheit, Ueberlegung.
Ptolemaeus, i, Name der Könige Aegyptens vom J. 323 bis 31; 1) Ptolemaeus (Lagi, näml. filius), General Alexanders, dem nach dessen Tode bei der Vertheilung des Reichs Aegypten zufiel (323—284), S. 157. 2) Ptolemaeus (XII) Auletes (66—51), kann sich nur durch die Vermittelung der Römer, die er für große Geldsummen sich verschaffen mußte, auf seinem Thron behaupten, S. 291. 3) Ptolemaeus (XIII) Dionysos, Sohn des vorigen, Bruder der Kleopatra und des jüngeren Ptolemaeus Puer, S. 283. Gegen diesen führte Cäsar 48—47 den Alexandrinischen Krieg.
pubes, ĕris, mannbar.
publicāni, orum, Pächter der röm. Staatseinkünfte, gewöhnlich aus dem Ritterstande.
publicatio, ōnis, die Einziehung (bonorum) in die Staatskasse.
Publicius, ein röm. Geschlechtsname; ein gewisser Publicius wird unter den Catilinariern genannt, S. 46.
publĭco, 1., zum öffentlichen Gebrauch anlegen (bibliothecas); bekannt machen; einziehen (zum Besten der Staatskasse).
publĭcus, a, um, dem Staat gehörig; öffentlich; e publico, auf Kosten des Staats; Adv. publice, von Seiten des Staats, öffentlich, zu öffentlichem Gebrauch.
pudet, duit oder dĭtum est, 2., sich schämen.
pudicitia, ae, die Ehrbarkeit.
pudor, ōris, die Schaam, die Schaamhaftigkeit, das Schaamgefühl, die Ehrbarkeit.
puella, ae, das Mädchen.
puer, i, der Knabe; ein junger Mensch.
puerīlis, e, jugendlich.
pueritia, ae, die Kindheit.
pugio, ōnis, der Dolch.
pugna, ae, der Kampf, die Schlacht; die Schlachtordnung.
pugnator, ōris, der Streiter.
pugnax, ācis, kriegerisch.
pugno, 1., kämpfen.
pulcher, chra, chrum, schön.
pulchritudo, ĭnis, die Schönheit.
pulso, 1., anstoßen.
pulsus, us, der Stoß.
pulvīnar, āris, das Polster; pulvinaria sind eigentlich die Polster für Gottheiten in Tempeln, d. h. Polster, welche man in den Tempeln vor die Altäre, auf welche allerhand Speisen gesetzt wurden, aufstellte und darauf die Bildnisse der Götter legte, um dadurch die Theilnahme derselben an der angeordneten Mahlzeit zu versinnlichen; sodann steht auch pulvinaria für den Ort selbst, wo diese Mahlzeit angeordnet wurde, für den Tempel; supplicatio ad omnia pulvinaria, ein Dankfest in allen Tempeln.
pulvīnus, i, das Polster, Kopfkissen.
pulvis, ĕris, der Staub.
punctum, i, der Punkt, ein kleiner Theil; punctum temporis, ein Augenblick.
Punĭcus, a, um, phönizisch (amiculum); punisch (bella); so hießen die drei bekannten Kriege der Römer gegen die Karthager, der erste 264—241; der zweite 218—201; der dritte 149—146.
punio, 4., bestrafen.
punītor, ōris, der Bestrafer.
puppis, is, das Hintertheil des Schiffes.
purgo, 1., reinigen; entschuldigen, rechtfertigen, vertheidigen.
purpŭra, ae, der Purpur (eigentl. die Purpurschnecke); mit Purpur gefärbte Wolle.
purpurātus, i, einer von den ersten Ministern und Vertrauten des Königs in den asiatischen Monarchien (wegen des purpurfarbenen, goldgestickten Kleides derselben); der Hofmann.
purpureus, a, um, purpurn.
puto, 1., wofür halten, glauben; in Ueberlegung ziehen.
Pylae, arum, der Engpaß, der Paß. S. 148 die Cilicischen Engpässe im Taurus, dem Gränzgebirge zwischen Kappadocien und Cilicien; S. 155 Amanicae pylae, s. Ama-

nicus; S. 223 pylae Susĭdes, die Engpässe in dem Gränzgebirge, zwischen Susiana und Persis.
pyra, ae, der Scheiterhaufen.
Pyrămus, i, Fluß in Cilicien.
Pyrenaeus, a, um, pyrenäisch; saltus Pyrenaeus oder montes Pyrenaei, die Pyrenäen, Gränzgebrige zwischen Gallien und Spanien.
pyrrhĭcha, ae, ein Tanz in Waffen, wobei man Bewegungen machte, als wollte man den Schwertern, Pfeilen und Wurfspießen eines andringenden Feindes ausweichen.

Q., d. h. Quintus, ein röm. Vorname.
qua, Adv. wo, wie.
quadrans, tis, der vierte Theil; ex quadrante, von einem Viertel.
quadrătus, a, um, viereckig; lapis quadratus, der Quaderstein; quadrato agmine, in geschlossenen Gliedern (so daß der Heerzug Vierecke bildet).
quadrīga, ae, und quadrīgae, arum, ein vierspänniger Wagen; quadrīga falcata, ein vierspänniger Sichelwagen.
quadrirēmis, e, vierrudrig; quadriremis (näml. navis), ein Vierrudrer.
quaero, sīvi, sītum, 3., suchen; erwerben, gewinnen, schaffen: fragen, nach etwas fragen; untersuchen; quaer. ab oder ex aliquo, Jemanden fragen.
quaesītor, oris, der Untersucher. So hieß auch der Prätor, der eine von den quaestiones perpetuae leitete.
quaeso (Verb. Defect.) ich bitte.
quaestio, ōnis, die Untersuchung; das Gericht; quaestiones perpetuae, waren die seit d. J. 149 eingerichteten stehenden Gerichte für Criminalsachen (Erpressungen, Bestechungen, Staatsverbrechen, Veruntreuung öffentlicher Gelder, Verfälschung von Dokumenten, Meuchelmord durch Gift und Dolch u. s. w.), die seit 81 von den Prätoren geleitet wurden; quaestionem habere, exercere, Gericht halten, Untersuchung anstellen; quaestioni esse, gesucht werden.
quaestor, ōris, der Quästor, eine jährlich gewählte obrigkeitliche Person in Rom zur Besorgung der Staatseinkünfte. Er gehörte zu den niederen Beamten, und seine Stelle war die erste Stufe zu den übrigen Ehrenämtern. Anfangs gab es nur 2 Quästoren, welche von den Königen, später von den Consuln, seit d. J. 447 vom Volke aus den Patriciern gewählt wurden. Seit d. J. 421 (von wo an auch Plebejer zu dieser Würde gelangen durften) wählte man 4 Quästoren 2 (quaestores urbani) für die Geschäfte in der Stadt, und 2 zur Unterstützung der Consuln im Kriege. Sulla setzte im J. 81 deren 20 ein, von denen 2 in der Stadt das Aerarium verwalteten und 18 den Statthaltern in den Provinzen durchs Loos beigesellt wurden, um sie in ihren Geschäften zu unterstützen und besonders um die Einnahmen und Ausgaben in den Provinzen zu besorgen. — S. 273 ist quaestor s. v. a. praetor quaesitor, der eines von den stehenden Gerichten (wegen Staatsverbrechen rc.) leitete; s. quaesitor und quaestio.
quaestuosus, a, um, der seinen Erwerb hat.
quaestus, us, das Erwerben, der Erwerb; der Vortheil.
qualiscunque, wie auch immer beschaffen.
qualĭtas, ātis, die Beschaffenheit.
qualitercunque, auf welche Weise auch immer.
quam Adverb; nach Comparativen: als; mit ausgelassenem potius: lieber als; bei Superlativen: so — als möglich.
quamdĭu, wie lange; so lange als.
quamobrem, weshalb; deshalb.
quamprimum (auch quam primum), sobald als möglich.
quamquam und quanquam, obgleich; wiewohl, doch, zwar.

quamvis, obgleich; wenn auch noch so (bei Adj oder Adv.).
quando, wann, da; statt aliquando nach ne: dereinst.
quandŏque, dereinst; S. 278 f. v. a. et quando: und erst dann, wann; S. 304 f. v. a. quandocunque: wann auch immer dereinst.
quantus, a, um, wie groß; mit einem Superl. f. v. a. quam: so — als möglich; quantum, welche Anzahl; in so weit; quanto — tanto, je — desto.
quantuscunque, so (groß) stark auch immer.
quapropter, deswegen.
quare, deswegen.
quartānus, a, um; quartana (näml. febris), das viertägige Fieber.
quasi, als wenn, als ob, gleichsam; quasi vero, gerade als ob (meist in ironischem Sinne).
quatio, ssi, ssum, 3., schütteln, erschüttern.
quatriduum, i, eine Zeit von vier Tagen, vier Tage.
que, und (dem folgenden Worte angehängt), und überhaupt, kurz (ceteraque S. 65); aber (pecuniaque S. 274).
quemadmŏdum, wie.
queo, ivi, itum, 4., können.
querēla, ae, die Klage, Beschwerde; querelam deferre, Beschwerde führen; querela eum aliquo, eine Beschwerde bei Jemandem.
querimonia, ae, die Klage.
queror, stus sum, 3., sich beklagen, sich beschweren.
questus, us, das Klagen.
qui, quae, quod, welcher, e, es; wer; derjenige, welcher; qui (alter Abl.), wie.
quia, weil.
quicquam, f. quisquam.
quicunque, jeder, welcher; wer nur; Plur. alle, welche.
quidam, quaedam, quoddam u. quiddam, ein gewisser; Plur. einige.
quidem, zwar; sogar.
quies, ētis, die Ruhe, Erholung; der Schlaf; per quietem, im Schlaf.
quiesco, ēvi, ētum, 3., ruhen, ruhig sein, sich ruhig verhalten.
quiētus, a, um, ruhig, unthätig; quieta movere, die Ruhe stören; quieta republica, im ruhigen Zustande des Staates; Adv. quiete.
quilĭbet, quael., quodl. und quidl., ein jeder.
quin, daß nicht; der nicht; ja; mit dem Indik. warum nicht; mit dem Imperat. doch; quin etiam, ja sogar.
quinam (quisnam), quaen., quodn. (quidn.), wer denn, welcher.
quindecimvir, ĭri, einer aus dem Collegium der 15 Männer, welche die Aufsicht über die Sibyllinischen Bücher führten. Anfangs bestand das Collegium aus 2; seit 367 aus 10, seit Sulla aus 15 Männern.
quingenarius, a, um, aus 500 Mann bestehend.
quinquennium, i, eine Zeit von 5 Jahren; fünf Jahre.
quinquerēmis, e, fünfrudrig; quinquerēmis (näml. navis), ein Fünfrudrer.
quippe, nämlich; denn.
Quirītes, ium (römische) Bürger; von Cures, der Hauptstadt der Sabiner, die sich unter Titus Tatius mit den Römern zu einem Volke unter dem Nationalnamen Quiriten vereinigten.
quis, quae, quid, wer? nach si, ne, num, quo, quanto ꝛc. f. v. a. aliquis.
quispiam, quaep., quodp. und quidp., Jemand.
quisquam, quaeq., quidq. od. quicq., einer, e, es; Jemand (in verneinenden Sätzen).
quisque, quaeq., quodd. und quidq., jeder, e, es; pro se quisque, jeder einzeln; ditissimus quisque, jeder Reiche.
quisquis, quaequae, quidquid oder quicquid, wer auch immer; quicquid, alles was.
quivis, quaev., quodv. und quidv., jeder.
quo, Adv. wohin; damit desto; um dadurch; non quo, nicht als ob.
quoad, so lange; bis (wobei zuweilen noch usque zugefügt ist).
quocirca, deshalb.

quocunque, wohin nur.
quod, Conjunction: daß; weil; also, nun (zur Verknüpfung der Sätze vor anderen Conjunctionen).
quodammŏdo, gewissermaßen.
quodsi, wenn nun; wenn aber.
quomĭnus, eigentl. damit um so weniger; daß nicht, daß.
quondam, einst, einstmals, ehemals; Cyri quondam regis, des ehemaligen Königs Cyrus.
quoniam, weil nun einmal, da ja.
quoque, auch; noch dazu.
quorsum, Adv. wohin.
quot, wie viel.
quotannis, Adv. alljährlich.
quotidianus, a, um, täglich, alltäglich; gewöhnlich.
quotidie, täglich.
quotiens und quoties, wie oft, so oft.
quotiescunque, so oft auch immer.
quotus, a, um, der wievielte.
quousque, wie lange.
quum, wenn; als, da, nachdem, seitdem; obgleich; quum — tum, nicht nur — sondern auch; sowohl — als auch besonders.

rabĭdus, a, um, wüthend.
rabies, ēi, die Wuth.
Rabirius, ein röm. Geschlechtsname. C. Rabirius wurde im J. 63 auf Cäsars Veranlassung von dem Volkstr. T. Attius Labienus angeklagt, vor 36 Jahren den Volkstribun Saturninus erschlagen zu haben; wurde aber von Cicero vertheidigt.
radius, i, am Wagen: die Speiche.
radix, īcis, die Wurzel; rad. montis, der Fuß des Berges.
rado, si, sum, 3., schaben; Pass. sich den Bart abnehmen lassen.
ramŭlus, i, das Zweiglein.
ramus, i, der Baumzweig, Ast.
rapĭdus, a, um, reißend.
rapīna, die Beraubung, der Raub; die Beute; Erpressungen, S. 291.
rapio, pui, ptum, 3., hinreißen, an sich reißen, wegreißen, wegschleppen, schleppen; rauben.
raptim, schnell.
raptor, oris, der Räuber.
rarus, a, um, dünn (was nicht dicht beisammen steht); einiger, wenig; selten; Adv. raro, selten.
ratio, onis, die Rechnung, Rechenschaft; die Rücksicht; das Interesse; die Meinung, der Plan, der Vorschlag, das System; die Vernunft, Klugheit; die Art und Weise; der Grund, die Ursache; die Bedingung, das Mittel; ratio bona, perdita, die gute, schlechte Sache; rationibus inferre, in die Rechnungen aufnehmen; rationem reddere, Rechenschaft geben; rationem habere alicuius, auf Jem. Rücksicht nehmen.
Raurăci, orum, ein gallisches Volk am südlichen Ufer des Rheins, von der Mündung der Aar bis Basel.
Ravenna, ae, Stadt im cispadanischen Gallien, am adriatischen Meer.
Reatīnus, a, um, zur (Präfectur) Stadt Reāte in Samnium gehörig; praefectura Reatina ist die Stadt selbst.
reātus, us, das Verklagtsein.
rebello, 1., den Krieg erneuern, sich empören.
recēdo, ssi, ssum, 3., zurück weichen, weichen, umkehren, sich zurückziehen; entfernt liegen.
recens, tis, frisch, neu; recens victoria, beneficium, ein neuerlich erhaltener Sieg, Wohlthat; Adv. recens.
recenseo, si, sītum, 2., eigentl. musternd durchgehen; bei der Musterung berücksichtigen.
recensio, ōnis, die Musterung, Zählung.
recensus, us, die Musterung, Zählung.
receptacŭlum, i, der Zufluchtsort.
receptus, us, der Rückzug.
recĭdo, īdi, āsum, 3., zurückfallen; rursus in discrimen recidere, wieder in eine Gefahr gerathen.
recīdo, īdi, īsum, 3., abhauen; pontem rec., eine Brücke abbrechen.
recĭpio, ēpi, eptum, 3., zurücknehmen, nehmen, annehmen, aufnehmen, in den Staat aufnehmen, S. 82; bekommen; wieder erhal-

ten; an sich ziehen, in Besitz nehmen, an sich bringen, zurückbringen, zurückziehen; zusagen, S. 61; se rec., sich zurückziehen, sich begeben; sibi rec., sich anheischig machen; animum rec., sich erholen.
recīto, 1., vorlesen, vortragen.
recognosco, ovi, ĭtum, 3., kennen lernen, in Augenschein nehmen; (in Gedanken) durchlaufen.
reconciliatio, ōnis, die Wiederherstellung; Versöhnung.
reconcilio, 1., eigentl. wieder verschaffen; aussöhnen; gratiam, animum rec., sich versöhnen.
recondo, ĭdi, ĭtum, 3., verbergen.
recordatio, ōnis, die Erinnerung.
recordor, 1., sich erinnern; in Erinnerung bringen, erwähnen; an etwas (Zukünftiges) denken, S. 114.
recrĕo, 1., wieder herstellen; inopiam recr., sich von der Armuth erholen.
rector, ōris, der Regierer.
rectus, a, um, gerade, gut gewachsen; richtig, gut, vernünftig; recta (näml. via) geradewegs; Adverb. recte.
recumbo, ubui, ubitum, 3., sich niederlegen.
recupĕro, 1., wieder bekommen, wieder gewinnen.
recusatio, ōnis, die Weigerung.
recūso, 1., sich weigern, dagegen sein, scheuen; verweigern, ausschlagen.
reddo, ĭdi, ĭtum, 3., wieder geben, zurück geben; erwiedern; beilegen; litteras redd., einen Brief übergeben.
redeo, ĭi, ĭtum, 4., zurück gehen, zurück kehren.
redĭgo, ēgi, actum, 3., eigentl. zurück treiben; beschränken, herunter bringen; eo red., dahin bringen; in dicionem, potestatem red., in seine Gewalt bringen, unterjochen; in exilium red., in die Verbannung schicken; in unum corpus red., zu einem Körper vereinigen; in provinciam oder in formam provinciae red., zur Provinz machen; pecuniam red., Geld lösen.
redĭmo, ēmi, emptum, 3., erkaufen, loskaufen, abkaufen; pachten.
redintĕgro, 1., erneuern.
reditio, ōnis, die Rückkehr.
redĭtus, us, die Rückkehr, der Rückzug; Plural. die Einkünfte.
redūco, xi, ctum, 3., zurückführen, beschränken.
redundo, 1., überströmen; zu Theil werden; red. ad aliquem, Jemanden betreffen.
refectio, ōnis, die Wiederherstellung, Ausbesserung.
refĕro, tŭli, lātum, ferre, zurück tragen, zurück bringen; einliefern; erwiedern; erzählen, erwähnen; ad senatum, ad consilium ref., im Senate, im Kriegsrathe vortragen; in senatu referre, Bericht erstatten, Anzeige machen, worauf antragen im Senat; gratiam ref., Dank erweisen; culpam ref., die Schuld schieben; morem ref., eine Sitte wieder einführen; pedem ref., sich zurückziehen, weichen; victi fortunam in patriam ref., im Zustande eines Besiegten ins Vaterland zurückkehren; in numerum Deorum ref., unter die Götter versetzen; ad se ipsum ref., nach sich selbst beurtheilen; acceptum ref., verdanken.
refert, es kommt darauf an.
refertus, a, um (Particip. von refercio, 4.), angefüllt.
refĭcio, ēci, ectum, 3., wieder herstellen, ausbessern; erquicken; refectus, a, um, ausgeruht.
refīgo, xi, xum, 3., (vom Kreuz) abnehmen.
reformīdo, 1., scheuen.
refŏveo, ōvi, ōtum, 2., wieder anfrischen.
refrēno, 1., eigentl. mit dem Zaume zurückhalten; equos refr., die Pferde anhalten.
refŭgio, ūgi, ugĭtum, 3., fliehen, sich flüchten.
refugium, i, die Zuflucht.
regaliŏlus, i, der Zaunkönig.
regālis, e, königlich.
regīna, ae, die Königin.
regio, ōnis, die Gegend, der Ort; das Gebiet, das Land; die Provinz.

regionātim, in verschiedenen Stadttheilen.

regius, a, um, königlich; regia urbs (auch ohne urbs), die Residenz; regia (näml. arx, domus), die königliche Burg, das Schloß; der Hof, das königliche Zelt; Adv. regie, tyrannisch.

regno, 1., König sein, regieren, herrschen.

regnum, i, die königliche Würde, (königliche) Regierung; die Alleinherrschaft; das (König-) Reich, der Staat; regnum agitare, die Regierung führen.

rego, xi, ctum, 3., lenken, fügen, bestimmen; regieren; commandiren.

regrĕdior, essus sum, 3., zurück kehren.

reiĭcio, ēci, ectum, 3., zurück werfen, wegwerfen.

relĕvo, 1., erleichtern, Erleichterung verschaffen, überheben; relevari, Linderung bekommen; relevare aliquem aliqua re, Jemandem etwas erlassen.

relicuus, s. reliquus.

religio, ōnis, die Religion, (Plur. religiöse Institute, Ceremonien), die Heiligkeit, (vitae) Unsträflichkeit; Verbindlichkeit; die Verehrung; die Bedenklichkeit, abergläubische Furcht; quatridui religione teneri, durch eine Verpflichtung 4 Tage lang abgehalten werden; religio mihi est, mich hindert eine Bedenklichkeit.

relĭgo, 1., binden.

relinquo, īqui, ictum, 3., zurück lassen, verlassen, hinterlassen, überlassen, lassen, unberührt lassen; Pass. übrig bleiben; relictus, a, um, übrig.

reliquiae, ārum, die Ueberbleibsel, Ueberreste.

relĭquus oder relicuus, übrig; reliquum facere, übrig lassen.

remăneo, nsi, nsum, 2., zurück bleiben, bleiben, übrig bleiben.

remedium, i, das Mittel, die Arznei.

remetior, ensus sum, 4., eigentl. zurück messen; zurück gehen.

remex, ĭgis, der Ruderer, Matrose.

reminiscor, 3., sich erinnern.

remissio, ōnis, die Linderung, Erleichterung.

remitto, īsi, issum, 3., zurück schicken, zurückkehren lassen; nachlassen; erlassen, verzeihen, schenken; remissus, a, um, gelassen.

remŏror, 1., warten lassen.

remŏveo, ōvi, ōtum, 2., entfernen, ausschließen, absetzen.

remunĕror, 1., vergelten, wieder beschenken.

remus, i, das Ruder.

renŏvo, 1., erneuern.

renuntio, 1., hinterbringen, melden.

renŭo, ui, ūtum, 3., durch Winke abweisen.

reor, ratus sum, 2., der Meinung sein, glauben.

repăro, 1., wieder anschaffen, wieder verschaffen, wieder herstellen, erneuern.

repello, ŭli, ulsum, 3., zurück schlagen, zurück weisen, verdrängen, verhindern; repelli, sich zurück schlagen lassen; bellum repellere, non inferre, einen Vertheidigungs- nicht Angriffskrieg führen.

repente, plötzlich.

repentīnus, a, um, plötzlich.

repercŭtio, ssi, ssum, 3., zurück schlagen; Pass. zurück prallen.

repĕrio, pĕri, pertum, 4., finden, antreffen; erfahren, in Erfahrung bringen.

repĕto, īvi und ii, ītum, 3., wieder zu bekommen suchen, zurück fordern; auftreiben; wieder hingehen; wieder anfangen; repetundae (res), Gelderpressungen; urbem repetere, in die Stadt zuzückkehren; memoriam rep., sich erinnern.

repetundae, arum, s. repeto.

replĕo, ēvi, ētum, 2., anfüllen, ausfüllen.

repōno, osui, ositum, 3., wieder aufstellen; für etwas niederlegen.

repraesento, 1., erneuern; beschleunigen, S. 335; animo repr., vor die Seele führen.

reprehendo, di, sum, 3., erwischen, einholen; tadeln.

reprĭmo, essi, essum, 3., zurück halten, dämpfen; vereiteln.

repudio, 1., verschmähen, abweisen,

von sich weisen; uxorem rep., sich von einer Frau scheiden.
repudium, i, die Ehescheidung.
repugno, 1., widerstreiten, widerstehen.
repurgo, 1., reinigen.
repŭto, 1., erwägen, berechnen.
requies, ēi, die Ruhe.
requīro, isivi, isītum, 3., aufsuchen; ausfragen, fragen; oculis requirere aliquid, sich nach etwas umsehen.
res, ei, die Sache, das Ding; der Umstand, die Angelegenheit, das Verhältniß, der Fall; das Ereigniß, die That, die Erfahrung; hae res, dies; omnes res, Alles; in rem, zum Nutzen; in rem esse, nützlich sein; re, an sich, S. 347; res rationesque, der Handelsverkehr; res humanae, die Welt; res militaris, das Kriegswesen; res frumentaria, das Getreidewesen, die Lebensmittel; res familiaris, das Vermögen; res capitalis, ein Verbrechen, worauf Todesstrafe steht; res adversae, unglückliche Ereignisse; res amplissimae, die glänzendste Lage; res novae, Neuerungen, Unruhen; res gesta, die That; res gerere, Thaten verrichten; res geritur, die Sache wird entschieden; quod res habet, was an der Sache ist; res bene se habet, es steht gut mit der Sache; res mihi est cum aliquo, ich habe mit Jemandem zu thun.
rescindo, ĭdi, issum, 3., abbrechen; aufheben.
rescisco, īvi u. ii, ītum, 3., erfahren, merken.
rescrībo, psi, ptum, 3., zurück schreiben, schriftlich antworten; noch einmal schreiben; ad equum rescr., in die Liste der Reiterei umschreiben.
resĕco, cui, ctum, 1., abschneiden.
reservo, 1., aufbewahren, aufsparen.
resĭdeo, ēdi, essum, 2., sitzen; zurück bleiben (von einer sich setzenden Flüssigkeit).
resisto, stĭti, stĭtum, 3., eigentl. sich zurück stellen; zurück bleiben; sich widersetzen, Widerstand leisten, widerstehen, nicht unterliegen.
resolvo, olvi, olutum, 3., auflösen; Pass. zerfallen, erschlaffen.
respĭcio, exi, ectum, 3, zurücksehen, ansehen, betrachten.
respondeo, di, sum, 2., antworten, entgegnen; Bescheid geben, aussagen, weissagen; entsprechen.
responsum, i, die Antwort, der Bescheid; die Weissagung; die Deutung; responsum ferre, Antwort bekommen.
respublica, reipublicae, der Staat; die Obergewalt im Staate; die Staatsverfassung; das Staatsinteresse; e republica, zum Besten des Staats.
respŭo, ui, ūtum, 3., von sich weisen.
restauro, 1., erneuern.
restinguo, nxi, nctum, 3., dämpfen.
restituo, ui, ūtum, 3., wieder herstellen; wieder einführen, wieder einsetzen; wieder zustellen, wieder geben; wieder annehmen, S. 298; in integrum, auch bloß restituere, wieder in den vorigen Stand setzen.
restitutio, ōnis, die Wiederherstellung; rest. in maius, Wiederherstellung und Vergrößerung.
resto, ĭti, 1., bleiben; übrig sein.
resūdo, 1., schwitzen.
resūmo, mpsi, mptum, 3., wieder nehmen, wieder bekommen.
resurgo, surrexi, surrectum, 3., wieder empor steigen.
retardo, 1., aufhalten.
rete, is, das Netz.
retĭceo, ui, 2., verschweigen.
retĭneo, inui, entum, 2., zurück halten, aufhalten, anhalten; zurück behalten; behaupten, behalten, erhalten; retineri, sich enthalten.
retorqueo, rsi, rtum, 2., zurück wenden.
retrăho, xi, ctum, 3., einziehen.
retro, rückwärts, zurück.
retrocēdo, essi, essum, 3, sich zurück ziehen.
retundo, ŭdi, ūsum und unsum, 3., zurück stoßen.
reus, a, um, angeschuldigt; Subst. ein Verklagter; reum fieri, angeklagt werden; capitis reus, ein

als Todesverbrecher, auf Leib und Leben Angeklagter.
revello, elli, ulsum, 3., wegreißen.
revēra, in der That (re vera).
revereor, 2., Ehrfurcht haben.
revertor, versus sum oder verti, 3., zurück kehren, umkehren.
revŏco, 1., zurück rufen, abrufen; hervor holen, wohin bringen; ins Gedächtniß zurück rufen; s. memoria.
rex, gis, der König.
Rex, ein röm. Familienname; s. Marcius.
rheda, ae, die Kutsche.
Rhenus, i, der Rhein.
Rheomithres, is, ein persischer General, der in der Schlacht bei Issus fiel.
Rhodănus, i, die Rhone.
Rhodius, a, um, die Insel Rhodus betreffend. Subst. der Rhodier. Für die den Römern gegen Antiochus geleistete Hülfe erhielten sie die Provinzen Lycien und Carien, S. 18.
Rhodus, i, die (zu den Sporaden gehörige) Insel Rhodus. Nach Athens Zerstörung blühte hier die Beredsamkeit.
rideo, si, sum, 2., lachen.
rigeo, ui, 2., starren.
rigo, 1., befeuchten.
ripa, ae, das Ufer.
rite, Adv. auf gehörige Art.
ritus, us, der Gebrauch; die Art; ritu, nach Art.
robur, ŏris, der Kern (der Truppen: Kerntruppen); die Stärke, Kraft.
robustus, a, um, stark, kräftig.
rogatio, ōnis, der Vorschlag zu einer Verordnung; die Verordnung (die einen einzelnen oder mehrere Menschen besonders, nicht alle insgesammt betrifft, z. B. rogatio Plotia, S. 269, die sich nur auf die Anhänger des Lepidus bezog.
rogo, 1., fragen; bitten, erbitten, ersuchen.
rogus, i, der Scheiterhaufen.
Roma, ae, Rom, Hauptstadt des röm. Reichs, in Latium an der Tiber.
Romanus, a, um, römisch; Subst. der Römer.
Romŭlus, i, der Gründer und erste König Roms (774—717).
rostratus, a, um, mit einem Schnabel versehen; naves rostratae, Schnabelschiffe.
rostrum, i, der Schnabel; Schiffschnabel; Plur. rostra, die (mit den Schnäbeln der von den Antiaten im J. 338 erbeuteten Schiffe geschmückte) Rednerbühne auf dem Forum in Rom.
rota, ae, das Rad; orbes rotarum, die Felgen der Räder.
ruber, bra, brum, roth; rubrum mare, das indische Meer zwischen Afrika, Asien und den östlichen Inseln, mit seinen beiden (dem arabischen und persischen) Meerbusen.
Rubĭco oder on, ōnis, ein Fluß, der die Gränze machte zwischen Mittel-Italien und der Gallia cisalpina.
rudimentum, i, die Probe; rud. deponere, Probe ablegen.
rudis, e, roh; unerfahren, ungeübt.
Rufio, ōnis, S. 301, Sohn eines Freigelassenen Cäsars.
Rufus, ein röm. Familienname des Pompejischen Geschlechts, s. Pompeius.
ruīna, ae, der Einsturz; der Untergang, die Vernichtung, das Verderben; die Niederlage; die Trümmer; ruina delere, niederreißen.
rumor, ōris, das Gerücht, das Gerede.
rumpo, rupi, ruptum, 3., zerreißen, auseinander reißen, durchbrechen, brechen; vincula rumpere, die Bande zerreißen S. 208, das Gefängniß durchbrechen S. 75.
ruo, rui, rutum, 3., stürzen, fort stürzen, zusammen stürzen.
rupes, is, der Fels, die Felswand.
rursus, Adv. wieder, wiederum, abermals.
rus, ruris, das Feld.
rusticĭtas, atis, die Unhöflichkeit.
Rutēni, orum, ein gallisches Volk in der Nähe der Provincia Romana, schon im J. 121 von den Römern besiegt; s. Fabius Nr. 1.

S. P. Q. R., Abkürzung für Senatus populusque Romanus.
sabŭlum, i, der Sand.
sacer, cra, crum, heilig; via sacra, die heilige Straße in Rom, welche über das Forum zum Capitolium führte; sollemnia sacra, eine feierliche Handlung; sacrum, i, das Heiligthum; die Religion S. 245; das Opfer; sacrum facere, ein Opfer bringen.
sacerdos, ōtis, der Priester.
sacerdotium, i, das Priesteramt.
sacramentum, i, der Eid; der Soldateneid.
sacrarium, i, die Kapelle.
sacrificium, i, das Opfer; sacrificium facere, perpetrare, ein Opfer bringen, verrichten.
sacrifĭco, 1., opfern, ein Opfer bringen.
sacrilegium, i, der Tempelraub; die Zerstörung der Tempel.
sacrilĕgus, a, um, eigentl. tempelräuberisch; gottlos, verrucht.
sacro, 1., heiligen, weihen, als heilig aufstellen.
sacrosanctus, a, um, unverletzlich.
Saenius, ein röm. Geschlechtsname. L. Saenius, ein Senator zur Zeit Ciceros.
saepe, oft.
saepenumĕro, oftmals.
saevio, 4., wüthen.
saevitia, ae, die Härte, Strenge, Wuth.
saevus, a, um, grausam, wild.
sagātus, a, um, mit dem sagum, dem Kriegskleide der Römer, bekleidet.
sagax, ācis, scharfsinnig, scharfsichtig.
sagīno, 1., mästen; Pass. schwelgen.
sagitta, ae, der Pfeil.
sagittarius, a, um, pfeilschießend; miles sagittarius oder bloß sagittarius, der Bogenschütz; eques sagittarius, der Bogenschütz zu Pferde.
Salaminius, a, um, salaminisch; Salaminium fretum, die Meerenge zwischen der Insel Salamis und dem Festlande von Hellas. Hier wurde die persische Flotte im J. 480 von Themistokles geschlagen.
saltator, ōris, der Tänzer.
saltem, wenigstens, nur.
salto, 1., tanzen.
saltus, us, das Waldgebirge; die Waldung; die Viehtrift.
salūber, bris, bre, gesund, heilsam; Adv. salubrĭter.
salubrĭtas, ātis, die Heilsamkeit, heilsame Wirkung.
salus, ūtis, die Gesundheit, das Wohl, die Wohlfahrt, das Heil, die Rettung, die Erhaltung, das Leben; custos salutis, der Leibarzt; summa salus, die gesammte Wohlfahrt; saluti esse, retten; salutem tueri, für Rettung sorgen; de salute obtestari, um das Leben bitten.
Salutio, ōnis, ein (schimpflicher) Beiname eines Corneliers, S. 294.
salūto, 1., begrüßen; Aufwartung machen.
salvus, a, um, unverletzt, im Wohlstande; salvum esse, gerettet werden, am Leben bleiben, mit dem Leben davon kommen.
Samnītes, die Samniter, Bewohner der Landschaft Samnium in Italien, ein sehr kriegerisches Volk, welches erst nach vielen Kriegen von den Römern überwältigt wurde.
sancio, nxi, ncītum und nctum, 4., verordnen, als unverbrüchlich festsetzen.
sanctĭtas, ātis, die Ehrwürdigkeit, Unverletzlichkeit.
sanctus, a, um, heilig, unverletzlich; ehrwürdig, ehrenwerth, unsträflich; Adv. sancte; sancte aliquem habere, sich ehrbar gegen Jemand betragen.
sane, Adv. wirklich, freilich, recht, ziemlich, immerhin.
Sanga, ae, ein röm. Familienname. s. Fabius Nr. 2.
sanguis, uĭnis, das Blut.
sanĭtas, ātis, die Gesundheit (des Leibes und der Seele): ad sanitatem reverti, zu Verstande kommen.
sano, 1., heilen, wieder gut machen, büßen.
Santŏnes, um, ein gallisches Volk

an der Westküste in Aquitanien, nördlich von der Garonne.
sanus, a, um, eigentl. gesund; vernünftig, verständig, gescheut.
sapiens, tis, weise; Adv. sapienter.
sapientia, ae, die Weisheit.
sarcĭna, das Bündel; Plur. sarcĭnae, das Gepäck (der einzelnen Soldaten, welches jeder trägt); die Habseligkeiten.
Sardanapălus, i, Sardanapal, der letzte von den alt-assyrischen Königen, tödtet sich um d. J. 850.
Sardes, ium, die Hauptstadt von Lydien.
Sardi, orum, die Sardinier. Ueber die Rede pro Sardis S. 291, s. Caesar Nr. 1.
sarissophŏri, orum, macedonische Lanzenträger, deren Lanze (sarissa) über 20 Fuß lang war.
Sataces, is, Satrap des Darius Kodomannus in Aegypten.
satelles, ĭtis, der Trabant; einer von der Leibwache.
Satibarzanes, is, Satrap des Darius in Ariana, einer nordöstlichen Provinz des persischen Reichs; ergiebt sich an Alexander, fällt aber bald wieder von ihm ab, S. 250 f.
satiĕtas, ātis, die Sättigung; die Genüge; das Ueberfressen, S. 215.
satio, 1., sättigen.
satis, Adv. genug, hinreichend; recht; non satis, nicht recht; satis habere, zufrieden sein, sich begnügen; Comparativ satius; satius est, es ist besser.
satisfăcio, ēci, actum, 3., genügen, befriedigen; Genugthuung geben; um Verzeihung bitten, S. 336; errori satisf., genug irren.
satisfactio, ōnis, eigentl. die Genugthuung; Entschuldigung.
satius, s. satis.
satrăpa, ae, ein Statthalter in einer persischen Provinz, mit fast königlicher Gewalt.
Satrapēne, eine Landschaft zwischen Babylonien und Susiana.
satrapīa, ae, eine persische Statthalterschaft, Provinz.
Satropates, is, ein Reiteranführer des Darius Kodomannus.
Saturnālis, e, saturnisch; Saturnalia (näml. festa oder sollemnia), das Saturnusfest. Die Saturnalien, anfangs nur einen Tag (17ten December), später mehrere Tage gefeiert, waren das Fest einer allgemeinen Lust, an dem der Römer sich jede Art der Freude und Ausgelassenheit erlaubte, und selbst die Sklaven manche Erleichterung erhielten.
Saturnīnus, i, ein röm. Familienname. L. (Apuleius) Saturninus, im J. 100 zum zweiten Male Volkstribun, setzte alle seine Vorschläge mit Gewalt durch, indem er sich besonders mit dem Consul C. Marius und dem Prätor C. Servilius Glaucia verband. Als Letzterer sich um das Consulat bewarb, eröffnete Saturninus durch die Ermordung des Mitbewerbers seinem Freunde die Bahn zur höchsten Ehrenstelle. Das erbitterte Volk ertheilte den Consuln unumschränkte Gewalt. Saturninus floh mit seinen Anhängern aufs Capitol, mußte sich aber ergeben, und das aufgebrachte Volk erschlug ihn nebst seinem Genossen Glaucia, S. 31. 42. 73. 271.
saucio, 1., verwunden.
saucius, a, um, verwundet; (vino) berauscht.
saxum, i, der Fels, der Stein.
Scaeva, ein röm. Familienname; s. Cassius Nr. 4.
scapha, ae, der Kahn.
Scaurus, ein röm. Familienname. M. Aemilius Scaurus, ein angesehener Senator, wurde im J. 104 von Cn. Domitius angeklagt.
sceleratus, a, um, verbrecherisch; Subst. der Bösewicht; Adv. scelerate.
scelestus, a, um, verbrecherisch.
scelus, ĕris, der Frevel, die Frevelthat, das Verbrechen; der Hochverrath.
scena, ae, die Bühne.
scenĭcus, a, um, dramatisch; ludi sc., Schauspiele; artifices scenici, dramatische Künstler.
Scenītae, arum, eigentl. Zeltbewohner; Aethiopes Scenitae, afrikanische Völker, welche in tragbaren

Hütten wohnen, die sie auf ihren Wanderungen mitnehmen (Beduinen).
scientia, ae, die Kenntniß.
scilĭcet, freilich, natürlich (in ironischem Sinne); nämlich.
scindo, ĭdi, issum, 3., zerreißen.
scio, ivi u. ii, itum, 4., wissen, verstehen; erfahren; satis scire, wohl wissen.
Scipio, ōnis, ein röm. Familienname des Cornelischen Geschlechts. 1) P. Cornelius Scipio Africanus (maior) beendete den zweiten punischen Krieg durch die Schlacht bei Zama im J. 202. 2) L. Cornelius Scipio Asiaticus, Bruder des vorigen, zieht als Consul im J. 190 gegen Antiochus den Großen, König von Syrien, und schlägt ihn bei Magnesia am Sipylus. 3) P. Cornelius Scipio Aemilianus (Africanus minor), Enkel des Africanus maior, eroberte und zerstörte Carthago im J. 146 und Numantia im J. 133. 4) P. Cornelius Scipio Nasīca Serapio, war Consul im J. 138. Als im J. 133 der Consul Mucius Scaevola zu keinen gewaltsamen Maaßregeln gegen den Tiberius Gracchus schreiten wollte, stellte er sich selbst als Pontifex Maximus an die Spitze der Patricier, verfolgte den Tib. Gracchus und dessen Anhänger aufs Capitol, wo dieser nebst vielen von den Seinigen erschlagen wurde. 5) Q. Caecilius Metellus Scipio, im J. 52 Consul mit Cn. Pompeius, dessen Schwiegervater und Anhänger er war. An der Spitze eines pompejanischen Heeres in Africa wurde er nebst dem König Juba bei Thapsus im J. 46 von Cäsar gänzlich geschlagen.
sciscĭtor, 1., befragen, ausfragen.
scriba, ae, der Schreiber.
scribo, psi, ptum, 3., schreiben; scriptum est, es steht geschrieben; legiones scribere, Legionen ausheben.
scrinium, i, das Kästchen.
scriptor, ōris, der Verfasser, Schriftsteller; Geschichtsschreiber.
scriptūra, ae, die Schrift; die Zuschrift.
scrutor, 1., durchsuchen.
scutum, i, der Schild.
Scytha, ae, ein Scythe. Scythen war bei den Griechen der allgemeine Name der nomadischen Völker nördlich vom schwarzen und caspischen Meere mit unbestimmten Gränzen.
Scythia, ae, die von den Scythen bewohnten Gegenden im Norden des schwarzen und caspischen Meeres.
Scythĭcus, a, um, scythisch; bella Scythica, die von Philippus von Macedonien gegen die Scythen um d. J. 341 geführten Kriege.
secēdo, essi, essum, 3., weggehen, sich trennen; sich wohin begeben.
secerno, crevi, cretum, 3., trennen, absondern.
secessio, ōnis, eigentl. die Trennung; der Abfall.
secius, s. secus.
seco, cui, ctum, 1., schneiden; trennen.
secrētus, a, um, geheim; Subst. secretum, i, das Geheimniß; Adv. secreto, im Geheimen.
sectĭlis, e, aus geschnittenen Marmortäfelchen bestehend.
sector, 1., nachfolgen, begleiten.
secŭlum, i, das Jahrhundert.
secundum, Präp. nächst, längs; gemäß.
secundus, a, um, der zweite; glücklich; secunda fortuna, das Glück; secundo amne, stromabwärts; secundum esse alicui, Jemandem nachstehen.
secūris, is, das Beil.
securĭtas, ātis, die Sorglosigkeit, Sicherheit.
secūrus, a, um, sorglos, sicher; securus de aliqua re, sicher vor etwas.
secus, Adv.; Comparat. secius; anders, sonst; secus ac, auch quam, anders als; non eo secius oder nihilo secius, dessenungeachtet.
sed, aber, doch; sondern; ja, S. 236; nach einer Abschweifung: sag' ich, S. 57 unten.

sedeo, sdi, essum, 2., sitzen; still sitzen.
sedes, is, der Sitz, Sessel; der Wohnsitz, die Heimath, der Ort; die Grundfeste, S. 69.
seditio, ōnis, die Empörung, der Aufruhr; seditionem movere, einen Aufstand veranlassen, Aufruhr erregen.
seditiosus, a, um, empörerisch; unruhig.
sedo, 1., beschwichtigen, Einhalt thun, beseitigen.
sedŭlus, a, um, emsig, besorgt.
Sedusii, orum, die Sedusier, ein germanisches Volk in der Gegend der Rhein= und Donauquellen.
segnis, e, unbetriebsam, schläfrig, unthätig, langsam, bedächtig; Adv. segniter, unthätig.
Segusiāni, orum, die Segusianer, ein gallisches Volk zwischen der Loire und Saone.
seiungo, nxi, nctum, 3., trennen.
sella, ae, der Sessel; der Arbeitsstuhl, S. 80; Sella curūlis, der curulische Sessel, dessen sich die Consuln, Prätoren, die curulischen Aedilen und Censoren nur bedienen durften.
semel, einmal, ein für allemal; semel atque iterum, mehrmals.
semen, ĭnis, der Same.
sementis, is, die Aussaat.
semianĭmis, e, halbtodt.
semibarbărus, a, um, halbbarbarisch.
seminarium, i, die Pflanzschule.
Semirămis, ĭdis, Gemahlin des Ninus, Königin von Assyrien.
semĭta, ae, der Steig.
semiustulatus, a, um, halbverbrannt.
semper, immer, stets.
sempiternus, a, um, immerwährend, ewig.
Sempronius, ein röm. Geschlechtsname, s. Gracchus; lex Sempronia, S. 76, das von C. Sempronius Gracchus im J. 123 gegebene Gesetz von der Freiheit der römischen Bürger (ne de capite civium Romanorum iniussu populi iudicaretur).
senātor, ōris, der Senator; in Rom Mitglied des von Romulus angeordneten immerwährenden Staatsraths. Dieser bestand anfänglich aus 100 (Patriziern) Senatoren, wurde unter Tarquinius Priscus auf dreihundert vermehrt, von Sulla auf vierhundert, von Cäsar auf neunhundert.
senatorius, a, um, senatorisch; ordo sen., der Senatorstand.
senatus, us (bei Sallust auch nach der 2ten Dekl.), der Senat (der von Romulus angeordnete Staatsrath in Rom); die Senatsversammlung; senatum habere, agere, eine Senatsversammlung halten.
senatusconsultum, i, der Senatsbeschluß.
senectus, ūtis, das Alter (des Greises).
senesco, ui, 3., alt werden, ergrauen.
senex, is, alt; Comparat. senior, älter; Subst. der Greis.
sensim, allmälig.
sensus, us, die Empfindung, Wahrnehmung; der Sinn, die Besinnung, die Gesinnung; der Schmerz, S. 114.
sententia, ae, die Meinung, der Gedanke; das Votum, Urtheil, der Vorschlag; der Inhalt; ex sententia, nach Wunsche; hac sententia, folgenden Inhalts; in oder ad eandem sententiam, desselben Inhalts; in eam sententiam, dafür, darüber; sententiam ferre, seine Meinung sagen, Stimme abgeben; sententiam dicere, einen Vorschlag thun; ad sententiam redire, zum Abfragen der Meinungen zurückkehren; in sententiam transire, einer Meinung beitreten.
sentīna, ae, der Unflath (der sich im Boden des Schiffes sammelt); der Auswurf.
sentio, nsi, nsum, 4., fühlen, empfinden, merken, spüren, anmerken; erfahren, erkennen, wissen; denken, meinen, gesinnt sein, Gesinnung haben.
seorsus, Adv. abgesondert.
separātim, besonders; allein.
sepĕlio, elivi, ultum, 4., begraben, bestatten; patriam sepelire, das Vaterland vernichten.
sepes, is, der Zaun.

sepio, psi, ptum, 4., umzäunen, umgeben, schützen.
September, bris, bre, im Monat September.
septemtrio und septentrio, ōnis und Plur. semptentriones, eigentl. das Siebengestirn am Nordpol (der große Bär); der Norden.
Septimius, ein röm. Geschlechtsname. Septimius, ein Catilinarier, S. 7.
sepulcrum, i, das Grabmal.
sepultūra, ae, die Bestattung.
Sequăna, ae, Fluß in Gallien, die Seine.
Sequăni, orum, die Sequaner, ein gallisches Volk zwischen der Saone und dem Jura.
sequor, cutus sum, 3., folgen, verfolgen, nachfolgen, nachstürzen; erfolgen, von selbst kommen; viam sequi, einen Weg einschlagen.
Ser. d. i. Servius.
Sergius, ein röm. Familienname, s. Catilina.
series, ēi, die Reihe; serie, S. 187, reihenweise.
serius, a, um, ernst; serio, im Ernst.
sermo, ōnis, die Rede, die Sprache; das Gerede, die Erzählung; die Unterredung, das Gespräch; sermones habere, Reden führen.
sermuncŭlus, Deminutivum von sermo; serm. urbani, Stadtgespräch.
sero, rui, rtum, 3., zusammen reihen, fügen.
sero, sevi, satum, 3., säen, besäen, ausstreuen.
serpo, psi, ptum, 3., schleichen.
Sertorius, ein röm. Geschlechtsname. Q. Sertorius, ein Anhänger des Marius, hatte sich seit Sullas Dictatur nach Spanien zurückgezogen. Zu ihm begaben sich nach des Lepidus Tode im J. 77 dessen Anhänger, darunter L. Cinna, S. 269.
serus, a, um, spät, zu spät; Adv. sero.
servīlis, e, die Sklaven betreffend, knechtisch; servilis conditio, die Sklaverei; bellum servile, ein Sklavenkrieg.
Servilius, ein röm. Geschlechtsname. 1) C. Servilius Ahāla, im J. 439 Magister equitum des Dictators L. Quinctius Cincinnatus, erschlug den Sp. Melius, der wegen Verdachts der Volksaufwieglung vor den Dictator gefordert, nicht erscheinen wollte. 2) C. Servilius Glaucia, Prätor im J. 100, wurde mit seinem Genossen dem Volkstribunen Saturninus getödtet, s. Saturninus. 3) P. Servilius Vatia, nach Besiegung der Isaurier im J. 75 Isauricus genannt, führte vom J. 78 — 75 als Proconsul Krieg in Cilicien. 4) M. Servilius Caepio (Geminus) war im J. 60 Volkstribun.
servio, 4., dienen, behülflich sein, Sklav sein, in der Sklaverei leben.
servitium, i, die Sklaverei, Knechtschaft; der Sklave, das Sklavenvolk.
servĭtus, ūtis, der Dienst, die Knechtschaft, die Sklaverei.
Servius, ein röm. Vorname.
servo, 1., beobachten; retten, erhalten, beibehalten, aufbewahren, am Leben erhalten, S. 300; pacem servare, Friede halten; iura servare, Rechte beobachten.
servŭlus, i, Deminut. von servus, der Sklave (mit Indignation gesprochen).
servus, i, der Sklave.
Sesostris, is, ein durch seine Erobrungszüge berühmter König von Aegypten im 15ten Jahrh. v. Chr.
sessor, ōris, eigentl. ein Sitzer; equus non patiens sessoris alterius, ein Pferd, welches keinen anderen aufsitzen läßt.
sestertius, a, um, drittehalb; nummus sestertius, oder sestertius, oder numus, ein Sesterz, Silbermünze bei den Römern, an Werth etwa 1½ Pfennig, nach der in der Regel Geldsummen gerechnet wurden. Von einer Million (decies centena millia sestertium) an ließ man die Wörter centena millia aus. Sestertium, i, ein großes Sesterz, tausend sestertii (53 Thlr.) betragend.
Sestos und Sestus, i, Stadt auf

dem Thracischen Chersones am Hellespont, der Stadt Abydus gegenüber.
seu s. w. a. sive.
severitas, ātis, die Strenge.
sevērus, a, um, streng.
sexagenarius, a, um, sechzigjährig.
Sextius, ein röm. Geschlechtsname. P. Sextius, im J. 63 Quästor des Consul Antonius; im J. 57 Volkstribun, wurde er wegen Gewaltthätigkeiten angeklagt und von Cicero vertheidigt.
sexus, us, das Geschlecht.
si, wenn, wenn auch; ob wohl; si tamen, wenn anders; si maxume, wenn auch noch so sehr.
Sibyllīnus, a, um, sibyllinisch; libri Sibyllini, die sibyllinischen Bücher; facta Sibyllina, die Schicksalsaussprüche in denselben. Bekannt ist die Erzählung von dem Ankauf dieser Bücher, in denen man Aufschlüsse über das künftige Schicksal des röm. Staats zu finden glaubte, und die man in bedenklichen Zeiten zu Rathe zog. Im Marsischen Kriege (91—89) verbrannten sie zugleich mit dem Capitolischen Tempel, und es wurde aus den überall aufgesuchten einzelnen Sprüchen eine neue Sammlung veranstaltet.
sic, so, auf diese Weise.
sica, ae, der Dolch.
sicarius, i, der Meuchelmörder.
siccĭtas, ātis, die Trockenheit.
sicco, 1., trocken machen, austrocknen.
siccus, a, um, trocken.
Sicilia, ae, Sicilien, Insel im Südwesten von Italien.
sicŭbi, wenn irgend wo.
sicut oder sicŭti, so wie, gleich wie, als wenn.
Sidon, ōnis, die älteste Stadt der Phönizier, soll vom Agēnor, dem Vater des Kadmus, gegründet sein.
Sidonii, orum, Bewohner der Stadt Sidon und deren Gebiet.
sidus, ĕris, das Gestirn; ad sidera agere, bis an die Sterne führen.
sigillum, i, das Siegel.
signator, ōris, der etwas untersiegelt.
significatio, ōnis, die Andeutung.
signĭfĭco, 1., anzeigen; bedeuten: signif. de aliqua re, auf etwas hindeuten.
signo, 1., eigentl. bezeichnen; untersiegeln; argentum forma signatum, geprägtes Silber.
signum, i, das Zeichen; das Siegel; die Statue; das Signal; das Feldzeichen, die Fahne; signa canunt, die Signale ertönen; prima signa, die Spitze des Heeres; ante prima signa, an der Spitze des Heeres; circum prima signa, im Vordertreffen; signa ferre, mit den Fahnen aufbrechen; signa inferre, angreifen, einen Angriff machen; signa convertere, Kehrt machen, eine Schwenkung machen.
Silānus, ein röm. Familienname. D. Iunius Silanus, Consul im J. 62.
silentium, i, das Stillschweigen, die Verschwiegenheit; die Stille; silentio premere aliquid, etwas verschwiegen halten.
sileo, ui, 2., still sein, schweigen; verschweigen.
silva, ae, der Wald.
silvester, stris, stre, waldig; was im Walde ist, z. B. tumulus silvester, ein Waldhügel.
simĭlis, e, ähnlich, gleich.
similitūdo, ĭnis, die Aehnlichkeit.
simplex, ĭcis, einfach, schlechthin, ohne Rücksicht; bieder, offenherzig; Adv. simplicĭter.
simul, zugleich, und zugleich; simul atque, s. simulac.
simŭlac (simulatque) oder simul ac (atque), sobald als; simulac primum, sobald erst.
simulăcrum, i, das Bildniß, die Bildsäule; die Gestalt; ad simulacrum, nach der Gestalt.
simulatio, ōnis, die Verstellung, der Vorwand.
simulātor, ōris, der sich den Schein von etwas giebt, was er nicht ist; der Heuchler.
simŭlo, 1., sich den Anschein von etwas geben (was man nicht ist oder hat), sich stellen, erheucheln; se simulare, sich für etwas aus-

geben; metum simulare, sich furchtsam stellen.
simultas, ātis, der Groll.
sin, wenn aber: sin autem, desgl.
sine, ohne; sine aliquo esse, nicht um Jemand sein.
singulāris, e, besonder, ausgezeichnet.
singŭli, ae, einzeln; jeder ins Besondere.
sinister, stra, strum, links.
sino, sivi, situm, 3., lassen, zulassen.
sinus, us, der Schooß; de sinu eius, einer seiner Busenfreunde; sinus montium, die Bergschlucht; sinus togae, die Falten der Toga.
siquĭdem, indem nämlich; indem; nämlich, denn.
sisto, stiti, statum, 3., zum Stehen bringen, aufhalten; festen Fuß fassen, Rettung finden; sistere gradum, Halt machen; fugam sistere, die Flucht hindern.
Sisygambis, is, die Mutter des Darius Kodomannus, welche nach der Schlacht bei Issus in Alexanders Gefangenschaft gerieth.
sitio, 4., dürsten; sanguinem sitire, nach Blut dürsten.
sitis, is, der Durst.
Sittius, ein röm. Geschlechtsname. P. Sittius Nucerinus, zu Rom angeklagt, floh kurz vor Ausbruch der Catilinarischen Verschwörung aus Rom und setzte mit Truppen, die er aus Italien und Spanien an sich gezogen, nach Afrika über, wo er sich in die Kriege der streitenden Könige mischte.
situs, a, um, gelegen, liegend; situm esse, liegen.
situs, us, die Lage.
sive u. seu, oder; sive (seu) — sive (seu) sei es daß — oder daß.
smaragdus, i, der Smaragd.
Smerdis, is, der Bruder des Kambyses.
sobŏles, is, der Sproß.
sobrius, a, um, nüchtern.
socer, ĕri, der Schwiegervater.
societas, ātis, die Gemeinschaft, Theilnahme, der Antheil; die Bundesgenossenschaft; das Bündniß; societatem inire, ein Bündniß schließen, sich verbünden.
socius, a, um, verbündet; Subst. der Verbündete, Genosse, Theilnehmer, Bundesgenosse.
socordia, ae, Gedankenlosigkeit, Unachtsamkeit, Nachlässigkeit.
socrus, us, die Schwiegermutter.
sodālis, is, der Kamerad.
Soebaris, is, ein Perser, des Cyrus Genosse bei seinen Unternehmungen, später sein Satrap in Persien.
Sogdiāni, orum, die Bewohner von Sogdiana, einer nordöstlichen Provinz des persischen Reichs.
sol, solis, die Sonne, der Sonnenschein. Die Sonne wurde von den Persern als Gott verehrt, dem die Pferde geweihet waren.
solatium, i (auch Plur.), der Trost.
soleo, solĭtus sum, 2., oft, wiederholt, gewöhnlich etwas thun; gewohnt sein, pflegen, gewöhnlich sein; solĭtus, gewöhnlich.
solemnis, s. sollemnis.
Soli, orum, Stadt in Cilicien.
solĭdus, a, um, dicht, massiv.
solitūdo, ĭnis, die Einsamkeit, Einöde, Wüste; Leerheit.
solitus, s. soleo.
solium, i, der Thron.
sollemnis, e, feierlich, heilig; gewöhnlich; Subst. sollemne, die Feierlichkeit.
sollers, tis, geschickt, klug.
sollertia, ae, die Klugheit.
sollicitatio, ōnis, die Aufwieglung.
sollicĭto, 1., zu etwas zu bewegen suchen, reizen, anreizen, auf seine Seite ziehen, aufwiegeln.
sollicitūdo, ĭnis, die Bekümmerniß, Besorgniß; sollicitudinem incutere, Besorgniß erregen.
sollicĭtus, a, um, besorgt, bang; sollicitus sub aliquam rem, besorgt wegen einer Sache.
solum, i, der Boden, Grund und Boden, das Land; solum agri, Grund und Boden.
solum, Adv. allein, nur; non solum, nicht allein.
solus, a, um, allein, einzig, nur.
solūtus, a, um (eigentl. Partic. von solvere), ungebunden, frei, freiwillig; übertrieben, S. 55.
solvo, vi, ūtum, 3., lösen, befreien, aufheben, zertrümmern; pontem

solv., eine Brücke abbrechen; legibus solv., von den Gesetzen dispensiren; obsidionem solv., die Belagerung aufheben; iusta solv., die letzte Ehre erweisen.

somnium, i, der Traum; somnio defungi, einen Traum erfüllen.

somnus, i, der Schlaf, die Schläfrigkeit; per somnum, im Schlaf, im Traum; somnum capere, einschlafen.

sono, ui, ĭtum, 1., schallen, prasseln.

sons, tis, straffällig; Subst. der Schuldige; der Missethäter.

sonus, i, der Schall, der Ton; das Geräusch.

Sophŏcles, is, der berühmte griech. Tragödiendichter; er war auch Feldherr der Athener in der Expedition gegen die Samier im J. 440.

sopor, ōris, der (tiefe) Schlaf; gravis sopor, fester Schlaf.

sorbeo, bui, 2., schlürfen.

sordes, ium, der Schmutz.

sordĭdus, a, um, schmutzig; niedrig.

soror, ōris, die Schwester.

sors, tis, das Loos, das Orakel; das Schicksal, Unglück; sors humana, die Menschheit; sors oraculo edita, ein Orakelspruch.

sortior, 4., (durchs Loos) erlangen.

Sp. d. i. Spurius, ein röm. Vorname.

Spaco, us, die Ernährerin des Cyrus, S. 88.

spargo, si, sum, 3., zerstreuen; Pass. sich verbreiten; venenum spargere, Gift mischen; vestigia fuga spargere, auf verschiedenen Wegen fliehen, um die Verfolgenden irre zu machen.

Sparta, ae, Stadt im Peloponnes, welche sonst auch Lacedaemon heißt; steht für Lacedaemonia S. 245.

Spartanus, a, um, aus Sparta; Subst. der Spartaner.

sparus, i, der Speer.

spatiōsus, a, um, geräumig, breit.

spatium, i, der Raum, Zwischenraum; die Strecke; die Gegend; die Laufbahn; der Zeitraum, die Zeit, die Frist; spatium locorum, die Ausdehnung des Landes; spatium dare, Raum lassen, Zeit lassen; spatium pugnae dare, das Schlachtfeld räumen.

species, ēi, das Ansehen, der Schein, die Erscheinung, das Bild; die äußere Lage; der Glanz; specie, unter dem Schein; prima specie, dem ersten Anschein nach; ad speciem, zur Täuschung; speciem facere, praebere, aussehen wie; maiorem speciem gerere, größer scheinen; odio speciem pietatis praeferre, den Haß hinter der Pflichtliebe verbergen.

specĭmen, ĭnis, eigentl die Probe; specimen capere, die Ueberzeugung gewinnen.

speciōsus, a, um, herrlich; speciosa dictu, das Scheinbare.

spectacŭlum, i, das Schauspiel; die Ansicht; spectacula oder spect. ludicra edere, Schauspiele geben, anstellen; spectaculo digna edere, sehenswerthe Thaten verrichten.

spectātor, ōris, der Zuschauer.

spectātus, a, um, erprobt, bewährt.

specto, 1., schauen, betrachten; untersuchen; gerichtet sein, trachten, wo zu liegen; ludos sp., den Schauspielen beiwohnen.

specŭla, ae, die Warte; in speculis esse, auf der Lauer sein.

speculātor, ōris, der Späher, Kundschafter.

specŭlor, 1., sich umsehen, spähen, lauern, kundschaften; beobachten.

specus, us, die Höhle, die Höhlung.

sperno, sprevi, spretum, 3., verschmähen, verachten.

spero, 1., hoffen, erwarten, fürchten; bene sp., gute Hoffnung haben.

spes, ei, die Hoffnung, Aussicht; was man hofft; spes me tenet, Hoffnung erfüllt mich; in spe habere, hoffen; in spem venire, Hoffnung bekommen; spem inflare, die Hoffnung beleben; spem fallere, die Hoffnung vereiteln; spem omittere, die Hoffnung aufgeben; spem recipere, wieder Hoffnung fassen.

spicŭlum, i, die Spitze.

Spinther, i, Beiname eines Lentulus; s. Lentulus Nr. 3.

spirĭtus, us, das Athmen der Luft; der Athemzug; das Leben; die Begeisterung; Plur. der Stolz; ingenti spiritu, mit einem lang anhaltenden Tone; spiritum ducere, trahere, Athem holen, schöpfen; spiritum capere, Muth fassen; spiritum colligere, recipere, wieder Athem holen; spiritum reddere, den Geist aufgeben, das Leben enden.
spiro, 1., athmen; nach etwas streben.
spissus, a, um, dicht.
splendeo, ui, 2., glänzen, leuchten.
splendĭdus, a, um, glänzend.
splendor, ōris, der Glanz.
spolio, 1., ausziehen; entblößen, berauben, plündern.
spolium, i, die Beute (bes. im Plur.), die Plünderung.
spondeo, spopondi, sponsum, 2., versprechen; sp. pro aliquo, für Jem. bürgen.
sponsor, ōris, der Bürge.
sponsus, i, der Bräutigam.
sponte (mit Pron. Poss. im Abl. Sing. Fem.), aus freien Stücken, von selbst, auf eignen Antrieb, freiwillig; aus eigner Kraft.
spurcus, a, um, häßlich.
Spurinna, ae, ein Haruspex zur Zeit Cäsars.
squalĭdus, a, um, unsauber.
squalor, ōris, der Schmutz; die Trauer; die Rauheit.
stabĭlio, 4., befestigen.
stabŭlum, i, der Stall.
stadium, i, das Stadium, ein griech. Längenmaaß, 125 Schritt betragend; die Laufbahn.
Statilius, ein röm. Geschlechtsname. L. Statilius, ein röm. Ritter und Theilnehmer an der Verschwörung Catilinas.
statim, sogleich.
statio, ōnis, der Posten.
Statīra, ae, Tochter des Darius Kodomannus; (so hieß auch seine Gemahlin).
statīvus, a, um, stehend; stativa (näml. castra), das Standlager.
Stator, ōris, eigentl. der etwas stehen macht. Beiname des Jupiter, weil er der Sage nach die wankende Schlachtordnung der Römer gegen die Sabiner wieder herstellte, als Romulus ihn um Hülfe anrief und ihm einen Tempel zu weihen gelobte. Nach errungenem Siege baute Romulus dem Jupiter Stator am palatinischen Hügel einen Tempel. Hier hatte sich der Senat versammelt, als Cicero die erste Rede gegen Catilina hielt.
statŭa, ae, die Bildsäule; statua equestris, eine Reiterstatue.
statuo, ui, ūtum, 3., setzen, einsetzen; aufstellen, errichten; festsetzen, beschließen, verfügen; entscheiden, gesonnen sein, glauben, S. 337; finem st., eine Gränze setzen; diem statuere, einen Termin festsetzen; signum, aram, tabernaculum st., eine Statue setzen, einen Altar errichten, ein Zelt aufschlagen.
statūra, ae, die (Leibes=) Größe, der Wuchs.
status, us, der Stand, der Zustand, Stand der Dinge, der ruhige Stand; die Lage; status publicus, die öffentliche Verfassung; status rei publicae, die Staatsverfassung.
stella, ae, der Stern; stella crinīta, ein Haarstern, Komet.
Stellas, ātis, (vielleicht) zu einer ehemaligen Stadt Stella in Campanien gehörig.
sterĭlis, e, unfruchtbar; fruchtlos; herbae steriles, Unkraut.
sterilĭtas, ātis, die Unfruchtbarkeit.
sterno, stravi, stratum, 3., breiten, bedecken, belegen; niederstrecken.
stigma, ătis, ein Brandmal.
stimŭlo, 1., mit dem Stachel stechen; reizen, ermuthigen.
stimŭlus, i, der Stachel; die Veranlassung.
stipātor, ōris, der Trabant, Begleiter.
stipendiarius, a, um, tributpflichtig.
stipendium, i, die Löhnung, der Sold; der Tribut; stipendia facere, Kriegsdienste thun.
stipes, ĭtis, der Stamm, Stock des Baumes.

stipo, 1., dicht zusammen stellen; begleiten.
(stips) stipis, der Verdienst.
stirps, pis, der Stamm, die Wurzel, die Staude; die Familie.
sto, steti, statum, 1., stehen, Stand halten, bestehen, in unversehrtem Zustande sich befinden; zu stehen kommen; stare cum aliquo, auf Jemandes Seite stehen; stare pro aliquo, Jem. vertheidigen; pro meliori causa stare, der gerechten Sache beistehen; sagitta stat in humero, der Pfeil bleibt in der Schulter stecken; fama stant bella, im Krieg kommt es auf den guten Ruf an.
Strabo, ōnis, ein röm. Familienname; s. Caesar Nr. 1.
strages, is, die Niederlage; der Haufen.
Strato, ōnis, König der Insel Aradus und des dazu gehörigen Küstenlandes in Phönizien, ergiebt sich an Alexander.
strenŭus, a, um, rüstig, rasch, wacker; Adv. strenue.
strepĭtus, us, das Geräusch.
strepo, ui, ĭtum, 3., rauschen.
stringo, nxi, ctum, 3., eigentl. streifen; gladium str., das Schwert zücken.
structūra, ae, der Bau.
strues, is, der Haufen, die Masse, die Schicht.
struo, xi, ctum, 3., eigentl. schichten; aufstellen, bauen.
studeo, ui, 2., sich bemühen, streben; Partei nehmen; novis rebus studere, auf Empörung ausgehen.
studiōsus, a, um, eifrig, begierig; Subst. Liebhaber.
studium, i, der Eifer, die Bemühung; die Lust, Liebe, Neigung, Zuneigung, Ergebenheit; Begierde, Leidenschaft; der Beifall; das Studium, die Uebung; vitae studium, die Lebensart; dominandi studium, die Herrschsucht.
stultitia, ae, die Einfalt, der Mangel an Einsicht.
stultus, a, um, unweise, thöricht.
stupeo, ui, 2., starren, erstarren.
stupor, ōris, das Erstaunen.
suadeo, si, sum, 2., rathen.
suasor, ōris, der Rathgeber; suasorem esse, rathen.
sub, Präp. unter; um, gegen (bei einer Zeitbestimmung); sub monte oder sub radice montis, am Fuße des Berges.
subdo, ĭdi, ĭtum, 3., unterlegen, anlegen; calcaria subdere, die Sporen geben; faces subdere, anzünden.
subdŏlus, a, um, trügerisch.
subdūco, xi, ctum, 3., wegführen, fortziehen, entziehen; wohin führen (zum Schutz).
subeo, ii, ĭtum, 4., unter etwas gehen (fluvius subit terram); unten marschiren, unten heran kommen, heran marschiren; sich unterziehen, ertragen; poenitentia subit, Reue ergreift; bella subire, in Kriege gerathen; aquam subire, untertauchen; tectum subire, unter Dach und Fach treten; memoria (auch ohne memoria) subit animum meum, ich erinnere mich, ich denke an.
subĭgo, ēgi, actum, 3., wozu vermögen; bezwingen, unterjochen.
subinde, gleich darauf; von Zeit zu Zeit, oft, mehrmals.
subĭtus, a, um, plötzlich; Adv. subito.
subiăceo, ui, 2., unten liegen, unterliegen.
subiector, ōris, eigentl. der Unterschieber; subiector testamentorum, der Verfälscher von Testamenten.
subiĭcio, ēci, ectum, 3., darunter werfen, unterwerfen; darunter legen; unterschieben; eingeben; oculis subiicere, mit Augen sehen; ignem subiicere, in Brand stecken.
sublĕvo, 1., unterstützen, zu Statten kommen; in die Höhe heben.
sublīmis, e, erhaben.
subministro, 1., darreichen, verschaffen, an die Hand geben.
submitto und summitto, īsi, issum, 3., zuschicken; ausschicken; barbam capillumque subm., Bart u. Haar wachsen lassen; genua subm., niederknieen; genu submitti, aufs Knie niedersinken.
submŏveo u. summoveo, ōvi, ōtum,

2., entfernen, wegräumen, zum Weichen bringen.
suborno, 1., heimlich anstellen.
subp. s. supp.
subrŭo, ui, ŭtum, 3., von unten einstürzen; untergraben.
subscrībo, psi, ptum, 3., unter etwas schreiben.
subsellium, i, die Bank.
subsĕquor, cutus sum, 3., folgen, nachfolgen.
subsidium, i, die Reserve; die Hülfe.
subsisto, stĭti, 3., stehen bleiben, Halt machen, verweilen.
subsortitio, ōnis, die Nachlosung.
substituo, ui, ūtum, 3., an die Stelle Jemandes setzen; reum subst. aliquem, auf Jemanden eine Schuld schieben.
subsum, fui, esse, dahinter stecken, vorhanden sein, in der Nähe sein.
subtrăho, xi, ctum, 3., entziehen, entfernen.
Subūra, ae, ein Stadtviertel in Rom zwischen dem Esquilinischen und Cälischen Hügel.
suburbānus, a, um, nahe bei der Stadt.
subvĕho, xi, ctum, 3., zuführen.
subvĕnio, ēni, entum, 4., zu Hülfe kommen, helfen.
subverto, ti, sum, 3., umstürzen.
succēdo, ssi, ssum, 3., unter etwas gehen, sich unterwerfen; sich nähern, vorrücken; folgen; von Statten gehen: succeditur mihi, ich werde abgelöset.
succendo, di, sum, 3., anzünden.
succenseo, ui, 2., grollen, einen Vorwurf machen.
successio, ōnis, die Nachfolge.
successor, ōris, der Nachfolger.
successus, us, der Fortgang, der glückliche Erfolg, die glückliche Unternehmung.
succinctus, a, um, umgürtet, versehen.
succumbo, ubui, ubĭtum, 3., unterliegen.
succurro, rri, rsum, 3., zu Hülfe eilen.
sudes, is, die Stange.
sudor, oris, der Schweiß.
Suevi, ōrum, die Sueven, ein großer germanischer Volksstamm, der mehrere Völkerschaften enthaltend, zu verschiedenen Zeiten von der Elbe bis zur Weichsel und von der Donau bis zur Ostsee sich ausbreitete.
suffĕro, sustŭli, sublatum, sufferre, tragen; poenam s., Strafe erleiden.
suffĭcio, ēci, ectum, 3., an Jemandes Stelle wählen; hinreichen, gewachsen sein; tragen, aushalten, S. 218.
suffīgo, xi, xum, 3., anheften; cruci suffigere ans Kreuz heften, kreuzigen.
suffōdio, di, ssum, 3., durchbohren.
suffragātor, ōris, der Jemandem seine Stimme giebt.
suffragium, i, das Votum, die Stimme, die Beistimmung; Plur. die Abstimmung; ferre suffragia, Stimmen bekommen.
suffrăgor, 1., begünstigen (durch sein Votum).
suffundo, ūdi, ūsum, 3., eigentl. unter gießen, unten fließen lassen; Pass. sich (darüber) verbreiten.
suggestum, i, die Anhöhe; der Thron.
Sulla, ae, ein römischer Familienname des Cornelischen Geschlechts. 1) L. Cornelius Sulla, im J. 88 Consul, behauptete mit Hülfe seines Heeres den ihm gegen Mithridates übertragenen Oberbefehl, welchen der Volkstribun P. Sulpicius dem Marius zuwenden wollte, und zwang diesen zur Flucht, wobei Sulpicius und viele Andere ums Leben kamen. Als nun im J. 87 der aus Rom vertriebene Cinna mit Marius an der Spitze eines Heeres zurückgekehrt waren, suchten sie Sullas Partei durch Proscriptionen zu vernichten. Allein Sulla kehrte im J. 83 nach Italien zurück, hielt 82 seinen von Ermordungen und Proscriptionen begleiteten Einzug in Rom und wurde zum immerwährenden Dictator ernannt, welche Würde er im J. 79 niederlegte. — 2) P. und Servius Cornelius Sulla, Verwandte des vorigen, werden unter den Theilnehmern an der Catilinarischen

Verschwörung genannt. Ueber P. Sulla s. Lepidus Nr. 2. — 3) Faustus Sulla, s. Faustus.

Sullānus, a, um, sullanisch; victoria Sullana, milites Sullani, die Soldaten des Sulla, der Sieg des Sulla; über die coloni Sullani, s. colonia.

sulphur, ŭris, der Schwefel.

Sulpicius, ein röm. Geschlechtsname. 1) C. Sulpicius war Prätor im J. 63. 2) P. Sulpicius Rufus war Volkstribun im J. 88, s. Sulla Nr. 1. 3) Servius Sulpicius Rufus war Consul im J. 51 mit M. Claudius Marcellus.

sum, fui, esse, sein, sich befinden; mit einem Dativ: haben; mit doppeltem Dativ: gereichen; post esse, in den Hintergrund treten; esse pro, gelten für; usui, praesidio esse, von Nutzen sein, schützen; in aliquo est auxilium, bei Jemandem ist Hülfe zu finden.

summa, ae, die Summe, der Inhalt; das Ganze, die Hauptsache, der Vorrang; summa imperii, die Obergewalt; summa belli, die oberste Leitung des Krieges.

summātim, der Hauptsache nach.

summitto, s. subm.

summoveo, s. subm.

summus, s. superus.

sumo, mpsi, mptum, 3., nehmen, ergreifen, annehmen, sich bedienen, anlegen; schöpfen, S. 292; sibi sumere, annehmen, sich anmaaßen; arma sumere, sich bewaffnen, zu den Waffen greifen; proelia sumere, sich in ein Gefecht einlassen; pecuniam mutuam sumere, Geld aufborgen; supplicium sumere de aliquo, an Jemandem die Todesstrafe vollziehen.

sumptuarius, a, um, den Aufwand betreffend; lex sumpt., ein Aufwandgesetz.

sumptuōsus, a, um, mit großem Aufwand; Adv. sumptuose.

sumptus und sumtus, us, der Aufwand, die Kosten, der Ertrag: sumptus viae, die Reisekosten.

supellex, lectīlis, der Hausrath, das Geräth; die Kostbarkeiten, S. 166.

super, Adv. oberwärts, darüber, überdies; Präpos. über, auf, außer; super haec, überdies; super coenam, über Tische.

superbia, ae, der Uebermuth, Hochmuth, die Ueppigkeit; der Stolz.

superbus, a, um, übermüthig, stolz; Adv. superbe.

superfundo, ūdi, ūsum, 3., eigentl. darüber gießen; se superf., überströmen.

superior, s. superus.

supérne, von oben her.

supersĕdeo, ēdi, essum, 2., für überflüssig halten.

superstes, ĭtis, überlebend; noch am Leben.

superstitio, ōnis, der Aberglaube; der Religionsgebrauch, die Verbindlichkeit, die heilige Scheu.

supersum, fui, esse, übrig sein, übrig bleiben; superest, dazu kommt.

supĕrus, a, um, oben befindlich, der Obere: superi, die (Götter der) Oberwelt, die Götter; mare superum, das adriatische Meer; Comparat.: superior, us, vorig, früher; vorzüglich; loca superiora, Hügel, Anhöhen; Superl.: suprēmus, der letzte; summus, der höchste, größte; außerordentlich; summa res publica, das Wohl des Staats.

supervacaneus, a, um, überflüssig.

supervacuus, a, um, überflüssig, unnütz.

supervĕnio, ēni, entum, 4., dazu kommen, überraschen, überfallen.

supervīvo, xi, ctum, 3., überleben.

suppedĭto, 1., Ueberfluß haben.

suppĕto, ivi und ii, ītum, 3., hinlänglich vorhanden sein; zu Gebote stehen.

supplementum, i, die Ergänzung.

suppleo, ēvi, ētum, 2., ergänzen.

supplex, ĭcis, demüthig, flehend, bittend; der bei Jem. Schutz sucht; Adv. suppliciter.

supplicatio, ōnis, das Dankfest.

supplicium, i, das Flehen; die Strafe, Marter, Mißhandlung, Todesstrafe, Hinrichtung; summum oder capitale supplicium, die Hinrichtung; supplicia pendere, luere, Strafe leiden, bestraft werden; supplicium (gravissimum) sumere

de aliquo, an Jem. die Todesstrafe vollziehen; supplicio afficere aliquem, Jem. mit Todesstrafe belegen, Todesstrafe an ihm vollziehen, ihn hinrichten.
supporto, 1., herbei führen.
supprĭmo, essi, essum, 3., unterdrücken, stürzen, versenken, stillen; iram suppr., den Zorn verbergen.
supra, Adv. oben; supra quam, mehr als; Präp. darüber hinaus, über, während.
Sura, ae, Beiname einiger röm. Familien, s. Lentulus.
surdus, a, um, taub, unempfindlich.
surgo, surrexi, surrectum, 3., sich erheben, aufbrechen.
Susa, orum, eine der ehemaligen Hauptstädte des persischen Reichs in der Provinz Susiana.
susceptor, ōris, der Unternehmer.
suscĭpio, ēpi, eptum, 3., unternehmen, übernehmen; bekommen; sibi suscipere, über sich nehmen; vota susc., Gelübde thun; invidiam susc., sich Haß zuziehen; mentem voluntatemque susc., zu dem Gedanken und dem Willen kommen.
Susiāna, ae, Provinz des persischen Reiches, nordöstlich vom persischen Meerbusen zwischen Medien und Persis.
Susiāni, orum, die Bewohner von Susiana.
Susis, ĭdis, Adj. zu Susiana gehörig, s. pylae.
suspectus, a, um, verdächtig; was man argwöhnt.
suspendium, i, das Erhängen.
suspendo, di, sum, 3., aufhängen.
suspensus, a, um, gespannt, ängstlich.
suspicio, ōnis, der Verdacht, Argwohn; die Vermuthung.
suspiciōse, verdachterregend.
suspĭcor, 1., argwöhnen, vermuthen.
sustento, 1., aufrecht halten, hinhalten; unterstützen.
sustĭneo, inui, entum, 2., halten, aufrecht erhalten, tragen, auf sich nehmen, aushalten; aufhalten, hemmen; bestreiten; über sich gewinnen oder vermögen; Passiv: sich ernähren.
suus, a, um, sein; der Seinige.
symbŏlus, i, das Wahrzeichen.
syngrăpha, ae, die handschriftliche Versicherung.
Syracūsae, arum, Stadt auf Sicilien.
Syracusāni, orum, Bewohner von Syracus und dem dazu gehörigen Gebiet.
Syri, orum, die Syrier.
Syria, ae, Land in Asien, zwischen dem Euphrat und mittelländischen Meere.
Syrtĭcus, a, um, syrtisch; an den Syrten befindlich. Syrten, d. h. Sandbänke im Meere, gab es besonders zwei im mittelländischen Meere bei Afrika, die eine (größere) bei Cyrenaica, die andere (kleinere) mehr nach Westen.

T., d. i. Titus, ein röm. Vorname.
tabella, ae, das Täfelchen; die Schreibtafel; das Schreiben.
taberna, ae, die Bude.
tabernacŭlum, i, das Zelt; tab. ponere, ein Zelt aufschlagen.
tabesco, bui, 3., vergehen, schwinden.
tabŭla, ae, die Tafel; das Gemälde; die Schreibtafel; Plur. Verzeichnisse; Schuldbücher; tabulae publicae, Staatsschriften; tabulae novae, die Schuldentilgung (eigentl. neue Schuldbücher; wenn nämlich ein Römer seine Schulden nicht ganz bezahlen konnte, so setzte er sich mit seinen Gläubigern, und seine Schuldbücher wurden nach dem Ausspruch des Prätors umgeschrieben, wobei die Schuldenmasse vermindert oder wohl gar ganz getilgt wurde, wenn dem Gläubiger unerlaubter Wucher nachgewiesen werden konnte); tabulae auctionariae, Schuldbücher, die nach angestellter Auction angelegt wurden; es wurden nämlich die Güter des Schuldners zur Befriedigung der Gläubiger versteigert und sodann neue Schuldbücher angelegt.
tabulātum, i, das Gebälk.
taceo, ui, ĭtum, 2., schweigen, verschweigen.

taciturnĭtas, ātis, das Stillschweigen.
tacĭtus, a, um, schweigend, stillschweigend, still; im Geheimen.
tactus, us, die Berührung.
taedium, i, der Ueberdruß.
talāris, e, bis an die Knöchel reichend.
talentum, i, das Talent, eine Geldsumme bei den Griechen, die gewöhnlich zu 1375 Thalern angenommen wird. (Ein Talent enthält 60 Minen oder 6000 Drachmen).
talis, e, solcher, e, es.
tam, so; tam — quam, sowohl — als (auch); eben so sehr — als.
tamdiu, so lange.
tamen, doch, jedoch, dennoch; wenigstens.
tametsi, obgleich.
tamquam und tanquam, gleich wie; wie wenn.
Tanăis, is, (der Don) Gränzstrom zwischen Europa und Asien, fließt in den palus Maeotis (Asowsche Meer).
Tanăus, i, ein uralter König der Scythen.
tandem, endlich, endlich einmal; bei Fragen: denn; bei Imperat.: doch.
tango, tetĭgi, tactum, 3., berühren; treffen.
tanquam, s. tamquam.
tantŭlus, a, um, so gering.
tantum, Adv. nur; non tantum — sed (verum), nicht nur — sondern.
tantummŏdo, nur.
tantundem, eben soviel.
tantus, a, um, so groß, so viel, so wichtig, so bedeutend; tanto opere, so sehr; tanto — quanto, um so — je; tanto — quam, desto — als; tanti esse, so viel gelten.
Tanusius, ein röm. Geschlechtsname, s. Geminus.
tardĭtas, ătis, die Langsamkeit.
tardo, 1., aufhalten, hindern.
tardus, a, um, langsam; Adv. tarde.
Tarpeius, ein röm. Geschlechtsname; mons Tarpeius, der capitolinische Hügel in Rom.
Tarrăco, ōnis, Seestadt im transiberischen Spanien.
Tarsos, i, Tarsus, Hauptstadt Ciliciens, am Cydnus.
Tauron, ōnis, Feldherr im Heere Alexanders.
Taurus, i, Gebirge in Kleinasien, zwischen Lycien und Pamphylien, und nordwestlich von Cilicien, wo es sich in den Taurus und Antitaurus spaltet.
taxo, 1., wofür halten.
tectum, i, das Dach, das Obdach; das Haus; tectum subire, unter Dach und Fach treten.
tectus, a, um, behutsam, S. 351.
tegmen, ĭnis, der Ueberzug.
tego, xi, ctum, 3., decken, schützen, schirmen; verhehlen.
tegumentum, i, der Panzer.
telum, i, die Waffe, Angriffswaffe; das Geschoß, der Pfeil, der Wurfspieß; der Dolch.
temerarius, a, um, unbesonnen, verwegen.
temĕre, Adv. unbedachtsam, fälschlich, grundlos, übereilt, tollkühn.
temerĭtas, ātis, die Unbesonnenheit, Verwegenheit.
temo, ōnis, die Deichsel.
temperantia, ae, die Mäßigung, Mäßigkeit, Enthaltsamkeit.
temperies, ēi, die Milde.
tempĕro, 1., das rechte Maaß beobachten; mäßigen; mit und ohne sibi, sich enthalten können; animo temp., den Zorn mäßigen.
tempestas, ātis, die Zeit; das Wetter, das Ungewitter, der Sturm (mit und ohne adversa); ea tempestate, damals.
templum, i, der Tempel.
tempto, s. tento.
tempus, ŏris, die Zeit, der Zeitpunkt; die gegenwärtige Lage, S. 261; Plur. die Umstände, die gefährliche Lage; pro tempore, nach Beschaffenheit der Umstände, wie es die Umstände erfordern; ad tempus, für einige Zeit; tempus eximere, Zeit rauben.
temulentus, a, um, berauscht.
tenax, ācis, fest haltend, zähe.
tendo, tetendi, tentum, 3., spannen, anspannen, ausspannen; sich an-

strengen, zielen, seinen Weg nehmen, laufen, steuern; lagern; laxius tendere, sich weiter ausbreiten; manus tendere, die Hände ausstrecken; insidias tendere, Fallstricke legen, Nachstellungen bereiten.
tenĕbrae, arum, die Finsterniß.
teneo, nui, ntum, 2., halten, in Händen haben, behalten, beibehalten: fest halten, behaupten; befangen halten, gefangen halten, binden: besitzen, inne haben, bewohnen: se tenere, sich zurück halten; castris se tenere, sich im Lager halten; spes me tenet, Hoffnung erfüllt mich; iram tenere, den Zorn zurückhalten; praesidio tenere, besetzt halten; legibus teneri, an Gesetze gebunden sein; studio teneri, begierig sein; teneri non possum, ich lasse mich nicht halten
tĕner, ĕra, ĕrum, zart.
tento und tempto, 1., sich an etwas machen, untersuchen, versuchen; sich zu verschaffen suchen; anfallen; tent. aliquem, Jemandes Gesinnung erforschen, ihn auf seine Seite zu bringen suchen.
tenŭis, e, eigentl. dünn; arm, unbemittelt.
tenus, Präp. bis an; titŭlo tenus, dem Namen nach.
tepĭdus, a, um, lauwarm.
tepor, ōris, die laue Wärme; die Lauigkeit.
Terentius, ein röm. Geschlechtsname. Cn. Terentius, ein röm. Senator.
teres, ĕtis, schlank.
tergiversor, 1., den Rücken zukehren; sich weigern.
tergum, i, der Rücken; die Rückseite der Schlachtordnung; a tergo, im Rücken; in tergis haerere oder tergis imminere, auf dem Fuße nachsetzen; terga vertere, fliehen; terga praebere oder vertere, den Rücken zeigen.
termĭno, 1., begränzen, bestimmen.
termĭnus, i, die Gränze; termĭni Herculis et Liberi, die entlegensten Punkte nach Osten hin, welche vor Alexander ein Grieche betreten hatte, indem Hercules bei Verrichtung seiner Heldenthaten bis zu den Amazonen und zum Kaukasus, Bacchus aber bis nach Indien gekommen sein soll; s. Liber.
tero, trivi, tritum, 3., reiben; aufreiben.
terra, ae, die Erde; das Land.
Terracīnensis, e, aus Terracina, einer Stadt in Latium, südlich von den Pomptinischen Sümpfen, am Meere.
terrēnus, a, um, aus Erde.
terreo, 2., schrecken, in Schrecken setzen; erschüttern; Pass. sich schrecken lassen.
terrester, stris, stre, zu Lande; proelium terr., die Landschlacht; clades terr., Niederlage zu Lande.
terribĭlis, e, schrecklich, furchtbar, schauerlich.
terror, ōris, der Schreck, das Schrecken; terrorem inferre, Schrecken einjagen.
tertio, Adv. zum dritten Mal; hoc tertio, jetzt zum dritten Mal.
tessellatus, a, um, aus viereckigen Steinen bestehend.
testamentum, i, das Testament; testamentum subiicere, ein Testament unterschieben, verfälschen.
testimonium, i, das Zeugniß; testimonio esse, beweisen.
testis, is, der Zeuge.
testor, 1., bezeugen, an den Tag legen, versichern; zum Zeugen anrufen.
testūdo, ĭnis, eigentl. die Schildkröte; das Schilddach (aus den über den Köpfen der Soldaten fest zusammengehaltenen Schilden gebildet).
teter, tra, trum, garstig, abscheulich.
tetrarcha, ae, der Tetrarch, ein Titel von Fürsten, die bei königlicher Gewalt von den Römern doch nicht als Könige anerkannt wurden; (eigentl. der den vierten Theil eines Reiches beherrscht).
tetrarchĭa, ae, die Tetrarchie; Land eines Tetrarchen.
Teutŏni, orum, die Teutonen, ein germanisches Volk an der Ostsee, zwischen der Trave und Oder. Nachdem sie in das Gebiet der

Römer eingedrungen waren, wurden sie von Marius im J. 102 bei Aquä Sextiä besiegt.
Thais, ĭdis, eine athenische Tänzerin im Gefolge Alexanders.
theātrum, i, der Schauplatz, das Theater.
Thebae, ārum, Theben, Hauptstadt und Republik in Böotien.
Thebanus, a, um, thebanisch; Subst. der Thebaner.
Themistŏcles, is, ein berühmter Athenischer Feldherr und Staatsmann.
thensa, ae, der Wagen, auf welchem bei den circensischen Spielen die Götterbilder gefahren wurden.
Theodŏtus, i, ein Anführer in Alexanders Heer.
Theramĕnes, is, einer von den dreißig Tyrannen, die nach Beendidigung des peloponnesischen Krieges im J. 404 in Athen eingesetzt wurden.
Thermopȳlae, ārum, die Thermopylen, ein Engpaß im Oetagebirge, durch den man von Thessalien nach Lokris ging. Hier fiel im J. 480 Leonidas mit seinen Spartanern; und widersetzten sich im J. 352 die Athener dem eindringenden Philippus von Macedonien.
Thermus, i, ein röm. Familienname. M. (Minucius) Thermus war Prätor in Bithynien im J 81.
Thersippus, i, im Heere Alexanders.
thesaurus, i, die Schatzkammer; der Schatz.
Thespiae, arum, Stadt in Böotien.
Thespiensis, e, thespisch; Subst. der Thespier, Einwohner von Thespiä.
Thessalia, ae, Thessalien, Landschaft im nördlichen Griechenland.
Thessălus, a, um, thessalisch; Subst. der Thessalier.
thorax, ācis, der Panzer.
Thracia, ae, Thrazien, ein Land vom Nestus, Hämus, dem Pontus Euxinus, der Propontis und dem ägäischen Meere begränzt.
Thrasybūlus, i, ein Athener, der sein Vaterland im J. 403 von der Herrschaft der 30 Tyrannen befreite.
Thrax, ăcis, ein Thrazier.
thus, uris, Weihrauch.
Thymōdes, is, Feldherr des Darius über die griechischen Söldner.
Ti., d. i. Tiberius, ein röm. Vorname.
tiāra oder tiāras, ae, der Turban.
Tib., d. i. Tiberius.
Tibĕris, is, die Tiber, ein Fluß in Italien, der sich in das tyrrhenische Meer ergießt, und an dem Rom liegt.
Tiberius, ein röm. Vorname.
tibīcen, ĭnis, der Flötenspieler.
Tigris, is, der Tigris, Fluß in Asien, der auf dem Taurusgebirge entspringt und sich mit dem Euphrat verbunden in den persischen Meerbusen ergießt.
Tigurīnus, a, um, tigurinisch; Tigurinus pagus, ein Distrikt Helvetiens, welchen die Tiguriner bewohnten.
Tillius, ein röm. Geschlechtsname. L. Tillius Cimber, s. Cimber.
timeo, ui, 2., fürchten, besorgt sein; sich fürchten.
timĭdus, a, um, furchtsam, behutsam.
timor, ōris, die Furcht.
Tiridātes, is, Aufseher über den Schatz des Darius in Persepolis.
tiro, ōnis, der Anfänger.
tirocinium, i, der erste Soldatendienst.
Tisafernes oder Tissaphernes, is, Satrap des Darius Nothus in Kleinasien, S. 109; Satrap des Artaxerxes Mnemon, S. 119.
Tithōnus, i, uralter König in Aethiopien, Vater des Memnon; s. Memnon.
titŭlus, i, der Titel, die Aufschrift; der Name; der Vorwand.
Titurius, ein röm. Geschlechtsname. Q. Titurius Sabinus, ein Legat Cäsars in Gallien, wird im J. 54 mit seinem Amtsgenossen L. Aurunculeius Cotta und seiner Legion von den empörerischen Eburonen (zwischen Maas und Rhein) getödtet; daher clades Tituriana, S. 296.
toga, ae, die Toga, Oberkleid der Römer in Friedenszeiten.
togatus, a, um, in der Toga; im

Friedenskleide; togatus dux, Feldherr im Friedensgewande.
tolerabĭlis, e, erträglich.
tolĕro, 1., ertragen, aushalten; erträglich machen, S. 326.
tollo, sustŭli, sublatum, 3., erheben, aufheben, wegnehmen; aus der Welt schaffen; tolli, stolz werden; sublato auctore, ohne den Gewährsmann zu nennen; ad coelum tollere, in den Himmel erheben; de medio tollere, aus der Welt schaffen.
Tolosātes, ium, ein gallisches Volk im narbonensischen Gallien (um das jetzige Toulouse).
Tomўris, is, eine Königin der Scythen, die den König Cyrus im J. 529 besiegte und tödtete.
tondeo, totondi, tonsum, 2., scheeren; Pass. sich die Haare abscheeren lassen.
Tongilius, einer von Catilinas Mitverschwornen.
toreuma, ătis, ein Kunstwerk in getriebener Arbeit.
tormentum, i, die Folter, Qual; das Geschütz; die Wurfmaschine.
torpeo, ui, 2., starren, absterben, unbewußt sein; zaghaft sein, außer sich sein.
torpor, ōris, die Erstarrung, Gefühllosigkeit.
Torquatus, ein röm. Familienname des Manlischen Geschlechts. 1) T. Manlius Torquatus ließ, als er im J. 340 zum dritten Male Consul war, im Kriege gegen die Latiner (nicht gegen die Gallier, wie Sallust S. 24 sagt), seinen Sohn, der von Ehrgeiz hingerissen den Anführer der feindlichen Reiter im Zweikampf gegen das Verbot der Consuln (ne quis extra ordinem pugnaret) erstach, hinrichten. 2) L. Manlius Torquatus war im J. 65 Consul mit L. Aurelius Cotta. 3) T. Torquatus, S. 358.
torqueo, rsi, rtum, 2., eigentl. drehen; foltern, plagen.
torquis oder torques, is, die Kette.
torrens, tis, der Regenbach, Gießbach, Waldstrom.
torrĭdus, a, um, verdorrt.
tortor, ōris, der Folterer.
torvus, a, um, häßlich, gräßlich.
tot, so viel.
totĭdem, eben so viel.
toties, so oft.
totus, a, um, ganz.
tractabĭlis, e, lenksam.
tracto, 1., behandeln, mit etwas umgehen; se tractare, sich benehmen; bella tr., Kriege führen; imperium, rempublicam tr., die Staatsverwaltung leiten.
tractus, us, der Strich, die Gegend; der Lauf.
trado, dĭdi, dĭtum, 3., übergeben, ergeben, geben, preis geben, ausliefern, überliefern, erzählen; in custodiam tradere, in Gewahrsam bringen; in matrimonium oder bloß tradere, zur Ehe geben; traditum est, es ist herkömmlich.
tragoedĭa, ae, das Trauerspiel.
tragŭla, ae, die Lanze.
traho, xi, ctum, 3., ziehen, hinziehen, hinschleppen, fortschleppen; originem, appellationem trahere, den Ursprung, den Namen ableiten; spiritum tr., Athem holen, schöpfen; bellum trahere, den Krieg in die Länge ziehen.
traĭcio, ēci, ectum, 3., hinüber schaffen, hinüber treiben; übersetzen, übergehen; durchbohren.
trames, ĭtis, der Fußpfad.
tranquillĭtas, ātis, die Zufriedenheit.
tranquillus, u, um, ruhig.
trans, jenseits, über.
Transalpīnus, a, um, jenseits der Alpen, s. Gallia.
transcendo, s. transscendo.
transcurro, urri, ursum, 3., durchlaufen.
transdūco, xi, ctum, 3., hindurch führen, vorbei führen; versetzen; ad se tr., auf seine Seite bringen.
transeo, ii, ĭtum, 4., herüber gehen, übergehen, hindurch gehen, herüber kommen, passiren; über etwas hinaus reichen; in sententiam alicuius transire, der Meinung Jemandes beitreten.
transfĕro, tŭli, lātum, ferre, übertragen, herüber schaffen, hinüber führen, herüber nehmen; versezzen; se transf., sich wenden.
transfīgo, xi, xum, 3, durchbohren.

transfŏdio, ōdi, ossum, 3., durchbohren.
transfrĕto, 1., übers Meer setzen.
transfŭga, ae, ein Ueberläufer, Abtrünniger.
transfŭgio, ūgi, ugĭtum, 3., übergehen.
transgrĕdior, essus sum, 3., übergehen.
transĭgo, ēgi, actum, 3., durchführen, abmachen; transactum est de me, es ist um mich geschehen.
transilio, s. transsilio.
transitio, ōnis, das Uebergehen.
transĭtus, us, das Uebergehen, der Uebergang; das Vorbeigehen; transitum dare, Durchgang gestatten.
transmarīnus, a, um, jenseit des Meeres, überseeisch.
transmitto, īsi, issum, 3., übersetzen.
transnāto, 1., hinüber schwimmen.
Transpadānus, a, um, jenseit des Po; Gallia cisalpina wird in Gallia transpadāna und cispadana eingetheilt.
transporto, 1., übersetzen.
transscendo, di, sum, 3., übersteigen.
transsĭlio, ilui, 4., hinüber springen.
transvĕho, xi, ctum, 3., hinüber fahren, (Act. transit.; Pass. intransitiv).
transverto, ti, sum, 3., umwenden.
Trebatius, ein röm. Geschlechtsname. C. Trebatius war im J. 48 Volkstribun.
trepidatio, ōnis, die Aengstlichkeit, Angst, Bestürzung.
trepĭdo, 1., ängstlich thun, ängstlich zusammen laufen; zittern.
trepĭdus, a, um, ängstlich, zagend, bestürzt.
Trevĭri, ōrum, ein ursprünglich germanisches Volk zwischen Maas und Rhein; ihr Land durchschnitt die Mosel, ihre Hauptstadt war das heutige Trier.
Triballi, ōrum, die Triballer, eine Völkerschaft im östlichen Theile des unteren Mösien.
Tribocci, ōrum, ein germanisches Volk im nördlichen Elsaß.
tribūnal, ālis, das Tribunal, der Richtstuhl, Richterstuhl; (eine Erhöhung, auf welcher die sella curulis der obrigkeitlichen Person stand, wenn sie Recht sprach).
tribunātus, us, das Tribunat, Amt des (Volks-) Tribunen; tribunatus militum, das Kriegstribunat; s. tribunus mil.
tribunicius, a, um, dem Tribun gehörig.
tribūnus, i, der Tribun. 1) tribuni plebis, Volkstribunen. Diese Beamten, deren Einführung im J. 494 durch die Auswanderung auf den heiligen Berg veranlaßt war, wurden von den Plebejern aus ihrer Mitte gewählt, zur Beschirmung ihrer Standesgenossen gegen den Mißbrauch der consularischen Gewalt und gegen die Bedrückung durch die Patrizier. Durch ihr Veto konnten sie alle Beschlüsse des Senats ungültig machen. Anfänglich wurden jährlich fünf, seit dem J. 457 aber zehn gewählt. Ihre Personen waren unverletzlich. 2) tribuni militum, Kriegstribunen. Sie waren die Officiere im Heere, von denen bei jeder Legion anfänglich drei, später sechs standen. Junge vornehme Römer eröffneten gern im Gefolge eines Consuln ihre militärische Laufbahn in solcher Würde. 3) tribuni aerarii, Aerartribunen. Sie hatten die Auszahlung der Gelder nach Anweisung der Quästoren zu besorgen, nahmen aber eine Zeit lang auch an der Rechtspflege Theil. Diese wurde nämlich früher allein von den Senatoren verwaltet. Als aber C. Gracchus das Richteramt auf die Ritter und Sulla wieder auf die Senatoren übertrug, so entstanden Spannungen, welche im J. 70 der Prätor L. Aurelius Cotta (lex Aurelia) dadurch beseitigte, daß den Senatoren, Rittern und Aerartribunen ein gleicher Antheil an der Rechtspflege zugestanden wurde. Seitdem hatten die Aerartribunen die richterliche Entscheidung über Plebejer, bis sie von Cäsar wieder aufgehoben wurden.
tribuo, ui, ūtum, 3., geben, verlei-

ben, ertheilen; zumessen, zuschreiben.

tribus, us, die Tribus, eine Abtheilung des römischen Volks. Romulus theilte das Volk in drei Tribus, wahrscheinlich nach den drei Hauptstämmen, aus denen die älteste Bevölkerung Roms bestand. Servius Tullius richtete 30 ein, 4 tr. urbanae, 26 tr. rusticae, die später bis auf 31 vermehrt wurden. In den Versammlungen des Volks nach den Tribus (comitia tributa) seit 472 wurden Beamte gewählt, Gesetze gemacht, u. s. w.

tributarius a, um, zinsbar.

tribūtum, i, der Tribut, die Abgabe; der Zins.

triclinium, i, das Polster, auf welchem die Römer bei Tische lagen; die Tafel; das Speisezimmer.

tridŭum, i, eine Zeit von drei Tagen.

triennium, i, eine Zeit von drei Jahren.

trimestris, e, dreimonatlich.

triplex, ĭcis, dreifach.

tripudio, 1., tanzen.

trirēmis, e, dreirudrig; triremis, näml. navis, ein Dreirudrer, Kriegsschiff.

tristis, e, traurig, niedergeschlagen; unglücklich, beklagenswerth.

tristitia, ae, die Traurigkeit, Niedergeschlagenheit; tristitiam capere ex aliqua re, über etwas Betrübniß empfinden.

triumphālis, e, zum Triumph gehörig; vir triumphalis, der einen Triumphzug gehalten hat.

triumpho, 1., triumphiren, einen Triumphzug halten; aliquem tr., über Jem. triumphiren.

triumphus, i, der Triumph, Triumphzug, den ein siegreicher Feldherr bei seinem Einrücken in Rom hielt, nachdem ihm die Erlaubniß dazu vom Senat gegeben war; bis dahin mußte derselbe mit seinem Heere vor den Thoren der Stadt verweilen.

Triumvir, i, einer von den Triumvirn, d. h. aus der Commission von drei Männern, denen die gemeinschaftliche Verrichtung eines Geschäfts übertragen war; z. B. triumvĭri capitales, denen die Besorgung der Gefängnisse, Hinrichtungen ꝛc. oblag.

Troglodȳtae, arum, Höhlenbewohner; Name eines afrikanischen Stamms südlich von Aegypten am arabischen Meerbusen.

Troia, ae, die Stadt Troja in Mysien (Troas); S. 286 das Trojaspiel, ein Wettspiel der römischen Jugend zu Pferde.

Troianus, a, um, trojanisch; bellum Troianum, der trojanische Krieg, welcher von den Griechen wegen Entführung der Helena gegen Troja geführt wurde.

tropaeum, i, die Tropäe, das Siegsdenkmal.

trucĭdo, 1., niedermetzeln, morden; abschlachten.

truncus, a, um, verstümmelt.

truncus, i, der Stamm.

trux, cis, grimmig.

tuba, ae, die Trompete.

Tubĕro, ōnis, ein röm. Familienname. Q. (Aelius) Tubero, ein röm. Geschichtsschreiber zur Zeit Ciceros.

tueor, tuĭtus sum, 2., schützen, decken, vertheidigen, bewahren, erhalten, behaupten; causam tueri, sich einer Sache annehmen; salutem tueri, für Rettung sorgen.

tugurium, i, die Hütte.

Tuliugi, ōrum, ein germanisches Volk, den Helvetiern benachbart.

Tulliānus, a, um, Tullisch. Tullianum, i, das Tullianum, eine vom König Servius Tullius angelegte Erweiterung des Gefängnisses in Rom.

Tullius, ein röm. Geschlechtsname; s. Cicero.

Tullus, ein röm. Familienname. L. Volcatius Tullus im J. 66 Consul mit M'. Aemilius Lepidus.

tum, ferner, darauf, dann, da, damals; tum vero, da; tum — tum, sowohl — als auch; quum — tum, s. quum.

tumultuor, 1., lärmen, sich empören.

tumultuōsus, a, um, lärmend, ungestüm; Adv. tumultuose, mit Ungestüm.

tumultus, us, (bei Sallust auch nach der 2ten Dekl.) der Lärm, Schrekken; die Empörung; ein plötzlicher Krieg, plötzlicher Ueberfall; Aufruf zur allgemeinen Bewaffnung; per tumultum, in der Verwirrung; tumultus servīlis, S. 334, der Sklavenkrieg vom J. 73—71.

tumŭlus, i, der Hügel, Grabhügel.

tunc, damals; S. 149 so aber, statt dessen.

tunĭca, ae, die Tunika, das kurze Unterkleid ohne Aermel, welches die Römer unter der Toja trugen.

turba, ae, der Schwarm, die Schaar, das Gefolge; die Menge; die Unruhe; prae turba, wegen des Gedränges.

turbĭdus, a, um, stürmisch.

turbo, 1., in Verwirrung bringen, in Bestürzung setzen, beunruhigen, stören.

turbulentus, a, um, unruhig, wirr, Unruhe erregend.

turma, ae, eine Turme (Reiterabtheilung), das Geschwader; die Schaar.

turpis, e, schimpflich, ehrlos; Adv. turpĭter.

turpitūdo, ĭnis, der Schimpf, die Schande.

turris, is, der Thurm; ein hölzerner Belagerungsthurm, der an die Stadtmauer geschoben wurde.

Tusci, orum, die Etrusker, Bewohner Etruriens.

tutēla, ae, der Schutz, die Aufsicht; die Fürsorge, Unterhaltung.

tutor, ōris, der Vormund.

tutus, a, um, sicher.

tyrannis, ĭdis, die Alleinherrschaft.

tyrannus, i, der Herrscher, Tyrann, Despot, Unmensch.

Tyrius, a, um, tyrisch; Subst. Tyrii, die Einwohner von Tyrus.

Tyriōtes, is, einer von den Begleitern der Mutter, Gemahlin und Töchter des Darius Kodomannus.

Tyros und Tyrus, i, die Seestadt Tyrus in Phönizien.

uber, ĕris, Adj. reich an etwas, ergiebig, reichlich; Adv. ubertim.

uber, ĕris, Subst. das Euter, die Brust.

ubertim, s. uber, Adj.

ubi, wo; als, da, wenn, sobald als; ubi primum, sobald als.

ubicunque, wo nur.

Ubii, ōrum, die Ubier, ein germanisches Volk am rechten Rheinufer.

ubĭnam, wo; ubĭnam gentium, wo in aller Welt, in welchem Lande.

ubĭque, überall; auch s. v. a. et ubi.

ulciscor, ultus sum, 3., rächen, bestrafen; ulcisci aliquem, an Jemandem Rache üben.

ulcus, ĕris, eig. das Geschwür; die Wunde.

ullus, a, um, irgend ein.

ulterior, us, jenseitig; Superl. ultĭmus, a, um, der äußerste, hinterste, letzte; ultimum, zum letzten Male; Subst. ultimum, das Ende; ad ultimum, zuletzt; ultimi (milites), der Nachtrab.

ultĭmus, a, um, s. ulterior.

ultio, ōnis, die Rache; in ultionem aus Rache, um zu rächen; ultionem potiri, Rache genießen; ultionem ab aliquo exigere, sich an Jemandem rächen.

ultor, ōris, der Rächer; Adiect. rächend.

ultra, Adv. ferner, weiter, darüber hinaus; mehr; Präpos. jenseits.

ultro, Adv. überdies, sogar; von freien Stücken, gutwillig, wider Erwarten; ultro citrōque, hin und her.

ululātus, us, das Heulen.

umbilīcus, i, der Nabel, der Mittelpunkt.

umbo, ōnis, der Buckel auf dem Schilde.

umbra, ae, der Schatten.

Umbrēnus, ein röm. Familienname. P. Umbrenus, ein Freigelassener, der an der Catilinarischen Verschwörung Theil nahm.

Umbrĭa, ae, Umbrien, eine Landschaft im östlichen Mittelitalien, zwischen den Flüssen Rubikon, Nar und Aesis.

umbrōsus, a, um, schattenreich.

umquam und unquam, jemals, je.
una, Adv. vereinigt, zusammen, zugleich.
unda, ae, die Welle.
unde, von wo, woher, auf welcher Seite; daher; auch s. v. a. ut inde, damit von da.
undĭque, von allen Seiten.
unguento, 1., salben.
unguentum, i, die Salbe.
unguis, is, die Klaue.
ungŭla, ae, der Huf.
unĭcus, a, um, einzig; Adv. unice, außerordentlich.
universus, a, um, ganz, gesammt, ungetheilt, all.
unquam, s. umquam.
unus, a, um, ein, e, es; einzig, ein und derselbe; gemeinschaftlich, S. 120; unius virtute, S. 96. (vergl. S. 96) Cn. Pompeius Magnus ist gemeint.
unusquisque, unaquaeque, unumquodque und quidque, ein jeder.
urbānus, a, um, städtisch, in der Stadt; Subst. urbanus, i, der Witzling; praetor urbanus, der Stadtprätor, s. Praetor.
urbs, bis, die Stadt; vorzügl. Rom.
urgeo, ursi, 2., drängen, bedrängen, zusetzen, drücken, anstrengen, zwingen.
uro, ussi, ustum, 3., brennen, versengen; sengen und brennen, verwüsten.
usitatus, a, um, gewöhnlich.
usquam, irgend wo.
usque, eigentl. in Einem fort; usque ad (auch ohne ad), bis zu, so lange; usque ab, von — an; usque adeo, so sehr.
usūra, ae, die Nutzung, der Genuß; die Zinsen.
usurpo, 1., Gebrauch machen, anwenden; sich aneignen.
usus, us, der Gebrauch, Nutzen, Vortheil; der Umgang; die Erfahrung; usui esse, von Nutzen sein; ex usu, von Nutzen, zum Vortheil.
ut und uti, wie, so wie, gleichsam; als, da; daß, damit; ut primum, sobald als.
utcumque, auf welche Art auch immer.
uter, utra, utrum, welcher von beiden.
uter, utris, der Schlauch, das Gefäß.
uterque, utrăque, utrumque, jeder von beiden; beide.
uti, s. ut.
utĭlis, e, nützlich, heilsam, vortheilhaft.
utilĭtas, ātis, der Nutzen, Vortheil; das Beste, das Interesse.
utĭnam, o wenn doch.
utĭque, durchaus; besonders.
utor, usus sum, 3., gebrauchen, Gebrauch machen, anwenden, benuzzen, sich bedienen; haben, besizzen; verbrauchen; familiariter uti aliquo, mit Jemandem auf einem freundschaftlichen Fuß leben.
utpŏte, nämlich, ja.
utrimque, von beiden Seiten; auf beiden Flügeln.
utrum, Fragepartikel besonders in Doppelfragen: ob; utrum — an, ob — oder; in utrumne ist überflüssig ne angehängt.
utrumne, s. utrum.
Uxii, ōrum, die Uxier, ein von der persischen Herrschaft unabhängiges Bergvolk auf der Gränze von Medien, Susiana und Persis.
uxor, ōris, die Frau, Ehefrau, Gemahlin; uxorem ducere, heirathen.

Vacatio, ōnis, die Befreiung.
vacillo, 1., eigentl. schwanken; in aere alieno vacillare, tief in Schulden stecken.
vaco, 1., eigentl. leer sein, unbewohnt sein, vakant sein; vacare alicui rei, zu etwas Zeit haben; vacare ab aliqua re, nicht mit etwas beschäftigt sein.
vacuefăcio, ēci, actum, 3., leer machen, räumen.
vacuus, a, um, leer, frei.
vadimonium, i, der Termin.
vadum, i, die Furth; der Ort, wo man durch einen Fluß gehen kann.
vagīna, ae, die Scheide.
vagor, 1., umher schweifen, herum schwärmen.

vagus, a, um, frei, unstät.
valde, sehr.
valeo, 2., Kraft haben, stark sein, gesund sein; vermögen, Einfluß haben, Macht haben; vorherrschen, S. 335; coniuratio valet, die Verschwörung gelingt; valere apud aliquem, über Jemanden etwas vermögen; valere ad aliquid, zu etwas gereichen.
Valerius, ein röm. Geschlechtsname; s. Caburus, Catullus, Flaccus, Procillus.
valetūdo, ĭnis, der Gesundheitszustand; valetudo prospera, die Gesundheit, das Wohlbefinden; valetudo adversa oder bloß valetudo, Krankheit; valetudo infirma, Unpäßlichkeit.
valĭdus, a, um, kräftig, stark.
vallis, is, das Thal.
vallum, i, der Wall; vallum iacere, einen Wall aufwerfen; vallum circumdare, im Kreise einen Wall aufwerfen.
Vangiŏnes, um, ein germanisches Volk am linken Rheinufer, in der Gegend des heutigen Worms.
vanĭtas, ātis, die Eitelkeit, der Leichtsinn.
vanus, a, um, eitel, ohne Wirkung, leer, nichtig, ungegründet; vanum ingenium, der Flattersinn.
vapor, ōris, die Hitze, die Gluth.
Varguntēius, ein röm. Geschlechtsname. L. Varguntēius, ein röm. Senator, der an Catilinas Verschwörung Theil nahm.
variĕtas, ātis, die Mannigfaltigkeit, der Wechsel; die Abweichung.
vario, 1., verschieden machen.
varius, a, um, mannigfaltig, verschiedenartig, mancherlei; schwankend, veränderlich; clamor varius, ein verworrenes Geschrei; Adv. varie, verschiedentlich.
Varro, ōnis, ein röm. Familienname. M. Terentius Varro, der berühmte röm. Gelehrte und Verfasser der Bücher de lingua latina und de re rustica, war im Bürgerkriege Legat des Pompejus in Spanien.
vas, vasis, das Gefäß; die Schaale; Plur. vasa, das Geräth, das Gepäck; vasa colligere, einpacken.
vascŭlum, i, das Gefäß.
vastatio, ōnis, die Verwüstung.
vastĭtas, ātis, die Verwüstung.
vasto, 1., verwüsten, verheeren; beunruhigen; omni clade vastare, gänzlich verwüsten.
vastus, a, um, wüst, öde; unermeßlich, ungeheuer.
vates, is, der Wahrsager, Seher, Priester.
vaticinatio, ōnis, die Weissagung.
Vatinius, ein röm. Geschlechtsname. P. Vatinius, Volkstribun im J. 59, verschafft dem Cäsar durch die lex (eigentl. rogatio) Vatinia das cisalpinische Gallien nebst Illyricum als proconsularische Provinz; durch eine rogatio Vatinia wird dem Cäsar bewilligt, eine Colonie nach Novumcomum zu führen.
vecordia, ae, der Wahnsinn.
vecors, dis, wahnsinnig, tollkühn.
vectīgal, ālis, die Steuer; das Staatseinkommen; publica vectigalia, die Staatseinkünfte.
vectigālis, e, steuerbar.
vecto, 1., tragen; equis vectari, reiten.
vectorius, a, um, zum Ueberfahren; navicula vectoria, eine kleine Fähre.
vegĕtus, a, um, lebhaft.
vehĕmens, tis, heftig, streng, hart; Adv. vehementer, heftig, lebhaft, sehr.
vehicŭlum, i, das Fahrzeug, der Wagen.
veho, xi, ctum, 3., führen, tragen, ziehen, mit sich führen; amne vehi, sich einschiffen; curru vehi, fahren; equo vehi, reiten.
vel, oder, selbst, sogar; vel — vel, entweder — oder.
Velābrum, i, ein Platz in Rom, den man vom Forum nach dem Circus Maximus gehend passirte.
velamentum, i, die Bekleidung.
vello, velli, vulsum, 3., rupfen; Pass. sich den Bart ausrupfen lassen.
velo, 1., verhüllen, hüllen.
velocĭtas, ātis, die Schnelligkeit.
velox, ōcis, schnell.
velum, i, der Segel.

velut und velŭti, wie, gleich wie, gleichsam, als wenn.
veluti, s. velut.
vena, ae, die Ader; vena aquarum, eine Quellader.
venālis, e, feil, zu verkaufen.
venatio, ōnis, die Jagd, das Jagdspiel.
venātor, ōris, der Jäger.
venditatio, ōnis, die Prahlerei.
vendĭto, 1., anpreisen.
vendo, dĭdi, dĭtum, 3., verkaufen.
venefĭcus, a, um, giftmischend; Subst. der Giftmischer.
venēnum, i, das Gift; venena spargere, Gift mischen.
venerabĭlis, e, verehrungswürdig.
veneratio, ōnis, die Verehrung; die Ehrwürdigkeit.
venĕror, 1., verehren; anflehen, anrufen; auf persische Art den König ehrfurchtsvoll begrüßen.
venia, ae, die Verzeihung, Gnade, Begnadigung, der Erlaß.
venio, ēni, entum, 4., kommen.
venor, 1., jagen.
ventus, i, der Wind.
Venus, ĕris, die Göttin Venus; Cäsar leitet seine Abkunft von ihr ab, da sie für die Stammmutter des Julischen Geschlechtes gilt; daher Venus Genĭtrix.
venustas, ātis, die Anmuth.
venustus, a, um, anmuthig.
ver, veris, der Frühling.
verbēna, ae, das Opferkraut.
verber, ĕris, die Geißel, der Schlag; verbera ingerere, Jemanden schlagen; verberibus affĭci, Schläge bekommen.
verbĕro, 1., geißeln, schlagen.
Verbigenus pagus, ein Bezirk der Helvetier.
verbum, i, das Wort; die Aeußerung, der Ausdruck; verba facere, sprechen; ad verbum, wörtlich; verbis, mündlich.
vere, s. verus.
vereor, 2., fürchten.
Vergiliae, arum, das Siebengestirn, sonst die Plejaden genannt; S. 230 sub ipsum Vergiliarum sidus ist die Zeit um den Untergang der Plejaden, welcher in den November fällt.
vergo, si, 3., sich neigen, wo zu liegen.
Vergobrĕtus, i, Name der höchsten obrigkeitlichen Person bei den Aeduern.
verisimĭlis, e, wahrscheinlich.
verĭtas, ātis, die Wahrheit; integra veritas, die reine Wahrheit.
vernus, a, um, im Frühling; vernus tepor, milde Frühlingswärme.
vero, Adv. wirklich, mit Recht; (bei Antworten) ja wohl, ei; Conjunction: aber, doch; tum vero, da erst, doch da.
versabĭlis, e, beweglich, veränderlich.
versicŭlus, i, das Verschen.
versificātor, ōris, der Versmacher.
versor, 1., sich befinden, verweilen, herrschen, schweben; beschäftigt sein; causa versatur in aliqua re, es handelt sich um etwas; animus versatur in diversa, man schwankt; in summa severitate versari, mit der äußersten Strenge verfahren.
versus, us, der Vers.
versus, Präpos. nach — hin.
vertex, ĭcis, der Scheitel; der Gipfel, die Spitze.
verto und vorto, ti, sum, 3., wenden, verwandeln; Pass. verti, sich wenden, sich verwandeln; in fugam vertere, (intrans.) zur Flucht umwenden, (trans.) in die Flucht schlagen; terga vertere, fliehen; in se vertere, auf sich ziehen: res vertitur in seditionem, es kommt zu einer Empörung: quod bene vertat, mit glücklichem Erfolge.
Verudoctius, i, ein Gesandter der Helvetier an Cäsar.
verum, Conjunction; sondern, aber, jedoch; verum enimvēro, allein (zur Verstärkung).
verumtămen, jedoch.
verus, a, um, wahr, richtig, wirklich, gegründet; Subst. verum, i, und Plur. vera, orum, die Wahrheit; re vera, in der That; Adv. vere, wahrhaft, mit Recht; Comparat. verius, mit mehr Recht, mehr.
vescor, 3., sich von etwas nähren.
Vesontio, ōnis, Stadt der Sequaner, jetzt Besançon.

vesper, ĕri, der Abend.
vespĕra, ae, der Abend; sub vesperam, gegen Abend; prima vespera, beim Anfang der Abenddämmerung.
Vesta, ae, die Göttin Vesta, der zu Ehren von den Vestalischen Jungfrauen ein ewiges Feuer unterhalten wurde.
Vestālis, e, Vestalisch; Vestalis virgo, eine Vestalin, Priesterin der Vesta.
vester u. voster, stra, strum, euer.
vestibŭlum, i, der Vorplatz, Eingang.
vestigium, i, der Tritt, die Fußtapfe, Spur; die Fußsohle; vestigia urbis, Ruinen einer Stadt; e vestigio, auf der Stelle; in eodem vestigio stare oder haerere, auf dem nämlichen Fleck stehen bleiben, beständig sein; vestigio cedere, mit jedem Tritt nachgeben; vestigium fallere, machen, daß der Fuß ausgleitet.
vestīgo, 1., nachspüren.
vestimentum, i, ein Kleidungsstück.
vestio, 4., bekleiden.
vestis, is, das Kleid, Gewand; die Bekleidung.
veterānus, a, um, alt: von Soldaten: ausgedient, kriegserfahren; cohortes und legiones veteranae, aus solchen Soldaten bestehend.
vetĭtum, i, das Verbot.
veto, ui, ĭtum, 1., befehlen, daß nicht; verbieten, hindern.
Vettius, ein röm. Geschlechtsname. L. Vettius giebt den Cäsar als Catilinas Mitverschwornen an, S. 273. Ein anderer Vettius S. 276 wird von Cäsar zu einer Anzeige wider seine Gegenpartei veranlaßt.
vetus, ĕris, alt, ehemalig, früher.
vetustas, ātis, das Alter, Alterthum.
vetustus, a, um, alt.
vexatio, ōnis, die Bedrückung, Beschwerde: Mißhandlung.
vexo, 1., bedrücken, plagen, plündern, beeinträchtigen; zu Grunde richten.
via, ae, der Weg, die Straße; viam sequi, einen Weg einschlagen.
viatĭcum, i, eigentl. Reisegeld; das Ersparniß (der Soldaten).
vibro, 1., schwingen.
vicātim, straßenweise.
vice, s. vicis.
vicīnus, a, um, benachbart, nahe; Subst. vicīnus, i, der Nachbar.
vicis, (Genit. zu einem ungebräuchl. Nominat.) der Wechsel, die Wendung, das Loos; vice, anstatt; versa vice, umgekehrt; vices alicuius excipere, an Jemandes Stelle treten; vices destinatas implere, bestimmtem Wechsel unterliegen.
victĭma, ae, das Opferthier.
victor, ōris, der Sieger; Adj. siegreich.
victorĭa, ae, der Sieg; auch die Siegesgöttin Victoria.
victrix, icis, die Siegerin.
victus, us, die Lebensart; Speise; consuetudo victus, die gewohnte Lebensweise.
vicus, i, das Dorf, der Flecken; die Straße.
videlĭcet, (ironisch) vermuthlich.
video, īdi, īsum, 2., sehen, zusehen, dahin sehen; einsehen, vernehmen; Pass. videri, scheinen, gut dünken, glauben.
vigeo, ui, 2., eigentl. leben, lebhaft sein; sich auszeichnen.
vigil, ĭlis, wachend; Subst. der Wächter.
vigilia, ae, das Wachen, das Nachtwachen; die Wache, Nachtwache; die Wachsamkeit; Plur. vigiliae, durchwachte Nächte; Wachen; vigilias habere, Wachen ausstellen; vigilias agere, servare, Wache halten. Bei dem römischen Felddienst war die Nacht (von 6 Uhr Abends bis 6 Uhr Morgens gerechnet) in vier, bei den Griechen in drei Nachtwachen getheilt.
vigĭlo, 1., wachen; armatum vigilare, Nachts unter den Waffen bleiben; vigĭlans, wachsam.
vigor, ōris, die Lebhaftigkeit, Munterkeit.
vilis, e, werthlos, unbedeutend; gemein.
villa, ae, das Landhaus, Landgut.
vimen, ĭnis, das Reis.

vincio, nxi, nctum, 4., binden, zusammen halten, fesseln, in Fesseln legen.
vinco, vici, victum, 3., siegen, besiegen, erobern, unterdrücken; etwas durchsetzen S. 267; übertreffen, voran gehen; necessitate victus, durch Noth gezwungen; consilium vincere, einen Plan vereiteln.
vincŭlum, i, das Band; Plur. der Gewahrsam, das Gefängniß; in vinculis habere, in Gewahrsam behalten; in vincula ducere und coniicere, ins Gefängniß bringen oder werfen.
vindemĭa, ae, die Weinlese.
vindex, ĭcis, der Vertheidiger, Retter, Bestrafer, Rächer; vindices rerum capitalium, die Vollstrecker der Todesurtheile.
vindĭco, 1., retten, rächen, bestrafen, rügen; befreien; anmaßen; partes vindicare, eine Rolle übernehmen; in libertatem vindicare, in Freiheit setzen.
vindicta, ae, die Beschützung; die Rache.
vinum, i, der Wein.
violenter, s. violentus.
violentia, ae, die Gewaltthätigkeit.
violentus, a, um, gewaltsam, ungestüm, reißend; unternehmend; Adv. violenter.
viŏlo, 1., verletzen; verwunden.
vir, viri, der Mann; der Ehemann.
vireo, ui, 2., grünen.
virga, ae, die Ruthe, Gerte.
virgo, ĭnis, das Mädchen, die Jungfrau; virgo regina, die Prinzessin; die Vestalin, S. 60.
virgultum, i, das Gesträuch; Plur. Reiser.
virĭdis, e, grün, frisch.
virīlis, e, männlich.
virītim, Mann für Mann; auf die Person.
virtus, ūtis, die Bravheit, Tugend, Tugendhaftigkeit; die Tapferkeit, Stärke, der Muth; das Verdienst.
vis (vim, vi), die Gewalt, Kraft, Anstrengung; die Macht, der Einfluß; die Menge; die Last, S. 279 (vis criminum); die Noth, S. 194; Plur. vires, die Macht, die Mittel, die Streitkräfte; per vim, gewaltsam; vim facere, Gewalt gebrauchen; vim parare, sich zu Gewaltthätigkeit anschicken; vim inferre, Gewalt anthun; vis animi, die Begeisterung.
visceratio, ōnis, die Fleischvertheilung.
viscus, ĕris, bes. Plur. viscĕra, die Eingeweide.
viso, si, sum, 3., sehen, besehen, besuchen.
visus, us, der Anblick; das Traumgesicht.
vita, ae, das Leben; vitam habere, agere, ein Leben führen, leben; vitam degere, das Leben hinbringen; vitam instituere, einen Lebenswandel führen.
vitālis, e, zum Leben gehörig; calor vitalis, die Lebenswärme.
vitis, is, der Weinstock.
vitium, i, der Fehler; das Laster, die Schuld.
vito, 1., vermeiden, entgehen.
vituperatio, ōnis, der Tadel.
vivo, ixi, ictum, 3., leben.
vivus, a, um, lebend, lebendig.
vix, kaum.
vixdum, kaum noch.
vocabŭlum, i, das Wort, der Name.
vocifĕror, 1., ausrufen.
voco, 1., rufen, berufen, nennen; senatum vocare, den Senat zusammen berufen; ad exitium et vastitatem vocare, mit Untergang und Verwüstung bedrohen.
Vocontii, ōrum, die Vokontier, ein Volk im südöstlichen Gallien, zwischen der Isère und Durance. (jetzt Dauphiné und Provence.)
volātus, us, der Flug.
volgus, i, s. vulgus.
volĭto, 1., fliegen, umher fliegen.
volnĕro, s. vulnero.
volnus, s. vulnus.
volo, 1., fliegen.
volo, volui, velle, wollen, wünschen; sibi velle, beabsichtigen.
Volturcius, s. Vulturcius.
voltus, s. vultus.
volŭcer, cris, cre, eigentl. geflügelt; Subst. volŭcris, der Vogel.
voluntarius, a, um, freiwillig; Subst. voluntarius, der Freiwillige.
voluntas, ātis, der Wille, der Wunsch,

die Neigung; das Wohlwollen, die wohlwollende Gesinnung, Besorgniß; die Gesinnung; die Bewilligung; ex voluntate, nach Wunsch; praeter voluntatem, gegen den Wunsch.

voluptas, ātis, das Vergnügen, der Genuß, das Wonnegefühl, die Wollust.

volūto, 1., eigentl. herumwälzen; animo volutare, überlegen; im Sinne führen; auch ohne animo.

volvo, vi, ūtum, 3., eigentl. wälzen; umwenden; überlegen; secum volvere, bei sich überlegen.

vomo, ui, ĭtum, 3., speien.

vorāgo, ĭnis, die Schlucht.

vorto, s. verto.

voster, s. vester.

votum, i, das Gelübde, der Wunsch; vota facere, Wünsche thun; vota suscipere, Gelübde thun; votum reddere, voto fungi, das Gelübde lösen; voto frui, sich der Erfüllung eines Wunsches erfreuen; vota obire, sein Ziel erreichen.

voveo, ovi, otum, 2., geloben.

vox, ocis, die Stimme, der Laut; das Wort, der Ausspruch, die Aussage; magna voce, mit lauter Stimme; vocem colligere, Sprache bekommen.

vulgāris, e, gewöhnlich.

vulgo, 1., zur Kenntniß der Leute bringen, verbreiten; vulgatus, bekannt.

vulgo, Adv. gewöhnlich, allgemein.

vulgus und volgus, i, das Volk, die Leute, der gemeine Mann (Soldat); in vulgus edere, dem Volke bekannt machen.

vulnĕro und volnero, 1., verwunden, verletzen.

vulnus u. volnus, ĕris, die Wunde; der Verlust, die Niederlage; vulnus adversum, die (ehrenvolle) Wunde auf der Brust; vulnus accipere, verwundet werden, eine Niederlage erleiden; vulnus dare oder inferre, eine Wunde oder eine Niederlage beibringen.

vultus und voltus, us, das Gesicht, das Antlitz; die Miene, der Blick; vultum mutare, eine Miene verziehen.

Xenophĭlus, i, Anführer in Alexanders Heere, von diesem zur Beschützung der Burg von Susa zurückgelassen.

Xenŏphon, tis, der athenische Feldherr und Schriftsteller.

Xerxes, is, König der Perser v. J. 485—467; vernichtet die Schaar der Griechen bei Thermopylä 480, wird im Seetreffen bei Salamis besiegt; sein Feldherr Mardonius wird im J. 479 bei Platää zu Lande und seine Flotte bei Mycale geschlagen; endlich im J. 469 verliert er das Doppeltreffen am Eurymedon gegen die Griechen.

Ziobĕtis, is, ein Fluß in Hyrkanien und Parthiene.

zona, ae, der Gürtel.

Zopȳrus, i, ein vornehmer Perser zur Zeit des Darius Hystaspis.

Zoroastres, is, König in Baktriana, bekannt als Gesetzgeber und Religionsstifter.

K

Bei dem Verleger dieses Wörterbuchs sind folgende Bücher erschienen:

T. Livii ab urbe condita libri. Recognovit J. Bekkerus. Selectas virorum doctorum notas in usum scholarum addidit M. F. E. Raschig. Editio stereot. III. P. Jeder Band 1 Rthlr. Velinp. $1\frac{1}{3}$ Rthlr.

Thucydidis de bello Peloponnesiaco libri VIII. Iterum recensuit J. Bekkerus. Edit. stereot. 1 Rthlr. Velinp. $1\frac{1}{4}$ Rthlr.

Herodoti de bello Persico libri IX. Recogn. J. Bekkerus. Edit. stereot. $1\frac{1}{6}$ Rthlr. Velinp. $1\frac{5}{12}$ Rthlr.

Novum testamentum graece. Ex. recogn. C. Lachmanni. Edit. stereot. $\frac{5}{6}$ Rthlr. Velinp. 1 Rthlr.

Xenophontis institutio Cyri. Ex. rec. et cum annotat. L. Dindorfii. Edit. stereot. $\frac{1}{2}$ Rthlr. Velinp. $\frac{2}{3}$ Rthlr.

Xenophontis expeditio Cyri. Ex. rec. et cum annotat. L. Dindorfii. Edit. stereot. $\frac{1}{3}$ Rthlr. Velinp. $\frac{1}{2}$ Rthlr.

Xenophontis historia graeca. Ex. rec. ct cum annotat. L, Dindorfii. Edit. stereot. $\frac{1}{2}$ Rthlr. Velinp. $\frac{2}{3}$ Rthlr.

Xenophontis Commentarii. Ex. rec. et cum annotat. L. Dindorfii. Edit. stereot. $\frac{1}{4}$ Rthlr. Velinp. $\frac{1}{3}$ Rthlr.

Demonthenis Philippicae. In usum scholarum iterum edidit J. Bekkerus. Apposita est lectio Reiskiana $\frac{1}{3}$ Rthlr. Velinp. $\frac{1}{2}$ Rthlr.

Demosthenis de corona oratio. In usum scholarum edidit J. Bekkerus. Apposita est lectio Reiskiana $\frac{1}{3}$ Rthlr. Velinp. $\frac{1}{2}$ Rthlr.

Q. Horatius Flaccus. Recogn. A. Meineke. Edit. stereot $\frac{5}{12}$ Rthlr. Velinp. $\frac{1}{2}$ Rthlr.

Agren, allgemeines Lehrbuch, 1r Thl., physische Erdbeschreibung. Mit 2 Hemispärkarten und Constructionstafeln. $\frac{3}{4}$ Rthlr.

August, E. F., libamenta ex optimis Romanorum scriptoribus in usum juventutis collecta. IV Cursus. $1\frac{1}{6}$ Rthlr.

Dessen vollständiges Lehrbuch der Mathematik für den höheren Schulunterricht, 1r Cursus. $\frac{2}{3}$ Rthlr.

Berghaus, H, die ersten Elemente der Erdbeschreibung für den Gebrauch des Schülers in den unteren Lehrklassen auf Gymnasien, polytechnischen und Kriegsschulen, so wie als Leitfaden für den Volksschullehrern und den Privatunterricht. $\frac{7}{12}$ Rthlr.

Bobertag, R., über den Religions-Unterricht auf Gymnasien. Ein pädagogischer Versuch. $\frac{11}{12}$ Rthlr.

Burmeister, H., Grundriß der Naturgeschichte für Gymnasien und höhere Bürgerschulen. $\frac{1}{2}$ Rthlr.

Chasté, J. F., theoretisch-praktische lateinische Grammatik. 1r Cursus. $\frac{1}{3}$ Rthlr.

Franceson, C. F., französische Sprachlehre für Deutsche. Für Schulen und zum Selbstunterricht, 6te Auflage. $\frac{7}{12}$ Rthlr.

Götz, J., die Rechenkunst, 2te sehr vermehrte Auflage. $\frac{3}{4}$ Rthlr.

Graßmann, J. G., Raumlehre für Volksschulen, 1r Thl. ebene räumliche Verbindungslehre. Mit 3 Kupfern. $\frac{1}{3}$ Rthlr. 2r Thl. Ebene räumliche Größenlehre. Mit 5 Kupfern. $1\frac{1}{4}$ Rthlr.

Dessen Schulbuch der Raumlehre. Zum Gebrauch der Schüler in den untern Klassen der Gymnasien und in Volksschulen. 2te verb. Auflage. Mit 2 Steintafeln. $\frac{1}{3}$ Rthlr.

Graßmann, F. H. G., Anleitung zu Denk- und Sprachübungen als der naturgemäßen Grundlage für den gesammten Unterricht. Mit 3 Tafeln. 2te Auflage. $1\frac{1}{4}$ Rthlr.

Graßmann, F. H. G., Sprachbildungslehre für Deutsche. Zur Benutzung in deutschen Volksschulen unterrichtlich dargestellt.

1r Thl. die Lehre von der Sylbenbildung in Verbindung mit der Sprachzeichenlehre. $\frac{5}{8}$ Rthlr. 2r. Thl. die Lehre von deutscher Wortbildung. $\frac{5}{8}$ Rthlr. 3r Thl. die Lehre von deutscher Redebildung. $1\frac{1}{3}$ Rthlr.

Dessen Handbuch der Welt- und Menschenkunde, zum Gebrauch in Volksschulen. $\frac{5}{12}$ Rthlr.

Hartung, A., kleine deutsche Sprachlehre für die ersten Anfänger. $\frac{1}{8}$ Rthlr.

Hecker, A. F., französisches Lesebuch nebst einer Sprachlehre, Wörterbuch und Materialien. 1r Thl. 10te Auflage. $\frac{1}{2}$ Rthlr. 2r Thl. oder Sammlung von Aufsätzen aus den vorzüglichsten Schriftstellern. 5 Auflage. $\frac{3}{4}$ Rthlr.

Dessen neue Chrestomathie für Anfänger zur Uebung im Uebersetzen aus dem Deutschen ins Französische. $\frac{5}{12}$ Rthlr.

Dessen neues lateinisches Lesebuch aus Original-Schriftstellern gesammelt. 2te Auflage. $\frac{1}{2}$ Rthlr.

Lacroix, S. F., Handbuch der Differential- und Integral-Rechnung. Nach der 4ten verbesserten und vermehrten Original-Ausgabe, aus dem Französischen übersetzt und mit einigen Anmerkungen versehen von F. Baumann. 3 Thle. $2\frac{1}{2}$ Rthlr.

Lange, F., Geschichten aus dem Herodot. Ein Lesebuch. $\frac{3}{4}$ Rthlr.

Lauber, L. M., die allgemeinen Prinzipien der Größenlehre und die Elemente der Zahlenlehre. $\frac{2}{3}$ Rthlr.

Minding, F., Anfangsgründe der höheren Arithentik. $\frac{5}{8}$ Rthlr.

Niz, A. C., kleines griechisches Wörterbuch in etymologischer Ordnung. Zum Gebrauch für Schüler. 2te Auflage besorgt von J. Bekker. $1\frac{1}{3}$ Rthlr.

Pischon, F. A., die Weltgeschichte von Anfang bis zur neuesten Zeit, in gleichzeitigen Tafeln, für Schüler bearbeitet. $\frac{11}{12}$ Rthlr.

Raumer, K. v., über den Unterricht in der Naturkunde auf Schulen. $\frac{1}{3}$ Rthlr.

Roon, A. v., Grundzüge der Erd-, Völker- und Staatenkunde, ein Leitfaden für Schüler von Gymnasien, Militair- und höheren Bürgerschulen. Für einen stufenweisen Unterrichtsgang berechnet. 1ste Lehrstufe: Topische Geographie. $\frac{1}{4}$ Rthlr. 2te Lehrstufe: Physikalische Geographie. $\frac{5}{12}$ Rthlr. 3te Lehrstufe: Völker- und Staatenkunde. $\frac{1}{3}$ Rthlr.

Liechtenstern, Th. v., Schul-Atlas der Erd- und Staatenkunde in 34 Blättern. 1te und 2te Lieferung, jede von 4 Blättern. à $1\frac{1}{3}$ Rthlr.

R. v. L., allgemeiner Schul-Atlas in 29 Blättern. 5 Rthlr.

Dessen Duodez-Schul-Atlas in 27 Bl. $1\frac{1}{2}$ Rthlr. Mit Geschichts-Karten in 35 Bl. 2 Rthlr.

Dessen Geschichtskarten zum Schulgebrauch in 6 Bl. 1 Rthlr.

Dessen Wandkarte von W. und M. Europa in 24 Bl. 3 Rthlr.

Dessen und B's. Wandkarte der östl. und westlichen Hemisphäre, zum Schulgebrauch, in 24 Bl. 4 Rthlr.

Wilmsen, F. P., der deutsche Kinderfreund, ein Lesebuch für Volksschulen. 1r Thl. 129ste Auflage. $\frac{1}{6}$ Rthlr.

Anhang dazu, prosaische und poetische Lesestücke enthaltend. $\frac{1}{12}$ Rthlr.

2r Thl. oder ausgewählte Lesestücke aus prosaischen Musterschriften. 7te Auflage. $\frac{1}{2}$ Rthlr.

3r Thl., Uebungsstücke aus deutschen Dichtern. 3te Auflage. $\frac{1}{2}$ Rthlr.

4r Thl., historische Darstellungen. $\frac{5}{12}$ Rthlr.

Berlin, gedruckt bei A. W. Hayn.

FSC
www.fsc.org
MIX
Papier | Fördert gute Waldnutzung
FSC® C083411

Zeitfracht Medien GmbH
Ferdinand-Jühlke-Straße 7
99095 Erfurt, Deutschland
produktsicherheit@kolibri360.de